人类遗传的奥秘

Mysteries of Human Genetics

王娜 主编

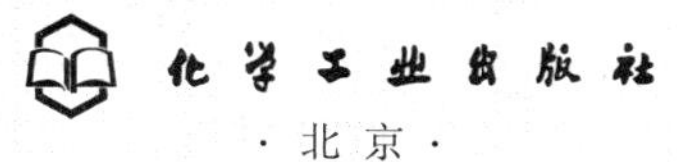

·北京·

人类基因组计划以及肿瘤的遗传等方面的知识，可作为高等院校的选修教材，助力学生的健康成长以及未来的工作和生活。

兼顾到读者的知识基础和学习兴趣，内容编排上融科学性、实用性和趣味性为一体。力求用通俗易懂的语言描述专业性问题，列举了大量的日常生活实例，收集和绘制了不少图表，并介绍了相关领域的最新科技成果，让读者在轻松、愉悦的学习过程中获得系统全面的人类遗传学知识。学术与科普兼顾，因此本书也适合作为一本课外阅读的自修读物，供广大社会读者使用。

全书共有17章，王娜编写第1章、第4～5章、第7章以及第9～15章，同时还完成了教材的统稿工作；褚衍亮编写第2章、第6章和第8章；曹喜涛编写第3章、第16～17章。在教材的编写过程中，获得罗姮、孙霞和闻燕老师的细致审阅和热情指导，并参考了一些已出版的教材，在此深表谢意。

限于时间和编写水平，书中难免有不足之处，敬请有关专家、同行和读者不吝赐教，以便我们改进和提高，使教材不断完善。

编　者

2023年4月于江苏镇江

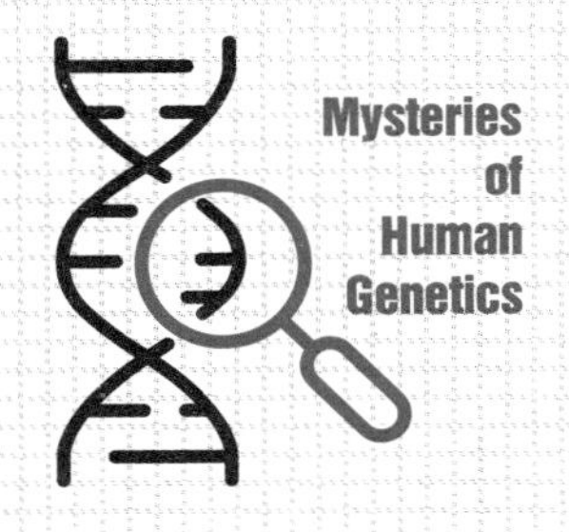

目录 CONTENTS

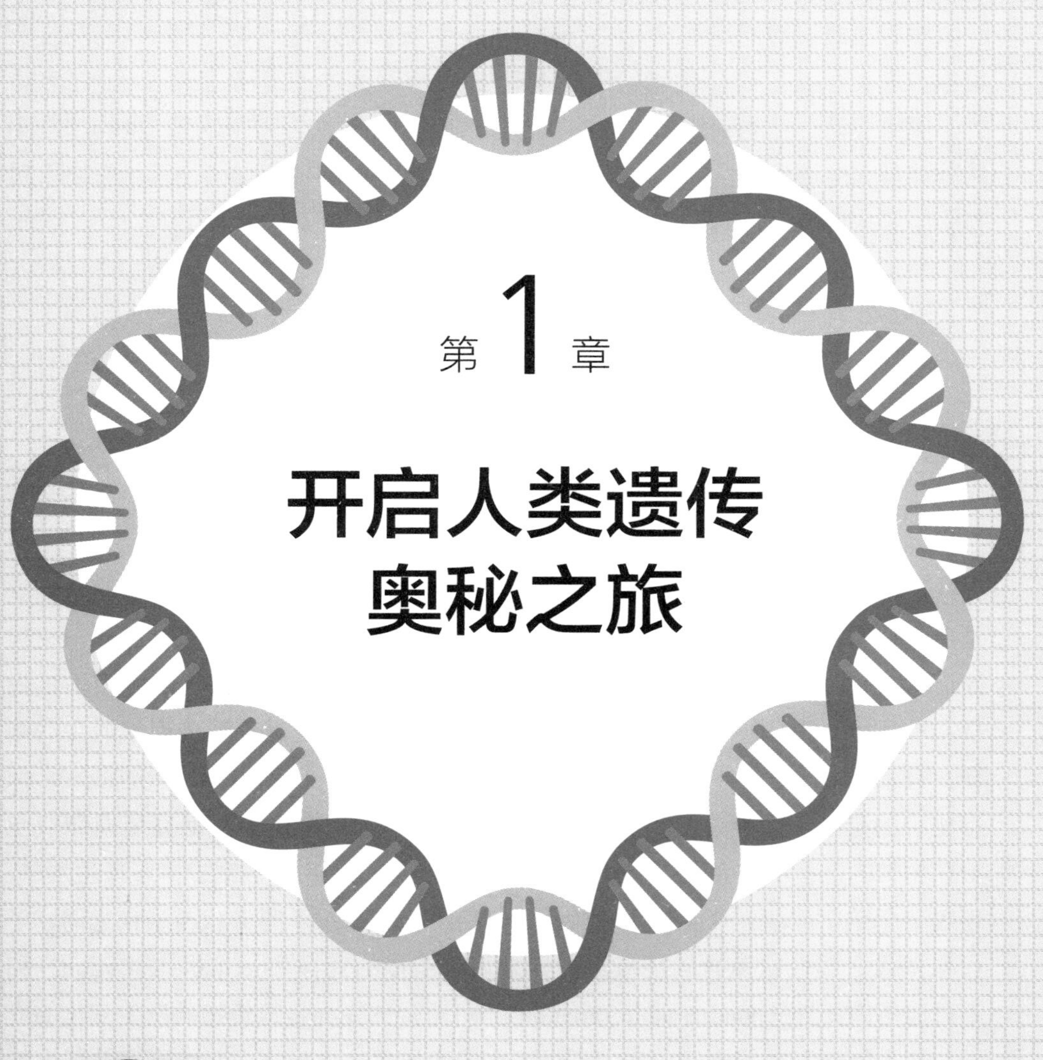

第1章 开启人类遗传奥秘之旅

本章知识点

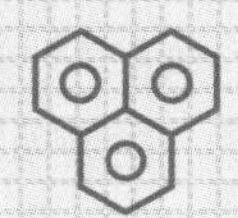

★ 人类遗传学的定义和研究内容

★ 人类遗传学的诞生和发展

★ 人类遗传学的研究方法

★ 人类遗传学包含的分支学科

世界上最宝贵的是生命，生命对于每一个人来说只有一次。在长期的发展历程中，人类一直在不断地探索和认识自身的由来及人体的奥秘，探秘人的生老病死、思维意识、行为动作和体征性状，思索自然对人类生存的影响，解码这些问题就涉及人类遗传学。人类遗传学是遗传学的一个重要分支学科，自诞生之日起就引起了人们的极大兴趣，而其本身也得到了迅猛发展。

人类遗传学的定义和研究内容

遗传学（genetics）是研究生物遗传和变异规律的科学。遗传（heredity）就是亲代和子代、子代和子代之间的相似现象。一个生物物种只会繁殖出同一物种的后代，每一物种的任何个体都继承着上一代的基本特征。俗话说的“种瓜得瓜，种豆得豆”“龙生龙，凤生凤，老鼠生来会打洞”就是对遗传现象的生动阐释。有了遗传，各类生物才能维持其各自独有的形态特征和生理特点的恒定，保持物种的延续性。但是，自然界中没有完全相同的两个个体，就算是同卵双胞胎在生长的过程中也会发生变化，这是变异在其中起作用。俗话说“一母生九子，连娘十个样”“人上一百种，种种色色”。变异（variation）是亲代与子代之间、子代与子代之间性状差异的现象。变异分为可遗传的变异（heritable variation）和不可遗传的变异（non-heritable variation）。可遗传的变异是遗传物质发生变化的变异，如人的镰刀型细胞贫血症；不可遗传的变异仅是由环境引起的形态特征上的改变，遗传物质没有发生变化，如意外事故失去双腿是不能遗传给后代子孙的。

遗传和变异是矛盾对立统一的两个方面，两者相辅相成。遗传确保物种的稳定性和延续性，是相对的“不变”；变异是绝对的“变”，是物种进化发展的动力。没有变异，遗传只能是简单的重复，生物和人类无法进化；没有遗传，变异就不能积累，新的变异就失去了意义，生物和人类同样也不能进化。

人类遗传学（human genetics）是以人类为研究对象，探讨人类性状遗传和变异规律的学科。具体说就是研究：人类遗传和变异的物质基础是什么？支配人类遗传现象的客观规律是什么？人类的特征特性是怎样遗传的？人类变异是如何发生的，有无规律性？人类有无能力控制遗传和变异，控制和治疗人的遗传疾病，进而控制人类自身的命运？解答上述问题是人类遗传学的根本任务。

人类遗传学的诞生和发展

人类遗传学是在普通遗传学的基础上产生和发展起来的。普通遗传学的研究成果为人类遗传学的研究和应用奠定了基础，而人类遗传学的研究和发展又丰富了普通遗传学的内容。人类遗传学的发生发展大致经历了三个时期。

1.2.1 古人对人类遗传现象的认识

与其他学科的发展类似，早期古人对人类遗传现象的认识主要通过观察的方法，虽然认识肤浅片面，甚至有些是错误的，但是观察到的结果对近代人类遗传学的研究提供了基础。

古希腊医学家希波克拉底（Hippocrates，约公元前460～公元前370年）就已经注意到某些疾病可在家族中传递。他认为：人的遗传是人的精液把前代人的性质带给下一代。精液是整个机体产生的，健康部分产生健康的，有病部分产生有病的。因此，一般秃头生秃头，蓝眼生蓝眼，斜视生斜视。

哲学家柏拉图（Plato，公元前427～公元前347年）是古代西方最先提出“优生”概念的学者，他认为：父母的精神、道德和体质条件等都会遗传给他的后代。

亚里士多德（Aristotle，公元前384～公元前322年）认为：遗传是子女从父母那里接受了部分血液，相似于父母。在生儿育女中，胚胎在子宫内是由母亲的月经血凝结形成的，而男子的精液有能力赋予胚胎以生命。同时提出：环境因素决定遗传变异，从外界环境中获得的身体、智力和个性等方面的特征可以遗传给后代。

我国对人类遗传的现象也有诸多记载。春秋战国时期的《左传》中有“男女同姓，其生不蕃”，反对近亲结婚；东汉王充在所著的《论衡》中指出“子性类父”；《后汉书·冯勤传》《晋书·惠贾皇后传》也有关于人类性状遗传的描述；宋朝王廷相《慎言·道体》中提到“人不肖其父，则肖其母，数世之后，必有与祖同其体貌者”。

1.2.2 近代人类遗传学的诞生

近代人类遗传学的研究大约开始于18世纪。瑞士的鲍蓁（Charles Bonnet，1720 ～ 1793年）用“先成论”解析人类遗传现象，他认为：精子和卵子里已经有完整的小生命，个体发育只是精卵结合后，这个小生命体逐渐长大，最后发育成成体。瑞士的解剖学家科里克尔（Rudolph Albert von Kolliker，1817 ～ 1905年）与鲍蓁持相反的观点，提出了“渐成论”，主张：婴儿各种组织、器官是个体发育过程中逐渐形成的。两种观点论战的结果，“渐成论”取得了最终胜利。但与古人相比，这两种观点都认为上代传递给下一代的是精子和卵子，而不是精液或血液，这标志着人类遗传学的发展已经进入萌芽时期。

1801年，美国医生奥托（John Otto）在深入地研究血友病病例之后提出“这是一种在特定家族中出现的出血倾向”，并认定“该病好发于男性，通过家族中的健康女性传播”。1814年，亚当斯（Joesef Adams）发表了《根据临床观察所见疾病可能有的遗传性质》一文，内容涉及先天性疾病、家族性疾病与遗传性疾病之间的差别，遗传病与发病年龄、环境诱因、近亲结婚之间的关系等有关遗传病的一些基本问题。

达尔文（Charles Robert Darwin，1809 ～ 1882年），英国生物学家，进化论的奠基人，对生物的遗传、变异与进化的关系进行了综合研究。1868年，达尔文提出了“泛生说”，认为：在动物的每一个器官里都存在胚芽（泛子），它决定所在细胞的分化和发育。各种胚芽随着血液循环汇流到生殖细胞。受精卵发育成为成体时，胚芽又进入各器官发生作用，从而表现出遗传现象。胚芽还可对环境条件做出反应而发生变异，表现出获得性遗传。达尔文的这些观点没有事实依据。

德国生物学家魏斯曼（August Weisman，1834 ～ 1914年）支持达尔文有关进化的选择论，但反对获得性遗传。他于1892年提出了“种质连续论”，把生物体分成体质和种质。种质是独立的、连续的，能产生后代的种质和体质；体质是不连续的，不能产生种质。种质的变异将导致遗传的变异，而环境引起的体质的变异是不遗传的即获得性不能遗传。“种质连续论”在生物科学中产生了广泛影响，直到今天遗传学在研究动、植物育种时仍沿用其某些观点。但是，魏斯曼将生物体绝对地划分为种质和体质是片面的，现今的大量遗传学研究和分子生物学研究证明，某些获得性也是可以遗传的。

英国的高尔顿（Francis Galton，1822～1911年）在前人研究的基础上，提出了“融合遗传假说”，出版了《遗传与天赋》和《人类才能及其发育的研究》等专著，并在1883年创立了“优生学”。高尔顿首先注意到“先天和后天”的区别与联系，首创“双生子法”，第一个强调统计分析在生物学上的重要性。高尔顿被誉为近代人类遗传学和优生学的创始人，使人类遗传学正式成为一门科学。

同时代的奥地利遗传学家孟德尔（Gregor Johann Mendel，1822～1884年）是第一个真正科学地、有分析地研究遗传与变异规律的科学家。孟德尔是奥地利布隆的一位天主教修道士，也是一所中学的代课教师。1856～1864年，在他所在修道院的小花园内以豌豆为实验材料进行了杂交实验，并于1865年在当地召开的自然科学学会上宣读了试验结果。他认为生物性状的遗传是受遗传因子控制的，提出了分离定律和自由组合定律。遗憾的是，孟德尔的理论在当时并未受到重视。直到1900年，荷兰的德弗里斯（Hugo de Vries，1848～1935年）、德国的柯伦斯（Carl Correns，1864～1933年）和奥地利的切尔马克（Erich von Tschermak，1871～1962年）分别使用不同的材料在各自的独立研究中获得了孟德尔原理的证据，孟德尔的成就才得到广泛重视。孟德尔的研究促进了遗传学的形成，使之成为一门独立的学科，同时也促进了人类性状遗传的研究。

1.2.3　20世纪人类遗传学的发展

20世纪人类遗传学研究得到迅速的发展。1902年英国医学家加罗德（Archibald E. Garrod，1858～1936年）报道黑尿酸尿症，提出了人类先天性代谢缺陷概念。1905年美国法拉比（William C. Farabee，1865～1925年）首次报道了人类的某些疾病（如短指趾畸形的遗传）符合孟德尔定律。1908年英国数学家哈迪（Godfrey Harold Hardy，1877～1947年）和德国内科医生温伯格（Wilhelm Weinberg，1862～1937年）各自发现了在随机婚配群体中的遗传平衡法则，奠定了人类群体遗传学的理论基础。1924年伯恩斯坦（Felix Bernstein，1878～1956年）通过对人类的ABO血型遗传的研究，提出了复等位基因学说，成为人类免疫遗传学的先驱。1949年美国生物化学家波林（Linus Carl Pauling，1901～1994年）在研究镰刀形红细胞贫血症时提出了分子病概念。1952年美国学者科里（Gerty T. Cori，1896～1957年）发现糖原贮积病Ⅰ型患者的肝细胞中缺失葡萄糖-6-磷酸脱氢酶，将先天性代谢缺陷与酶的缺失联系起来，开创了人类生化遗传学。随后1956年庄有兴等首次证实人类体细胞染色体数为46条。1959年法国遗传学家勒热纳（Jérŏme Lejeune，1926 ～ 1994年）等发现唐氏综合征是由先天性染色体异常引起的，从而使人类遗传学又派生出医学细胞遗传学和临床遗传学两个新的分支。1967年威斯（Mary C. Weiss，1902 ～ 1996年）等首次通过人鼠体细胞融合的方法确定了胸腺嘧啶核苷激酶（TK）基因位于人的17号染色体上，从此全面开展了人的基因定位工作。

70年代以来，由于分子生物技术的运用，人类遗传学的研究取得了快速的发展，给人类遗传疾病的治疗带来了新的方法。1971年，德国人用兔乳头瘤病毒感染高精氨酸血症患者，用病毒的精氨酸分解酶基因矫正了患者的酶缺乏。1977年7月把人工合成的人脑生长激素释放抑制因子基因转移到大肠杆菌并取得基因产物。1978年，首次用DNA限制性内切酶酶切羊水细胞中提取的DNA，然后用放射性标记的探针进行分子杂交，用来鉴别胎儿是否为镰刀形红细胞贫血症患者或杂合子，在分子水平上进行遗传病产前诊断。

80年代中期，美国科学家提出“人类基因组计划”，1990年正式启动。1999年9月中国积极加入这一研究计划，负责测定基因组序列的1%，是参与这一伟大计划的唯一发展中国家。2000年6月26日公布了人类基因组工作框架图，在此基础上2001年2月12日公布了更加准确清晰和完整的人类基因组图谱及初步分析结果。人类基因组的破译将解开人类生长、发育、健康、长寿以及生死的奥秘，极大地提高人类的生活质量。

人类遗传学的研究方法

人类遗传学尽管是普通遗传学的一个分支学科，但人类遗传学是以人类为研究对象，其研究方式和研究方法与普通遗传学截然不同。

普通遗传学：① 实验对象要求基因型完全相同或相似，因此一般选择纯系、自交系、无性繁殖系，且要求实验对象繁殖周期短、繁殖速度快，繁殖量大。

② 实验环境要求相对稳定一致，这样可排除环境对性状的影响，使实验结果分析准确。③ 实验方案设计可按照人为意愿进行不同遗传型之间的杂交，如兄妹交、父女交、母子交等。

人类遗传学研究难以实现普通遗传学研究的条件，因为：① 人类个体之间遗传背景差别比较大，又不能人为制造基因型相同或相似的纯系和无性繁殖系，导致环境对实验的结果影响非常大。② 由于伦理道德和人类法律的限制，不能根据实验设计进行实验性婚配。③ 人类生活的社会环境复杂多样，尤其是全球一体化的时代背景下，遗传学家很难控制和支配人类的生活环境。④ 人类繁殖周期长，在晚婚晚育背景下，大约30年一代，且后代个体数量少，难以满足数量统计要求。因此，人类遗传学有一套区别于普通遗传学的研究方法。

1.3.1 群体筛查

群体筛查（population screening）是指对某一地区（或人群）进行某种遗传病（或性状）的普查，以了解该地区（或人群）中存在的遗传病的病种、发病率、遗传方式、遗传异质性等情况。这种普查需在一般人群和特定人群（例如患者亲属）中进行。通过患者亲属发病率与一般人群发病率比较，从而确定该病与遗传是否有关。如果此病与遗传有关，则患者亲属发病率应高于一般人群，而且发病率还应表现为一级亲属（父母、同胞、子女）>二级亲属（祖父母、孙子女、叔舅姨姑、侄甥）>三级亲属（堂表兄妹、曾祖父母等）>一般人群。

由于同一家族成员往往有相同或相似的生活环境，故在确定某病亲属患病率是否较高时，应排除环境因素影响的可能性。通常采用的方法是：① 将血缘亲属与非血缘亲属加以比较，此时应该见到血缘亲属患病率高于非血缘亲属。② 养子女调查，即调查患者寄养子女与养母亲生子女间患病率的差异。

1.3.2 系谱分析

系谱（pedigree）或称家图是指对某遗传病患者家族各成员的发病情况进行详细调查，再以特定的符号和格式绘制成反映家族各成员相互关系和发病情况的图解。系谱图中必须给出的信息包括：性别、性状表现、亲子关系、世代数以及每一个个体在世代中的位置。系谱图的绘制方法常以该家系中首次确诊的患者又称先证者（proband）开始，追溯其直系和旁系各世代成员及该病患者在家族亲属中的分布情况。

根据绘制的系谱图进行分析的方法称为系谱分析（pedigree analysis）。系谱分析有助于区分单基因病和多基因病，以及属于哪一种遗传方式。系谱分析应注意下列问题：① 系谱的系统性、完整性和可靠性。分析时必须有一个系统完整和可靠的系谱，否则可能导致错误的结论。完整的系谱应有三代以上有关患者及家庭的情况。家系成员要逐个查询，关键成员不可遗漏，死亡者（包括婴儿死亡）须明确死因。是否近亲婚配，有无死胎和流产史也要记录在系谱中。必要时应对患者亲属进行实验室检查和其他辅助检查使诊断更加可靠。② 分析显性遗传病时，应注意对已知有延迟显性的年轻患者由于外显不全而呈现隔代遗传现象，不可误认为是隐性遗传。③ 新的基因突变。有些遗传家系中除先证者外，家庭成员中找不到其他的患者，因而很难从系谱中判断其遗传方式，更不可因患者在家系中是“散发的”而定为常染色体隐性遗传。④ 显性与隐性概念的相对性。同一遗传病可因为采用的观察指标不同而得出不同的遗传方式，从而导致发病风险的错误估计。如镰刀形红细胞贫血症在临床水平，纯合子（HbSHbS）有严重的贫血，而杂合子（HbAHbS）在正常情况下无贫血，这时突变基因HbS对HbA来说被认为是隐性的；然而，当杂合子的红细胞处于氧分压低的情况下，红细胞亦可形成镰刀状，所以在细胞数目水平观察红细胞呈现镰刀状，此时HbS对HbA来说是显性的。但从镰刀形细胞数目理解，来自杂合子的红细胞形成少量镰刀形细胞，其数目介于正常纯合子（HbAHbA）与突变基因纯合子（HbSHbS）之间，故呈不完全显性遗传。遗传方式不同，对后代复发风险估计也应不同。

1.3.3 双生子法

双生子，又称双胞胎，指胎生动物一次怀胎生下两个个体的情况。双生子一般可分为同卵双胞胎（monozygotic twin，MZ）和异卵双胞胎（dizygotic twin，DZ）两类。

同卵双胞胎指两个胎儿由一个受精卵发育而成，胎儿性别相同，基因型基本相同，表型也极相似。异卵双胞胎是由不同的受精卵发育而成的，相当于兄弟姐妹，遗传特征相似不相同，性别和表型可能相同，也可能不同。同卵双生子在不同环境中生长发育可以研究不同环境对表型的影响；异卵双生子在同一环境中发育生长可以研究不同基因型的表型效应。

通过比较同卵双生子和异卵双生子某一性状（或疾病）发生的一致性，可以估计该性状（或疾病）发生中遗传因素所起作用的大小。一般可用发病一致率

（同病率），即同病双生子对数占总双生子（同卵或异卵）对数的百分比来表示。

如果一种疾病在两种双生子中的发病一致率差异没有显著性，说明该病主要受环境影响；如果某一疾病在两种双生子中的发病一致率差异十分显著，说明该病的发生与遗传因素有关。例如唐氏综合征（21三体综合征）同卵双生子发病一致率为89%，异卵双生子发病一致率为7%，则说明该病主要与遗传因素有关；麻疹同卵双生子发病一致率为95%，异卵双生子发病一致率为87%，则说明该病主要与环境因素有关。

1.3.4 跟踪调查法

跟踪调查法是指对所研究的对象从儿童期（甚至胚胎期）开始测试有关性状在整个发育过程中各个年龄阶段的表现情况，从而找出其发生时间、规律和特征。常用来研究与运动能力有关性状的发展敏感期及其外显度。

跟踪调查法是一种持续式的方法，且规划性很强，有明确的调查目的、范围，有保证进行追踪调查的客观条件和一套可以追踪的指标体系。跟踪调查的对象必须稳定，调查的对象一经选定就不能随意变动，只围绕某一既定的调查对象进行多次调查。

1.3.5 种族差异比较

种族是在繁殖上隔离的群体，也是在地理和文化上相对隔离的人群。各个种族的基因库（群体中包含的总的遗传信息）彼此不同。种族的差异具有遗传学基础。不同种族的肤色、发型、发色、虹膜颜色、颧骨外形、身材等外部形态性状都显示出遗传学差异。它们之间在血型、组织相容性抗原（HLA）类型、血清型、同工酶谱等的基因型频率也不相同。因此，如果某种疾病在不同种族中的发病率、临床表现、发病年龄和性别、合并症有显著差异，则应考虑该病与遗传密切有关。例如中国人的鼻咽癌发病率在世界上居首位，在中国出生侨居美国的华侨鼻咽癌发病率比当地美国人高34倍。但是，不同种族生活的地理环境、气候条件、饮食习惯、社会经济状况等方面也各不相同，故在调查不同种族发病率及发病情况时，应严格排除这类环境因素的影响。为此，这种比较常安排在不同种族居民混杂居住的地区进行，最好选择生活习惯和经济条件比较接近的对象。

1.3.6 数理统计法

数理统计法（mathematics statistics）是人类群体遗传学研究中常用的方法之一。通过群体的调查和系谱分析将获得的资料经过数学处理，可以测定人类某些性状或疾病基因的分布频率，了解其传递规律及与种族、群体、环境、迁移、婚配方式之间的关系。

人类身高、体重、血压、精神疾病等性状（数量性状）往往不是由一对基因而是由多对基因决定的，性状在群体中的分布是连续的，呈正态分布，并且较易受环境因素的影响，所以这类性状最常用数理统计方法进行分析，一般用遗传力或遗传度来表示遗传因素和环境因素的相对效应。例如人的胖瘦40% ～ 70%受遗传的影响，30% ～ 60%受环境的影响；人的身高受遗传因素的影响较大，约占75%。说明体重比身高更容易受环境的影响。

多基因遗传的疾病的易患性也呈正态分布，个体的易患性越过阈值便显示症状。例如原发性高血压病患者的一级亲属（同胞兄弟姐妹、父母和子女）的血压的分布比一般群体更靠近阈值，因而该家庭成员比一般群体成员更易患高血压病。数理统计方法的研究结果证实了这一点。

1.3.7 染色体分析

染色体是遗传信息的载体，具有特定的形态和固有的数目，无论是结构还是数目发生变化都会导致人类疾病的发生。人类体细胞有46条染色体，将这些染色体按照大小和形态特征，进行配对、编号和分组所构成的图像称为核型（karyotype），对核型进行分析称为染色体分析（chromosome analysis）。染色体分析可以对染色体病进行诊断鉴别。例如唐氏综合征患者经染色体分析后，多了一条21号染色体；猫叫综合征患者5号染色体短臂缺失了一段。

1.3.8 DNA分析

DNA是生物遗传物质，基因是DNA上具有生理功能的片段。人类的生长发育、疾病、心理、性格、衰老等全套遗传信息都镶嵌在人类的DNA序列中。利用限制性片段长度多态性（RFLP）连锁分析、DNA重组分析、DNA指纹分析和mRNA差异显示等多种分子生物学技术分析DNA序列可研究由基因突变引起的基因疾病，临床上可进行疾病鉴定和诊断。人类基因组计划对人类基因组进行全序列测定，为人类特征的遗传规律、疾病诊断治疗、靶向用药等研究提供基础。

人类遗传学包含的分支学科

人类遗传学是在普通遗传学的基础上产生和发展起来的，研究内容涵盖了人类遗传和变异的各个研究领域，研究成果与人类的生存生活息息相关。人类遗传学在与其他学科交叉融合发展过程中，形成了众多的分支学科。

（1）按照人类遗传学原理与医学实践结合分为：医学遗传学和临床遗传学

医学遗传学（medical genetics）是人类遗传学知识在医学领域中的应用。人类遗传学探讨人类正常性状与病理性状的遗传现象及其物质基础；而医学遗传学则主要研究人类（包括个体和群体）病理性状的遗传规律及其物质基础。医学遗传学通过研究人类疾病的发生发展与遗传因素的关系，提供诊断、预防和治疗遗传病和与遗传有关疾病的科学依据及手段，从而对改善人类身体健康素质做出贡献。

临床遗传学（clinical genetics）是研究临床各种遗传病的诊断、产前诊断、遗传咨询以及治疗，以降低遗传病在人群中的危害，提高人们遗传素质。

（2）按照横向、纵向的比较研究分为：人类群体遗传学、进化遗传学、发育遗传学、行为遗传学等

一个民族、一个人种、一个县的人等都可以看作是大小不同的人群，每一个人群都有其特征，但所有的特征都是每一个人的基因组在一定外界条件下表达的结果。每一个人群中所有人的基因组的总和，称为该人群的遗传结构。人类群体遗传学（human population genetics）就是研究人群的遗传结构及其变化的学科，或者说，是研究人类群体基因组总和的异同及其进化的科学。

进化遗传学（evolutional genetics）也是研究群体的遗传结构及其变化规律的学科，它和群体遗传学一样，运用数理统计方法研究群体中基因频率和基因型频率以及影响这些频率的选择效应和突变作用，还研究迁移和遗传漂变等与遗传结构的关系，由此来探讨进化的机制。但是进化遗传学探讨的是物种内变异转化为

物种间变异的过程，即物种的形成和绝灭；而群体遗传学仅仅涉及品系间、品种间和亚种间等的变迁。

从生物学角度上来说，发育是细胞分裂、分化、形态建成和生长发育的一系列过程；从遗传学角度上来说，发育是基因按照特定的时间和空间程序表达的过程。发育遗传学（developmental genetics）是研究基因对发育过程的控制与调节，研究基因在发育不同阶段的表达及调控机制。发育遗传学研究对于阐明生命发生、发展、成熟和消亡的机制，遗传疾病病因、发生机制和治疗等具有重要意义。

行为是受基因控制的复杂的生物学过程。行为遗传学（behavioral genetics）是研究支配人类的行为的基因和基因表达的时间、空间及作用途径等的学科。行为遗传学对阐明人类正常及异常的社会行为、个性、智力、神经病和精神病的发生和表现都极为重要。

（3）按照人类遗传学疾病的不同起因分为：辐射遗传学、药物遗传学、毒理遗传学、免疫遗传学、肿瘤遗传学

辐射遗传学（radiation genetics）也称放射遗传学，是遗传学和放射生物学相结合的学科，主要研究辐射能对生物的遗传变异效应。辐射包括电离辐射和非电离辐射。1927年，美国遗传学家穆勒（H. J. Muller），首先用X射线诱发果蝇发生基因突变。近几十年来，由于核武器的研制和宇宙空间的探索，以及原子能在工农业生产和医疗卫生事业和科学研究上的广泛应用，人们接触射线越来越多，要求阐明辐射诱发基因突变和染色体畸变的规律和机理，防止辐射危害，以及更有计划地通过辐射选育动、植物和微生物的优良品种等，也越来越迫切，从而推动了辐射遗传学迅速发展。

药物遗传学（pharmacogenetics）是药理学与遗传学相结合的学科，研究遗传因素对药物代谢的影响，特别是由遗传因素引起的异常药物反应。临床医生在使用某些药物时，必须遵循因人而异的用药原则。因为在群体中，不同个体对某一药物可能产生不同的反应，甚至可能出现严重的副作用，这种特应性产生的原因相当部分取决于个体的遗传背景。药物遗传学在实践上，为指导医生用药的个体化原则提供理论根据。

毒理遗传学（toxicogenetics）是用遗传学方法研究环境因素对遗传物质的损

害、机制及子代影响的一门学科，具体包括致突变、致癌和致畸的“三致”效应及其检测和评价这类效应的一套手段。目的在于评价这些外界因素对人类遗传的危害及其对人类健康的潜在威胁，为科学预防提供依据。

免疫遗传学（immunogenetics）主要研究免疫系统的结构和功能如免疫应答、抗体的多样性等的遗传基础。此外，应用免疫学的方法识别个体间的遗传差异（如血型、表面抗原等）可作为遗传规律分析的指标。免疫遗传学是现代医学临床实践的重要理论基础之一，是输血、器官移植、胎母不相容和亲子鉴定的理论基础，对阐明免疫系统的演化、人种差异和生物进化也有重要意义。

肿瘤遗传学（cancer genetics）是研究肿瘤发生发展的遗传因素，着重研究恶性肿瘤发生、发展、转移的遗传基础，以及遗传和环境间关系的学科。肿瘤遗传学的研究不仅有助于探讨肿瘤的病因和发病机制，而且也为肿瘤的早期诊断、预后和防治提供科学根据。

（4）按照不同研究层次和研究技术分为：人类细胞遗传学、人类生化遗传学、人类分子遗传学、人类基因工程学等

人类细胞遗传学（human cell genetics）是从细胞学的角度，特别是从染色体的结构和功能，以及染色体和其他细胞器的关系来研究遗传现象，阐明遗传和变异的机制。

人类生化遗传学（human biochemical genetics）是生物化学和遗传学相结合的学科，研究遗传物质的理化性质，以及对蛋白质生物合成和机体代谢的调节控制。人类的一切形态特征和生理生化特性都是通过基因控制蛋白质（或酶）的合成而决定的。基因发生突变，将导致蛋白质（或酶）的合成异常从而引起遗传疾病（常见分子病）。人类生化遗传学的研究将最终阐明人类遗传的一些本质问题，包括人类的基因及其对蛋白质合成的控制，以及蛋白质（或酶）的多态现象及其起因等。

人类分子遗传学（human molecular genetics）是在分子水平上研究人类遗传和变异机制的遗传学分支学科。普通遗传学的研究主要是基因在亲代和子代之间的传递问题，分子遗传学则主要研究基因的本质、基因的功能以及基因的变化等问题。

人类基因工程学（human genetic engineering）是将基因加以人工改造而表达新性状的科学，在人类遗传病的基因诊断及基因治疗中有重要作用。

参考文献

程罗根，2015. 人类遗传学导论[M]. 北京：科学出版社.

戴国雄，2007. 调查法在“遗传病”教学中的应用[J]. 中国高等医学教育，(10)：95-96.

杜若甫，2004. 中国人群体遗传学[M]. 北京：科学出版社.

李再云，杨业华，2017. 遗传学[M]. 3版. 北京：高等教育出版社.

刘洪珍，2009. 人类遗传学[M]. 北京：高等教育出版社.

刘祖洞，乔守怡，吴燕华，等，2013. 遗传学[M]. 3版. 北京：高等教育出版社.

彭少杰，2002. 精神分裂症的双生子法研究进展[J]. 疾病控制杂志，6(2)：139-142.

全国科学技术名词审定委员会，2006. 遗传学名词[M]. 2版. 北京：科学出版社.

王小荣，2013. 医学遗传学基础[M]. 2版. 北京：化学工业出版社.

王正询，2003. 简明人类遗传学[M]. 北京：高等教育出版社.

徐维衡，2002. 医学遗传学基础[M]. 北京：北京大学出版社.

杨学仁，朱英国，1995. 遗传学发展史[M]. 武汉：武汉大学出版社.

余其兴，赵刚，2008. 人类遗传学导论[M]. 北京：高等教育出版社.

袁志发，常智杰，郭满才，等，2015. 数量性状遗传分析[M]. 北京：科学出版社.

赵寿元，1996. 人类遗传学概论[M]. 上海：复旦大学出版社.

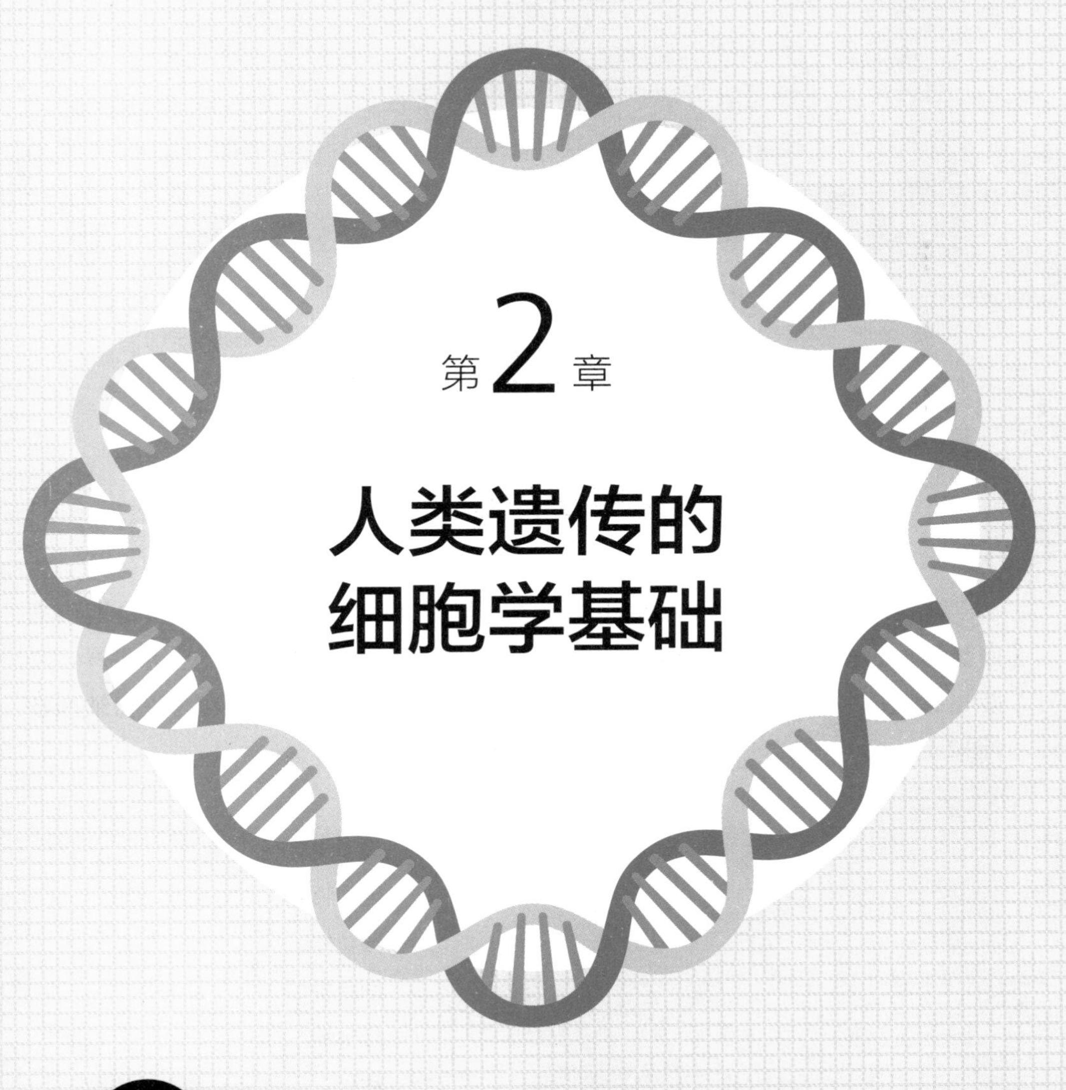

第2章 人类遗传的细胞学基础

本章知识点

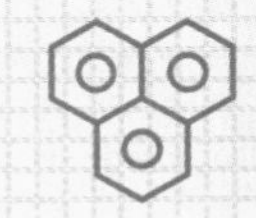

★ 细胞的结构和功能

★ 细胞的分裂和增殖

人体是由一个受精卵细胞发育而来的，受精卵经过分裂、分化，形成上皮组织、结缔组织、肌肉组织和神经组织，几种不同类型的组织相互结合构成具有一定形态和功能的器官，各类器官再构成呼吸系统、消化系统、神经系统等若干系统，最终由系统再组成一个完整的人体。细胞是人体结构和功能的基本单位，在介绍人类遗传学之前必须先谈谈细胞的结构及其分裂增殖过程。

细胞的结构和功能

细胞（cell）是生物体结构和功能的基本单位，它是除了病毒之外所有具有完整生命力的生物体的最小单位。人体内的各种细胞大小不一，形态各异，功能也各有不同，典型的人类细胞的基本结构可分为细胞膜、细胞质和细胞核（图2.1）。

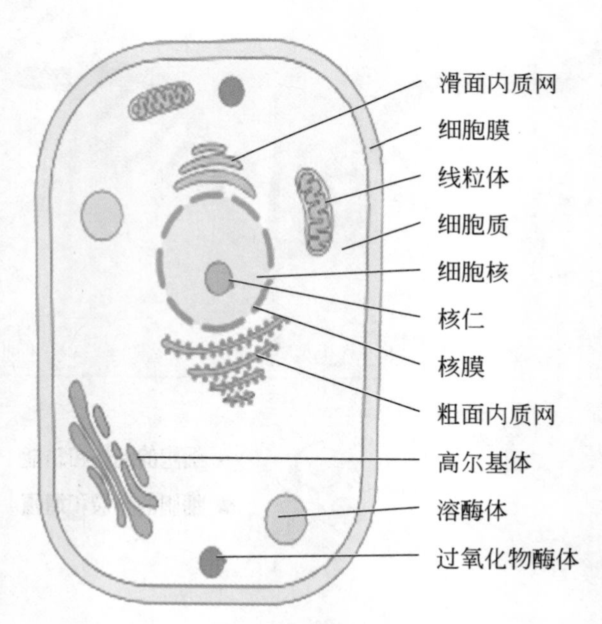

图2.1　人类细胞结构示意图（附彩图）

（图片引自Eberhard，2018）

2.1.1 细胞膜

细胞膜（cell membrance）是包围细胞质的一层膜状结构，由磷脂双分子层镶嵌着蛋白质分子组成，其中部分脂质和糖类结合形成糖脂，部分蛋白质和糖类结合形成糖蛋白，脂质分子和蛋白质分子处于不停的运动状态（图2.2）。

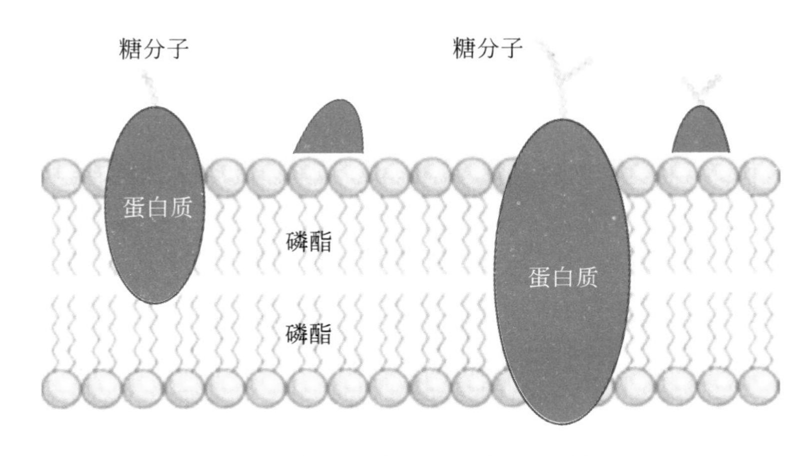

图2.2 细胞膜结构示意图（附彩图）

细胞膜有重要的生理功能。它将细胞与外界环境分开，保证细胞内环境的相对稳定。细胞膜是选择透过性膜，调节和选择物质进出细胞。在细胞识别、信号传递和微纤丝的组装等方面，细胞膜也发挥着重要作用。

人类细胞除了具有细胞膜外，发达的膜系统又形成了许多功能分区，围成了各种细胞器，如内质网、高尔基体、溶酶体、线粒体等。

2.1.2 细胞核

细胞核（nucleus）是真核细胞内最大、最重要的细胞结构，由双层膜构成，膜上有核孔（图2.3）。核膜使细胞核成为细胞中一个相对独立的体系，使核内形成相对稳定的环境。同时，核膜又是选择性渗透膜，起着控制核和细胞质之间的物质交换作用。核糖核酸（RNA）与蛋白质等大分子通过核

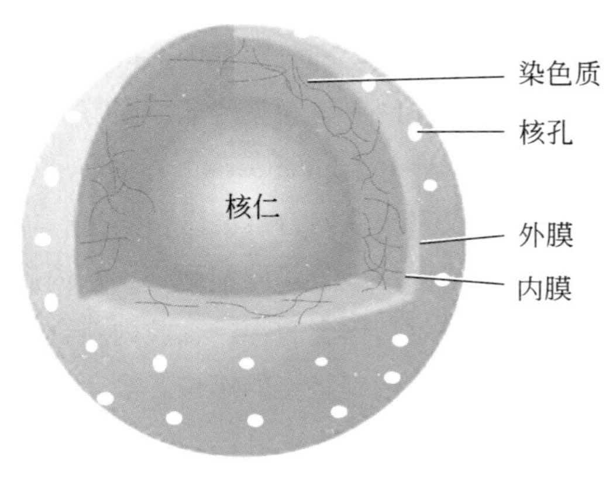

图2.3 细胞核结构示意图（附彩图）

孔出入细胞核。染色质的主要组成成分是蛋白质分子和脱氧核糖核酸（DNA）分子，而DNA是主要的遗传物质。染色质在细胞分裂过程中会凝集缩短变成染色体。大多数细胞可具有1～4个核仁，主要功能是进行核糖体RNA的合成和核糖体的形成。

2.1.3 细胞质

存在于细胞膜和细胞核之间的黏稠透明物质称为细胞质（cytoplasm）。细胞质中具有可辨认形态和能够完成特定功能的各种细胞器（organelle）。除细胞器外的其余液体部分称为细胞质基质（cytosol），体积约为细胞质的一半。

细胞质基质又称胞质溶胶，是细胞质中均质而半透明的胶体部分，充填于其他有形结构之间。细胞质基质中含有水、无机离子等小分子物质；脂类、糖类、氨基酸、核苷酸及其衍生物等中等分子物质；多糖、蛋白质、脂蛋白和RNA等大分子物质。细胞质基质的主要功能是为各种细胞器维持其正常结构提供所需要的环境，为各类细胞器完成其功能活动供给所需的一切底物，同时也是进行某些生化活动的场所。

线粒体（mitochondrion）是由双层膜围成的细胞器，拥有自身的遗传物质和遗传体系。线粒体是细胞进行有氧呼吸的主要场所，糖、脂肪、蛋白质在此最终氧化分解形成二氧化碳和水，并产生能量。

内质网（endoplasmic reticulum）是由单层膜围成的连续管道状细胞器，表面附着核糖体的称为粗面内质网（rough endoplasmic reticulum, RER），表面不附着核糖体的称为滑面内质网（smooth endoplasmic reticulum, SER），两者之间有连通。粗面内质网表面附着核糖体（ribosome），参与蛋白质的合成和加工。粗面内质网分布于绝大部分细胞中，而在分泌蛋白旺盛的细胞中，粗面内质网特别发达。滑面内质网参与脂类合成、固醇类激素合成以及具有解毒作用。

高尔基体（golgi apparatus）由单层膜构成的扁平囊和小泡组成。高尔基体的主要功能是将内质网合成的蛋白质进行加工、分拣与运输，然后分门别类地送到细胞特定的部位或分泌到细胞外。从内质网运来的小泡与高尔基体膜融合，将内含物送入高尔基体囊腔中，在腔内新合成的蛋白质肽链继续完成修饰和包装，而后根据需要运输到特定的部位。高尔基体还合成一些分泌到胞外的多糖和修饰细胞膜的材料。

溶酶体（lysosome）是单层膜构成的细胞器，内含多种水解酶类。溶酶体可与食物泡融合，将细胞吞噬进的食物消化成生物大分子，将残渣排出细胞；清除细胞内无用的生物大分子、衰老的细胞器及衰老损伤和死亡的细胞，为新细胞的产生创造条件；吞噬细胞可吞入病原体，在溶酶体中将病原体杀死和降解。

细胞骨架（cytoskeleton）由微管、微丝和中间丝组成，与细胞的运动和维持细胞形态等有关。

中心体（centrosome）由一对互相垂直的中心粒（centriole）构成。在细胞分裂时，以中心粒为起点形成纺锤丝，参与染色体的分离。

细胞的分裂和增殖

细胞增殖是生物体的重要生命特征，是指细胞数目的增多，以分裂的方式进行。细胞分裂（cell division）可分为无丝分裂（amitosis）、有丝分裂（mitosis）和减数分裂（meiosis）三种类型。

2.2.1 无丝分裂

无丝分裂是最早被发现的一种细胞分裂方式。无丝分裂有多种形式，最常见是横缢式分裂，即细胞核先延长，然后在中间缢缩、变细，最后分裂成两个子细胞（图2.4）。无丝分裂在低等植物中普遍存在，在高等植物中也常见。人体大多数腺体都有部分细胞进行无丝分裂，主要见于高度分化的细胞，如肝细胞、肾小管上皮细胞、肾上腺皮质细胞等。

2.2.2 有丝分裂

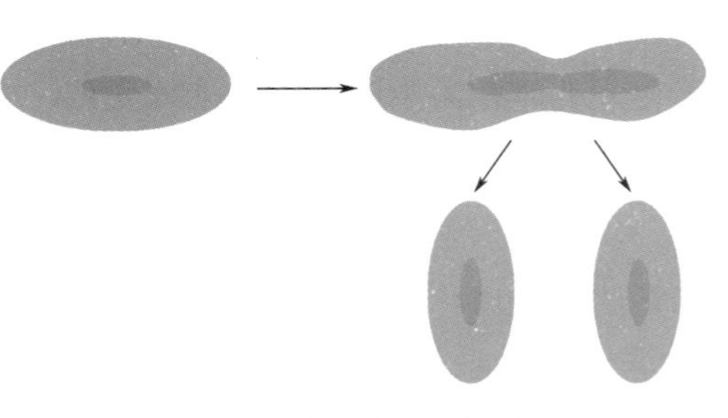
图2.4 细胞无丝分裂示意图

有丝分裂是人类细胞增殖最常见的一种分裂方式，是一个连续的分裂过程。有丝分裂具有周期性，即连续分裂的细胞从一次分裂完成时开始，到下一次分裂完成时为止，或从形成

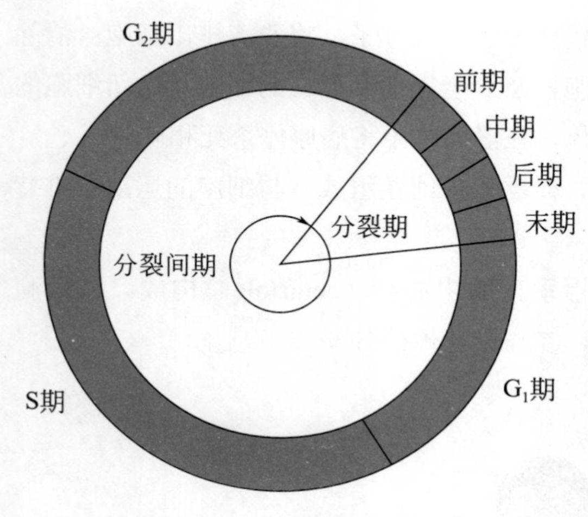

图2.5　有丝分裂细胞周期示意图

子细胞开始到再一次形成子细胞结束为一个细胞周期（cell cycle）（图2.5）。一个细胞周期包括两个阶段：分裂间期和分裂期。

（1）分裂间期

分裂间期（mitosis interphase）分为G_1期（DNA合成前期）、S期（DNA合成期）、G_2期（DNA合成后期）三个阶段。G_1期主要是染色体蛋白质和DNA解旋酶的合成，S期进行DNA的复制，G_2期主要是细胞分裂期有关酶与纺锤丝蛋白质的合成。在有丝分裂间期，染色质没有高度螺旋化形成染色体，而是以染色质的形式进行有关活动。有丝分裂间期是有丝分裂全部过程的重要准备过程，在整个细胞周期中占据很长的时间。

（2）分裂期

分裂期人为分为连续的前期（prophase）、中期（metaphase）、后期（anaphase）和末期（telophase）四个时期，每个时期有不同的生理和结构变化（图2.6）。

前期：指自分裂期开始到核膜解体为止的时期。进入有丝分裂前期时，细胞核的体积增大，由染色质构成的细染色线螺旋缠绕并逐渐缩短变粗，形成染色体，每条染色体由两条染色单体组成，两条染色单体由一个共同的着丝粒连接。核仁在前期的后半期渐渐消失。在前期末，核膜破裂，染色体分散于细胞质中。原靠近核膜的两个中心粒发射出星射线，并逐渐移向相对的两极，同时星射线不断增长，在核膜破裂后形成两极之间的纺锤体。

中期：指自核膜破裂起，经染色体排列到赤道板上，到染色单体开始分向两极之间的时期。中期染色体浓缩变粗，显示出该物种所特有的数目和形态。中期时间较长。

后期：指每条染色体的两条姐妹染色单体分开并移向两极的时期。在后期被分开的染色体称为子染色体，子染色体到达两极时后期结束。子染色体向两极的移动是靠纺锤体的活动实现的。

末期：指从子染色体到达两极开始至形成两个子细胞为止的时期。此时期的

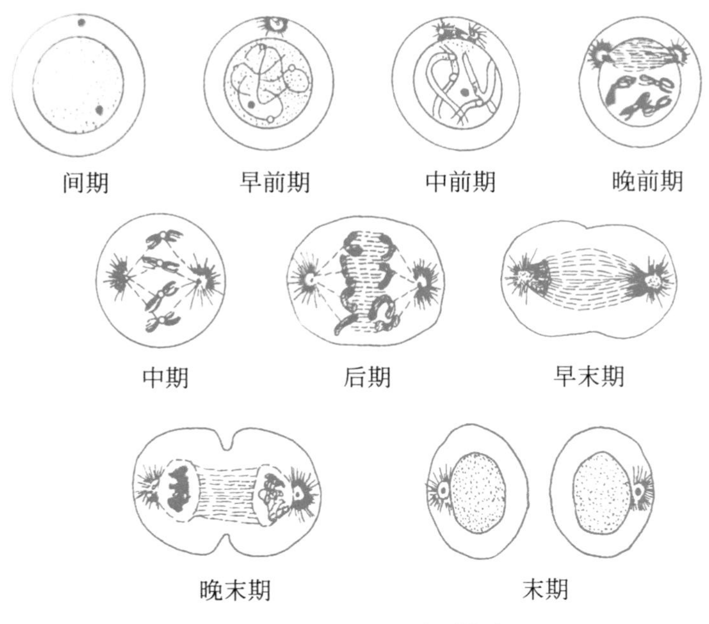

图2.6　动物细胞有丝分裂模式图

（图片修改自姚敦义，1990）

主要过程是子核的形成和细胞质的分裂。子核的形成大体上是经历一个与前期相反的过程。到达两极的子染色体解螺旋重新形成染色质，在其周围集合核膜成分，融合形成子核的核膜，随着子细胞核的重新组成，核内出现核仁。细胞质向内凹陷，一个细胞形成两个子细胞。

2.2.3　减数分裂

减数分裂是有性生殖的生物形成配子时的一种特殊分裂方式。细胞分裂时，染色体只复制一次，细胞连续分裂两次，形成染色体数目减半的精子或卵子。受精时精卵结合，恢复亲代染色体数，从而保持物种染色体数的恒定。

减数分裂可以分为间期、减数第一次分裂、减数第二次分裂三个连续的阶段（图2.7）。

（1）减数分裂间期

间期可以分为G_1期、S期和G_2期，其中G_1和G_2期主要是合成有关蛋白质和RNA，S期则完成DNA 的复制。复制后的每条染色体包含两条姐妹染色单体，染色体数目不变，DNA数目变为原细胞的两倍。

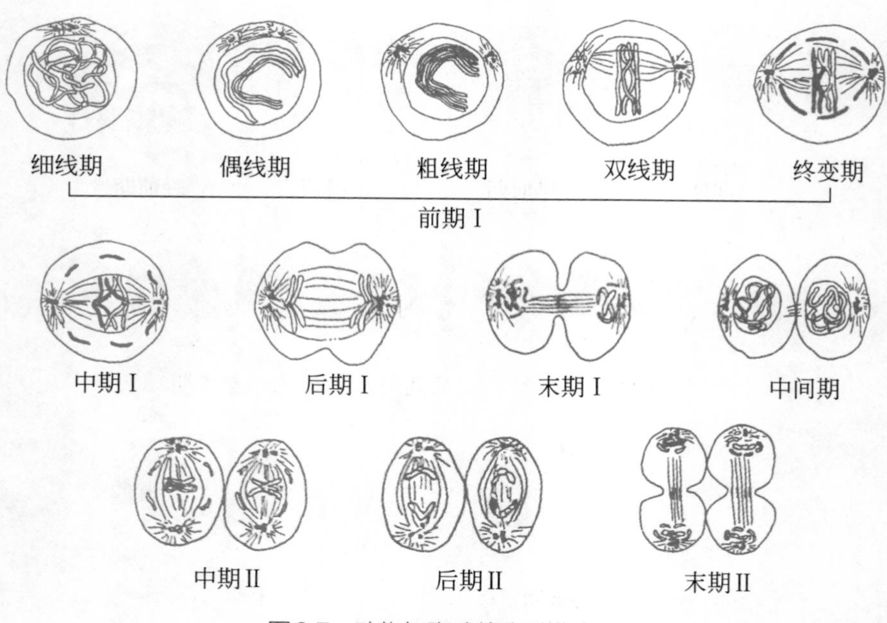

图2.7 动物细胞减数分裂模式图
（图片修改自刘植义等，1982）

（2）减数第一次分裂

减数第一次分裂可分为前期Ⅰ、中期Ⅰ、后期Ⅰ和末期Ⅰ四个时期。

前期Ⅰ：染色体的变化十分复杂，表现出减数分裂所特有的变化特点，又可进一步分为细线期、偶线期、粗线期、双线期和终变期五个阶段。

细线期细胞核内出现细长、线状染色体，细胞核和核仁体积增大。每条染色体含有两条姐妹染色单体。所有染色体缠绕在一起，彼此难以识别。

偶线期细胞内的同源染色体（homologous chromosomes）两两联会（synapsis）配对，称为二价体（bivalent），配对的一对同源染色体中有4条染色单体。人有23对染色体，可形成23个二价体。

粗线期的染色体连续缩短变粗，二价体中的非姐妹染色单体之间可发生DNA的片段交换，导致父母基因互换，产生了基因重组，从而产生遗传变异。

双线期的染色体继续缩短变粗，原来联会在一起的同源染色体相互排斥而分离。由于非姐妹染色单体在粗线期的交换，不同二价体内部出现数目不等的交叉，同源染色体在交叉处仍然联系在一起。随着同源染色体的排斥，染色体呈现出V、X、8、O等各种形状。

终变期染色体收缩达到最大程度，染色体变成紧密凝集状态并向核的周围靠近。核膜、核仁消失。

中期Ⅰ：各成对的同源染色体双双移向细胞中央的赤道板，着丝粒成对排列在赤道板两侧，细胞质中形成纺锤体。

后期Ⅰ：在纺锤丝牵引下，成对的同源染色体发生分离，分别移向两极。

末期Ⅰ：到达两极的染色体重新聚集，重现核膜、核仁，细胞分裂为两个子细胞。这两个子细胞的染色体数目，只有原来的一半。重新生成的细胞紧接着发生第二次分裂。

（3）减数第二次分裂

减数第一次分裂和第二次分裂之间一般有一个短暂的间期，此时期不进行DNA的复制。减数第二次分裂与有丝分裂过程十分相似，是一个染色体等数的细胞分裂。减数第二次分裂可分为前期Ⅱ、中期Ⅱ、后期Ⅱ和末期Ⅱ四个时期。

前期Ⅱ：每条染色体都是由着丝粒连接的两条染色单体组成，细胞内再次形成纺锤体。

中期Ⅱ：每条染色体的着丝粒排列在赤道面上，两条臂自由伸展。

后期Ⅱ：染色体着丝粒一分为二，每条染色单体在纺锤丝的牵引下分别移向细胞两极。

末期Ⅱ：核膜、核仁相继出现，染色体解螺旋重新变成染色质。细胞质缢缩，形成两个子细胞。

人类精子是在睾丸中形成的。睾丸中精原细胞（2n=46）经过多次有丝分裂分化成初级精母细胞（2n=46），每个初级精母细胞经过减数第一次分裂产生2个染色体数目减半的次级精母细胞（n=23），再经过减数第二次分裂共产生4个精细胞（n=23）。精细胞经过变形，形成精子（图2.8）。精子的头部含有细胞核，尾部很长，能够游动。每个初级精母细胞经过减数分裂形成4个精子。

人类卵子是在卵巢中形成的。卵巢中卵原细胞（2n=46）经过多次有丝分裂分化成初级卵母细胞（2n=46）。每个初级卵母细胞经过减数第一次分裂产生染色体数目减半、大小差异悬殊的2个子细胞，其中体积较大的1个为次级卵母细胞（n=23），体积较小的1个为第一极体（n=23）。次级卵母细胞经过减数第二次分裂产生1个体积大的卵子（n=23）和1个体积小的第二极体（n=23）；第一极体经过减数第二次分裂产生2个大小等同的第二极体（n=23）（图2.9）。每个卵母细胞经过减数分裂形成1个卵子和3个第二极体，第二极体最终退化解体。

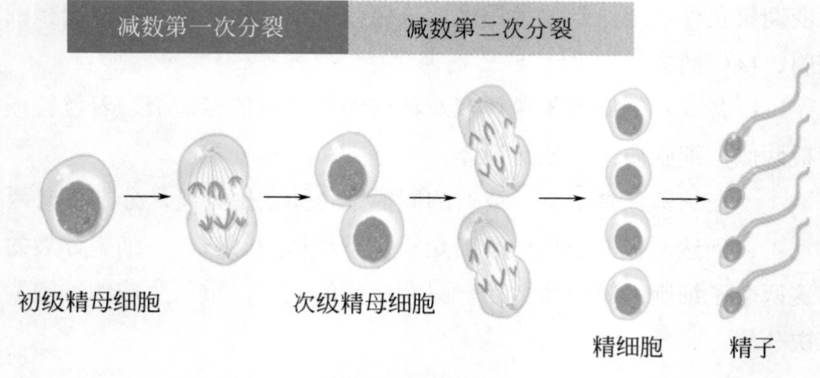

图2.8　人类精子形成过程示意图（附彩图）

（图片修改自 Robert，2019）

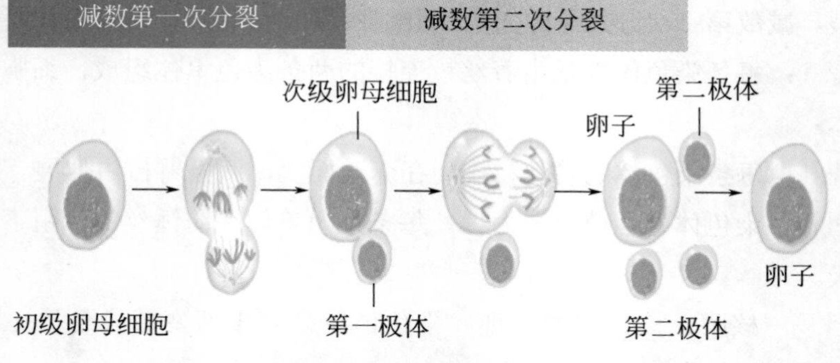

图2.9　人类卵子形成过程示意图（附彩图）

（图片修改自 Robert，2019）

参考文献

胡金良，王庆亚，2014. 普通生物学[M]. 2版. 北京：高等教育出版社.

李再云，杨业华，2017. 遗传学[M]. 3版. 北京：高等教育出版社.

刘凌云，郑光美，2010. 普通动物学[M]. 4版. 北京：高等教育出版社.

刘植义，刘彭昌，周希澄，等，1982. 遗传学[M]. 北京：人民教育出版社.

吴相钰，陈守良，葛明德，2014. 陈阅增普通生物学[M]. 4版. 北京：高等教育出版社.

姚敦义，1990. 遗传学[M]. 青岛：青岛出版社.

左明雪，2015. 人体及动物生理学[M]. 4版. 北京：高等教育出版社.

Eberhard P，2018. Color Atlas of Genetics（Fifth edition）[M]. Oversea Publishing House.

Robert J B，2019. Concepts of Genetics[M]. 3rd ed. New York：McGraw-Hill.

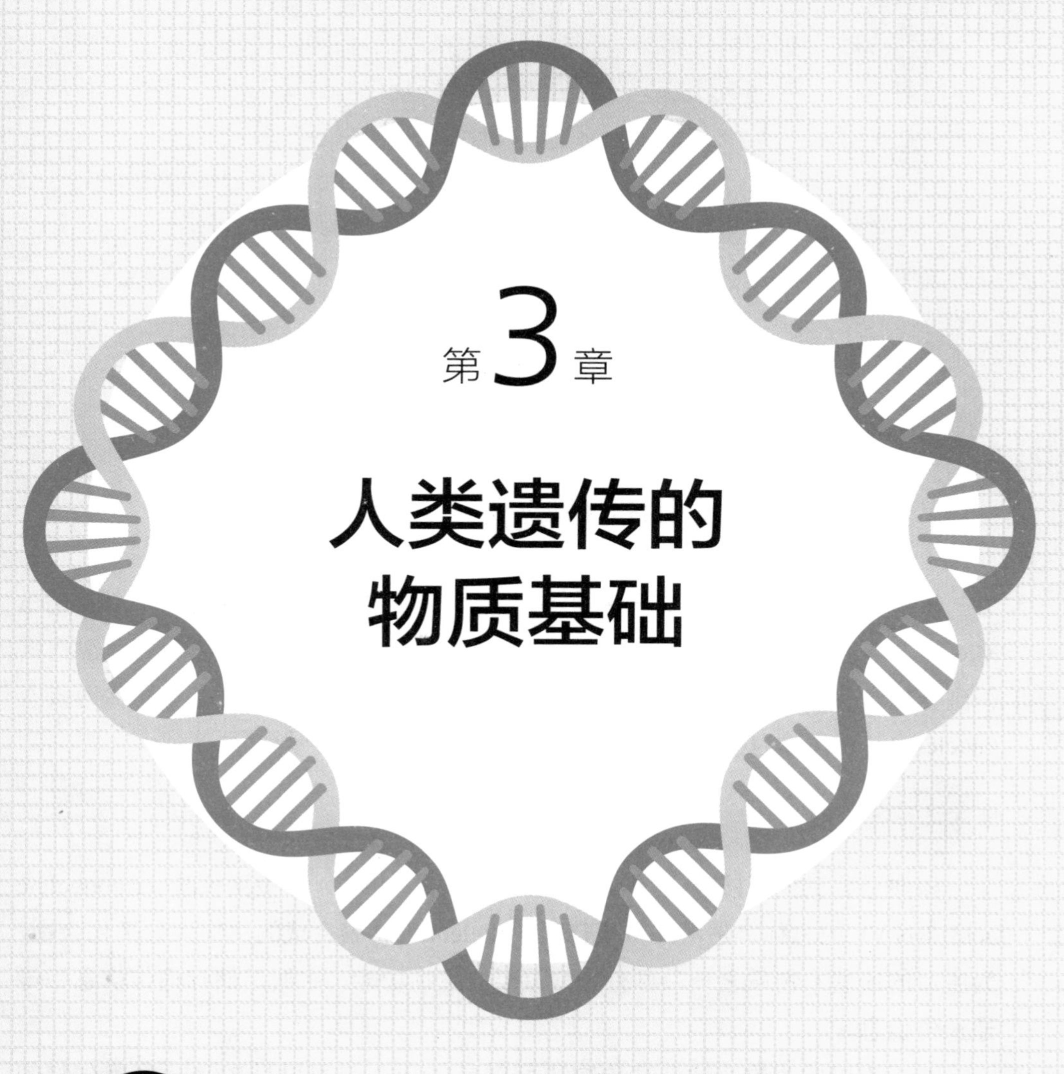

第3章

人类遗传的物质基础

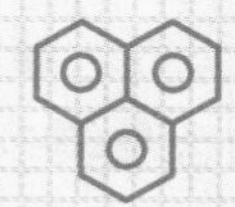

★ 人类遗传物质——核酸

★ 生命的要素——蛋白质

★ 遗传信息的传递

作为传递遗传信息的物质，必须含有生物学上的有用信息，且这些信息能够稳定地复制和传递，能够通过某种机制翻译出行使功能的蛋白质。此外，遗传物质还必须能够发生变异，以满足生物进化的需要。

经过大量深入研究，现在人们对核酸分子的生物学特性已有了充分的认识。核酸的分子结构非常有规律，适合贮存遗传信息，细胞内的有关酶类能够对其贮存的信息进行复制、修复和阅读，所以核酸具备作为遗传物质的基本特征。

人类遗传物质——核酸

核酸最早在1869年由瑞士医生和生物学家弗雷德里希·米歇尔（Friedrich Miescher）分离获得的。他从带脓液的绷带分离出细胞核，再用稀碱处理细胞核得到一种含磷量很高的物质，他把这种位于细胞核中的酸性大分子物质称为核素（nuclein），现在称为核酸（nucleic acid）。

3.1.1 核酸的化学组成和种类

核酸是脱氧核糖核酸（deoxyribonucleic acid，DNA）和核糖核酸（ribonucleic acid，RNA）的总称，是由许多核苷酸（nucleotide）聚合成的生物大分子化合物，为生命的最基本物质之一，具有非常重要的生物功能，主要是储存遗传信息和传递遗传信息。

对于不同的生物来说，遗传物质可以是DNA，也可以是RNA。细胞生物的遗传物质都是DNA，只有一些病毒的遗传物质是RNA。这种以RNA为遗传物质的病毒称为反转录病毒（retrovirus）。

核酸的组成元素有C、H、O、N、P等，其组成上有两个特点：一是核酸一般不含S元素，二是核酸中的P元素的含量较多且固定，约占9%～10%。核酸经水解可得到核苷酸，因此，核酸的基本组成单位是核苷酸。

每个核苷酸都由一分子戊糖、一分子磷酸和一分子环状含氮碱基三部分组成（图3.1）。碱基包括双环结构的嘌呤和单环结构的嘧啶。相邻两个核苷酸之间由3′, 5′-磷酸二酯键相连。

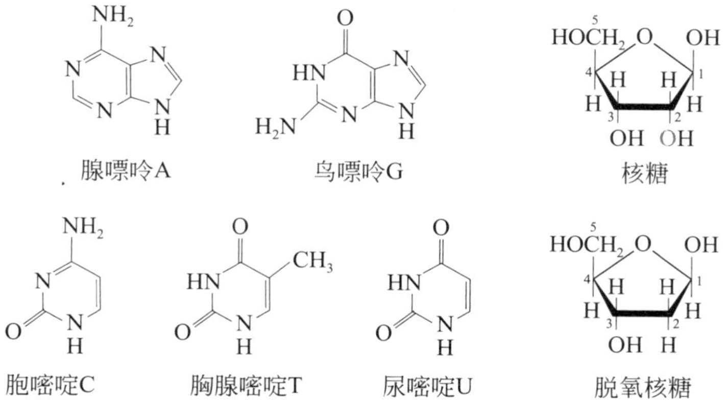

腺嘌呤A　鸟嘌呤G　核糖

胞嘧啶C　胸腺嘧啶T　尿嘧啶U　脱氧核糖

图3.1　构成核苷酸分子的含氮碱基和戊糖结构

3.1.2　DNA的分子结构

DNA是人类最关键的遗传物质之一，由4种脱氧核糖核苷酸组成。4种脱氧核糖核苷酸中的碱基分别是腺嘌呤（adenine，A）、鸟嘌呤（guanine，G）、胸腺嘧啶（thymine，T）和胞嘧啶（cytocine，C）。戊糖为脱氧核糖（deoxyribose）。很多个脱氧核糖核苷酸通过3′, 5′-磷酸二酯键依次连接起来，形成一条脱氧核糖核苷酸链，该链的一端有一个游离的3′羟基，而另一端有一个游离的5′磷酸基（图3.2）。DNA的一级结构就是脱氧核苷酸在DNA分子中的排列顺序。习惯上把DNA分子序列上含有游离磷酸基的末端核苷酸写在左边，因此就把接在某个核苷酸左边的序列称为5′方向或者上游（upstream），而把接在右边的序列称为3′方向或者下游（downstream），例如图3.2序列就可以写为5′-TCA-3′。

DNA分子通常以二级结构（双螺旋结构）的方式存在。1953年沃森（J. D. Watson）和克里克（H. F. C. Crick）根据X射线的衍射影像资料、碱基的结构和DNA分子中鸟嘌呤与胞嘧啶以及腺嘌呤与胸腺嘧啶含量相等这三方面的信息，提出了著名的DNA双螺旋结构模型（double helical structure）。

常见的DNA双螺旋结构的主要特征有：

① DNA由两条反向平行的多聚脱氧核苷酸链以右手螺旋的方式，彼此以一定的空间距离，平行地环绕于同一轴上。一条链的5′-3′方向是自上而下，而另一条链的5′-3′方向是自下而上，称为反向平行。

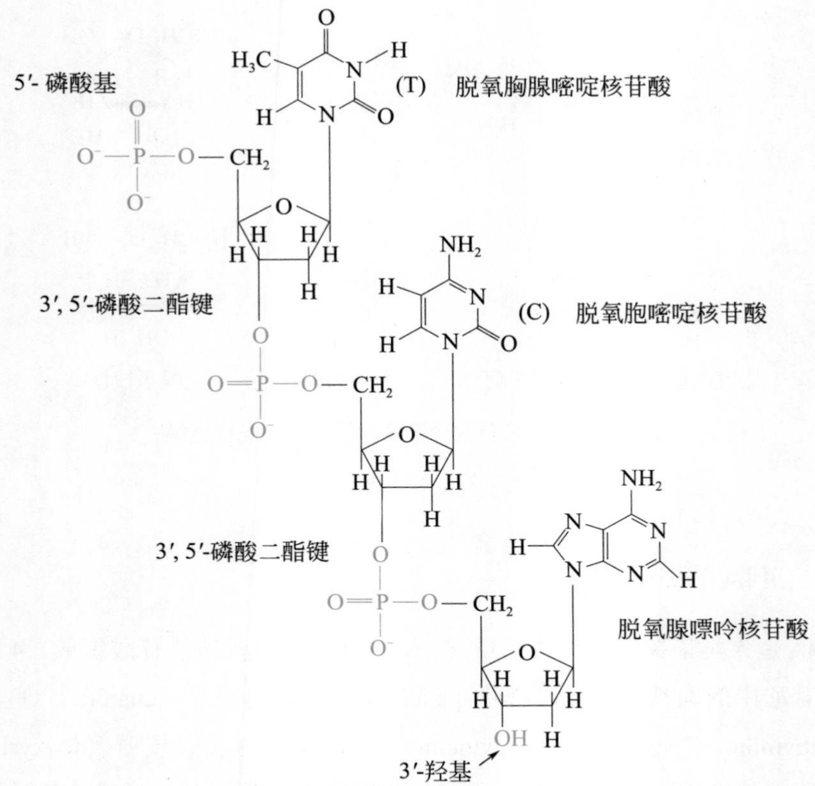

图3.2　DNA的部分一级结构

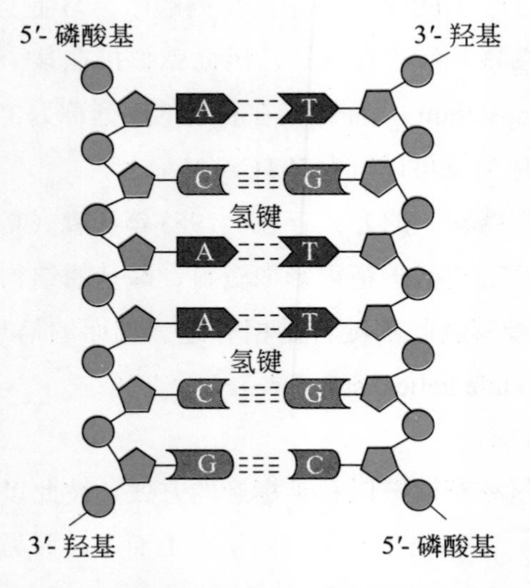

图3.3　两条多核苷酸链的碱基互补配对简图

② 由脱氧核糖和磷酸基团构成的亲水性骨架位于双螺旋结构的外侧，而疏水的碱基位于内侧。

③ 位于DNA双链内侧的碱基以氢键相结合，形成互补碱基对。一条链上的腺嘌呤（A）与另一条链上的胸腺嘧啶（T）形成2个氢键；一条链上的鸟嘌呤（G）与另一条链上的胞嘧啶（C）形成3个氢键。这种碱基配对关系称为互补碱基对，DNA的两条链则称为互补链（图3.3）。

④ 碱基对平面与双螺旋的螺旋轴垂直，每两个相邻的碱基对平面之间的垂直距离为0.34nm，每10对核苷酸形成螺旋的一转，每一转的高度（螺距）为3.4nm。从外观上，DNA双螺旋结构的表面存在一个大沟（major groove）和一个小沟（minor groove），大沟是蛋白质识别DNA碱基序列并相互作用的基础（图3.4）。

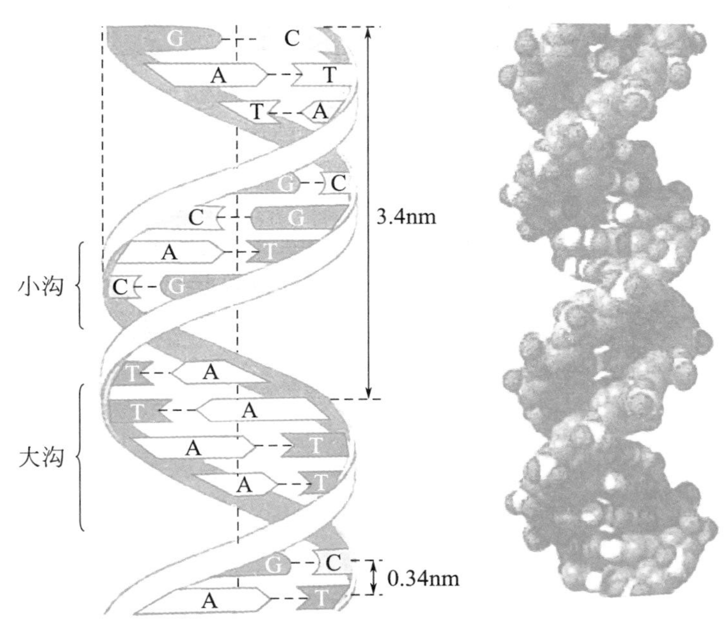

图3.4　DNA双螺旋结构

（图片引自何凤田等，2017）

另外，DNA的构型并不是固定不变的，除了主要以上述的右手双螺旋模型即B-DNA存在外，还有其他变型。B-DNA是DNA在生理状态下的构型。活细胞中绝大多数DNA以B-DNA形式存在，B-DNA一个螺圈也并不是刚好10个核苷酸对，一般平均为10.4对。当DNA在高盐浓度下时，则以A-DNA形式存在。A-DNA是DNA的脱水构型，也为右手螺旋，但每一螺圈含有11个核苷酸对。A-DNA短而密，大沟深而窄，小沟宽而浅。某些DNA序列可以以左手螺旋的形式存在，称为Z-DNA。还有三螺旋等构型的存在。

DNA结构除了构型变化外，在人体内还会以超螺旋的形式存在。从病毒到高等生物，DNA在生物体内均表现为负超螺旋形式，这种结构与DNA复制、重组以及基因的表达和调控有关。

3.1.3 RNA的分子结构

RNA分子也是由4种核苷酸组成的核苷酸链。与DNA不同的是，尿嘧啶（U）取代了胸腺嘧啶（T），核糖代替了脱氧核糖。RNA通常以单链分子存在，因为其分子内某些区域的碱基具有互补性，即以A-U和C-G碱基配对，所以互补碱基之间能通过氢键连接而形成发夹环和主干结构。

人体内RNA主要有信使RNA（messenger RNA，mRNA）、转运RNA（transfer RNA，tRNA）和核糖体RNA（ribosomal RNA，rRNA）三类。

mRNA是由DNA的一条链作为模板转录而来的、携带遗传信息并能指导蛋白质合成的一类单链核糖核酸。以细胞中基因为模板，依据碱基互补配对原则转录生成mRNA后，mRNA就含有与DNA分子中某些功能片段相对应的碱基序列，作为蛋白质生物合成的直接模板。mRNA虽然只占细胞总RNA的2%～5%，但种类最多，并且代谢十分活跃，是半衰期最短的一种RNA，合成后数分钟至数小时即被分解。其功能是将DNA的遗传信息进行传递，新合成肽链的氨基酸序列由mRNA所传递的遗传信息决定。

tRNA又称传送RNA、转运RNA，是一种由76～90个核苷酸所组成的RNA，占细胞总RNA的10%～15%。分子中由A—U、G—C碱基对构成双螺旋区称臂，不能配对的部分形成环。tRNA一般由四环四臂组成，3′端通常是CCA。转录的过程中，tRNA可借由自身的反密码子识别mRNA上的密码子，将该密码子对应的氨基酸转运至核糖体正在合成中的多肽链上。每个tRNA分子理论上只能转运一种氨基酸，但是由于密码子的简并性，多种tRNA可转运同一种氨基酸（图3.5）。

rRNA是细胞内含量最多的一类RNA，约占细胞的80%，是组成核糖体的核酸，也是3类RNA（tRNA，mRNA，rRNA）中分子量最大的一类RNA。rRNA为单链螺旋结构，在代谢上稳定。rRNA除了作为核糖体的主要组成成分，为蛋白质的合成提供场所以外，还协助和参与蛋白质的合成。

3.1.4 DNA的复制

DNA复制（DNA replication）是指以亲代DNA分子为模板合成子代DNA分子的过程。DNA复制发生在细胞有丝分裂和减数第一次分裂的间期。

DNA的复制是一个复杂的过程，需要模板、原料、能量、酶和蛋白质等

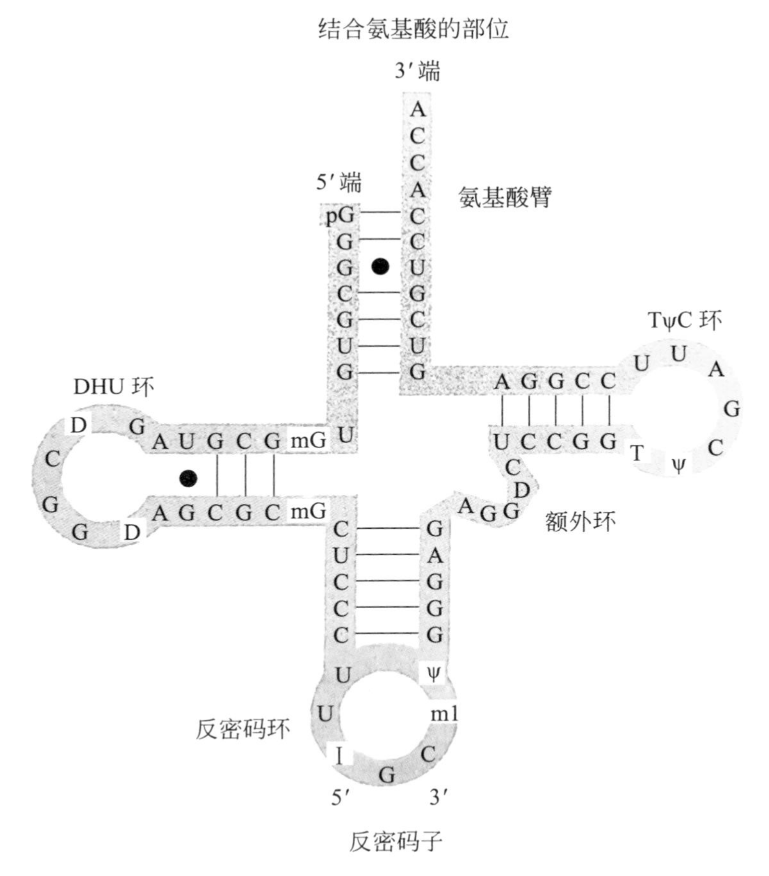

图3.5　酵母苯丙氨酸tRNA的二级结构

（图片引自何凤田等，2017）

多种物质的参与。模板是亲代DNA分子，原料为脱氧核苷三磷酸（dATP、dGTP、dCTP、dTTP），主要的酶有解旋酶（helicase）、DNA拓扑异构酶（DNA topoisomerase）、引发酶（primase）、DNA聚合酶（DNA polymerase）、DNA连接酶（DNA ligase）等，蛋白质有单链结合蛋白（single-strand binding protein，SSB）等。

DNA复制过程是通过边解旋边复制的机制完成的（图3.6），经过起始、延伸和终止3个步骤。以原核生物的大肠杆菌为例，说明DNA的复制过程。

（1）复制的起始

在复制起点（origin of replication），解旋酶和拓扑异构酶Ⅱ协同展开双螺旋结构的DNA分子为单链，单链结合蛋白结合在单链DNA部分，稳定单链DNA结构。大肠杆菌只有一个复制起点，复制方向多为双向的，少数为单向的。引发

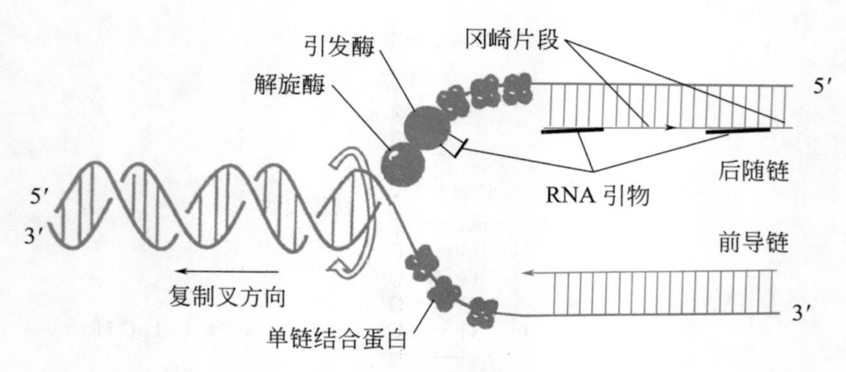

图3.6　DNA复制过程示意图

（图片修改自阎隆飞等，2004）

酶（引物酶）辨认起始位点，以解开的一段DNA为模板，按照5′→3′方向合成RNA短链，形成RNA引物。引物长度为几个到几十个核苷酸不等。

（2）复制的延伸

在DNA合成过程中，两条母链并不完全分开，只是在称为复制叉（replication fork）的位置打开，而复制叉则随着复制过程的进行不断向前移动。DNA复制时两条链都可以作为模板合成新的DNA链，但DNA两条链的方向是相反的，一条是5′→3′，另一条是3′→5′，而迄今为止所有已知的DNA聚合酶的合成方向都是5′→3′，即催化DNA链从5′端到3′延长。因此沿着3′→5′母链合成的新链可以连续合成，延伸方向与复制叉移动方向相同，称为前导链（leading strand）；沿着5′→3′母链合成的新链是不连续的，由许多5′→3′方向的冈崎片段（Okazaki fragment）组成，然后再连接起来，这条新链称为后随链（lagging strand）。

由解旋酶、单链结合蛋白和拓扑异构酶将DNA双螺旋解开，RNA引物合成后，DNA聚合酶III与复制叉结合，按照5′→3′方向在RNA引物的3′—OH端以碱基互补配对原则添加相应的脱氧核苷酸。前导链的合成按5′→3′方向持续合成，它的合成与复制叉的移动保持同步。而后随链的合成是不连续的，合成分段进行，需要不断合成冈崎片段的RNA引物，然后由DNA聚合酶III加入脱氧核苷酸。

在DNA合成延伸过程中主要是DNA聚合酶III起作用。后随链冈崎片段形成后，DNA聚合酶Ⅰ通过其5′→3′核酸外切酶的活性切除冈崎片段上的RNA引物，同时催化5′→3′合成DNA，填补切除引物后形成的空隙，最后两个冈崎片段由DNA连接酶将其连接起来，形成完整的DNA后随链。前导链的RNA引物也由DNA聚合酶Ⅰ和DNA连接酶切除、合成和连接，形成完整的DNA分子。

（3）复制的终止

大肠杆菌为环状双链DNA。单向复制时，复制终点就是复制起点；双向复制时，两个复制叉最终在与其起点相对的终止区相遇，并停止复制。最后在拓扑异构酶Ⅳ催化下将两个复制产物分开，在旋转酶的帮助下重新形成螺旋状。新合成的双链DNA分子有一条链是新合成的，一条是原来的母链，因此称为半保留复制（semi-conservative replication）。

真核生物和原核生物DNA的复制大体相同，但也有不同之处。首先，原核细胞只有一个复制起点，而真核细胞有多个复制起点，复制时多个复制子同时进行。其次，原核生物中主要的复制酶是DNA聚合酶III，而真核生物有多种聚合酶，如α、β、γ、δ、ε、ζ、η等，它们和细菌DNA聚合酶的基本性质相同，但在复制过程中主要由聚合酶α、δ和ε共同完成。最后，参与合成的蛋白质复合物有复制蛋白A和复制因子C，前者相当于大肠杆菌的SSB蛋白，后者相当于大肠杆菌DNA聚合酶III的γ复合物。

生命的要素——蛋白质

蛋白质（protein）是生物界普遍存在的生物大分子之一。人体内蛋白质含量约占人体固体成分的45%，在细胞中蛋白质可达细胞干重的70%以上。

生物体结构越复杂，蛋白质种类也越多。人体内含有10万种以上不同的蛋白质。每一种蛋白质都具有重要的生理功能，几乎所有的生命现象和生理活动都有蛋白质的参与，可以说“没有蛋白质就没有生命”。

3.2.1 蛋白质的功能

蛋白质是构成人体细胞的重要成分和生命活动的主要参与者，所有重要的组成部分和代谢活动都离不开蛋白质的参与。

蛋白质是人体细胞的重要组成部分，是人体组织更新和修补的主要原料。人体的每个组织和器官如毛发、皮肤、肌肉、骨骼、内脏、大脑、血液等都由蛋白质组成。例如，肌肉约占人体重量的32%～40%，而肌肉的主要成分是蛋白质。

蛋白质可调节人体的生理活动。蛋白质构成了多种重要激素、受体、细胞因子、抗体、糖蛋白、脂蛋白及各种酶，维持人体内的各种生化反应的催化、信号传递、调节基因表达，并具有调节人体免疫和维持渗透压等功能。

蛋白质可运输人体内的必需物质。蛋白质在维持机体正常的新陈代谢和各类物质在体内的输送有着极其重要的作用，如血红蛋白运输氧气和二氧化碳，脂蛋白输送脂肪，细胞膜上的受体和转运蛋白等。

蛋白质是重要的能量来源。人体在饥饿、疾病等特殊状态下，会靠分解蛋白质产生氨基酸后进一步代谢产生能量。某些蛋白质还可以作为生长发育营养贮存体的形式存在，如乳类中的酪蛋白、受精卵中的卵清白蛋白。

3.2.2 蛋白质的结构

蛋白质的性质和生物功能是以其化学组成和结构为基础的，各种蛋白质都由氨基酸（amino acid）组成，但分子中的氨基酸种类、排列次序、肽链多少和大小以及空间构象不尽相同。蛋白质具有一级、二级、三级、四级结构，蛋白质分子的结构决定了它的生物学功能。

（1）蛋白质的一级结构

蛋白质的一级结构（primary structure），也叫初级结构或基本结构，是指多肽链中氨基酸排列顺序，每种蛋白质都有独立而确切的氨基酸序列。肽键是一级结构中连接氨基酸残基的主要化学键，有些蛋白质还包括二硫键等。

氨基酸含有碱性氨基（$—NH_2$）和酸性羧基（—COOH），R基团不同氨基酸种类就不同。组成人体的常见蛋白质氨基酸有20种。不同数目和种类的氨基酸以肽键相连，形成链状分子，即是肽或多肽，通常分子量在1500以下的为肽，在1500以上的为多肽。书写肽链时$—NH_2$端为N末端写在左，另一端为C末端，写在右（图3.7）。

蛋白质的一级结构决定了蛋白质的二级、三级等高级结构，构成了每一种蛋白质的生物学活性的结构特点。

（2）蛋白质的二级结构

蛋白质的二级结构（secondary structure）是指蛋白质分子中以多肽链本身的

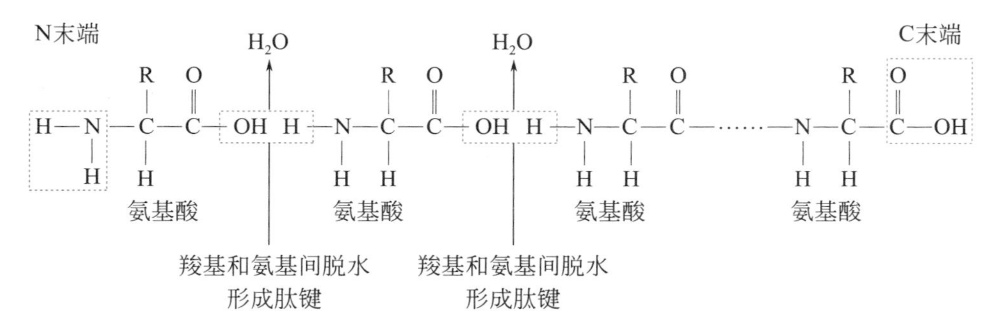

图3.7 氨基酸、多肽、肽键和蛋白质之间的关系

折叠和盘绕方式形成的空间结构。蛋白质的二级结构主要依靠肽链中氨基酸残基亚氨基（—NH—）上的氢原子和羰基（—CO—）上的氧原子之间形成的氢键而实现的。二级结构的形式有α-螺旋、β-折叠、β-转角、Ω-环和无规则卷曲（图3.8）。其中α-螺旋是常见的二级结构，且多为右手螺旋；β-折叠是多肽链形成的片层结构，呈锯齿状；β-转角和Ω-环则存在于球状蛋白中。

超二级结构是指在多肽链内顺序上相互邻近的二级结构的基本单元（α-螺旋、β-折叠）在空间折叠中靠近，相互聚集，形成有规律的二级结构聚集体。主要包括α螺旋组合（αα）、β折叠组合（βββ）和α螺旋β折叠组合（βαβ），其中以βαβ组合最为常见。

结构域是蛋白质构象中二级结构与三级结构之间的一个层次。在较大的蛋白质分子中，由于多肽链上相邻的超二级结构紧密联系，形成二个或多个在空间上可以明显区别于蛋白质亚基的结构。

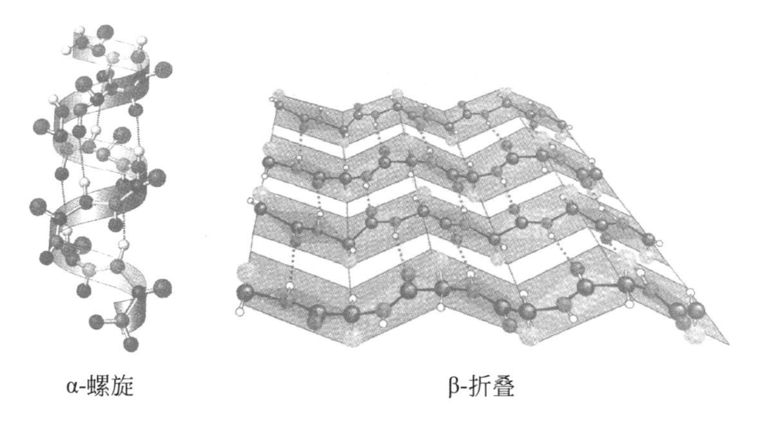

图3.8 蛋白质部分二级结构示意图

（图片引自张冬梅等，2021）

（3）蛋白质的三级结构

蛋白质中的多肽链在二级结构的基础上进一步折叠、盘绕形成具有一定规律的复杂的空间结构，称为蛋白质的三级结构（tertiary structure）。蛋白质三级结构的稳定主要靠次级键，包括氢键、疏水键、盐键以及范德华力等。这些次级键可存在于一级结构序列相隔很远的氨基酸残基的R基团之间，因此蛋白质的三级结构主要指氨基酸残基的侧链间的结合。

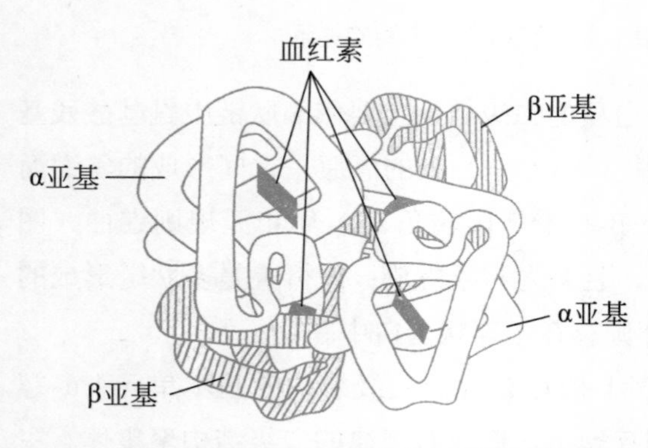

图3.9　血红蛋白结构示意图（由4个亚基组成）
（图片引自何凤田等，2017）

（4）蛋白质的四级结构

具有三级结构的蛋白质分子亚基，按一定方式聚合而形成的蛋白质大分子称为蛋白质的四级结构（quarternary structure）。亚基也称为亚单位，是由一条多肽链或以共价键连接在一起的几条多肽链组成的蛋白质最小共价单位。四级结构实际上是指亚基的立体排布、相互作用及接触部位的布局（图3.9）。

3.3 遗传信息的传递

作为人类的遗传物质，DNA必须具有遗传、表达和变异三种基本功能。DNA的结构以及复制主要体现的是其遗传功能，而DNA上的遗传信息则需通过转录成RNA，然后再由RNA翻译成蛋白质来实现。

3.3.1　中心法则及其发展

中心法则（genetic central dogma），最早是由克里克（H. F. C. Crick）于1957年提出来以表示生命遗传信息的流动方向或传递规律。主要涉及生物系统内遗传信息在生物大分子（DNA、RNA和蛋白质）之间的流动和传递的顺序。

克里克最初提出的中心法则是：DNA→RNA→蛋白质。它说明遗传信息在不同的大分子之间的传递都是单向的，不可逆的，只能从DNA到RNA（转录），再从RNA到蛋白质（翻译）。

后来科学家在某些RNA病毒（如烟草花叶病毒等）里发现了一种RNA复制酶，证实RNA也能复制。1970年，特明（H. M. Temin）和巴尔的摩（D. Baltimore）在一些RNA致癌病毒中发现它们在宿主细胞中的复制过程是先以病毒的RNA分子为模板合成一个DNA分子，再以DNA分子为模板合成新的病毒RNA。证实了RNA病毒中含有一种能将RNA转录成DNA的酶，这种酶被称为依赖RNA的DNA聚合酶。这些发现对中心法则进行了进一步的补充（图3.10）。

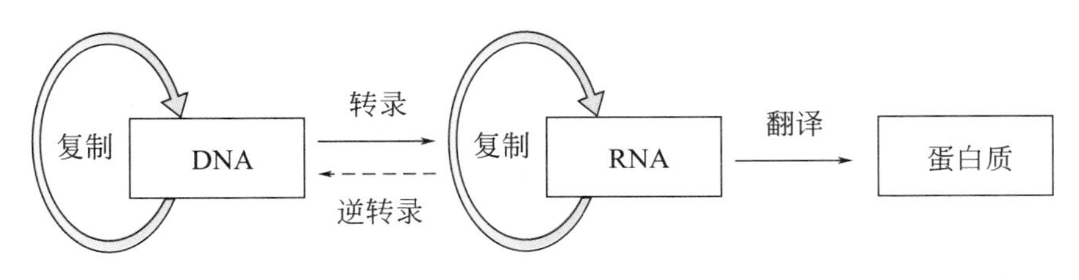

图3.10　遗传信息传递的中心法则

1982年，科学家发现疯牛病是由一种结构异常的蛋白质引起的疾病，被称为朊粒（朊病毒）。朊粒是不含DNA和RNA的蛋白质颗粒，但它不是传递遗传信息的载体，也不能自我复制，而仍是由基因编码产生的一种正常蛋白质的异构体。蛋白质分子能在受感染的宿主细胞内产生与自身相同的分子，且实现相同的生物学功能，即引起相同的疾病，这意味着这种蛋白质分子也是负载和传递遗传信息的物质。此外，无论是复制、转录、逆转录或翻译，都需要蛋白质进行调控。这些都对中心法则提出了新的挑战。

总之，中心法则是一个框架，用于理解遗传信息在生物大分子之间传递的顺序。对于生物体中三类主要生物大分子DNA、RNA和蛋白质，有9种可能的传递顺序。中心法则将这些顺序分为三类：3个一般性的传递（DNA→DNA、DNA→RNA、RNA→蛋白质），通常发生在大多数细胞中；3个特殊传递（RNA→DNA、RNA→RNA、DNA→蛋白质）会发生，但只在一些特定条件下发生；3个未知传递（蛋白质→DNA、蛋白质→RNA、蛋白质→蛋白质），可能不会发生。

3.3.2 遗传信息的转录

转录（transcription）是遗传信息从DNA流向RNA的过程。即以双链DNA中的一条链为模板，以ATP、UTP、GTP和CTP四种核糖核苷酸为原料，按照碱基互补的原则，在RNA聚合酶催化下合成RNA的过程。

转录仅以DNA的一条单链作为模板，称为模板链（template strand），亦称无义链；另一条单链称为非模板链（nontemplate strand），即编码链，又称有义链。但并不是整条DNA链全部转录成RNA，而是在特定的区域进行，这个DNA上的转录区域称为转录单位。

在转录过程中，DNA模板被转录方向是从3′端向5′端，RNA链的合成方向是从5′端向3′端。RNA聚合酶首先在启动子（promoter）部位与DNA结合，形成转录泡，并开始转录；随着RNA的延伸，RNA聚合酶使DNA双链不断解开和重新闭合，RNA转录泡也不断前移，合成新的RNA链；当RNA链延伸遇到终止信号时，RNA转录终止，新合成的RNA释放出来，呈游离状态，DNA上的两条链又恢复原有的双螺旋结构（图3.11）。

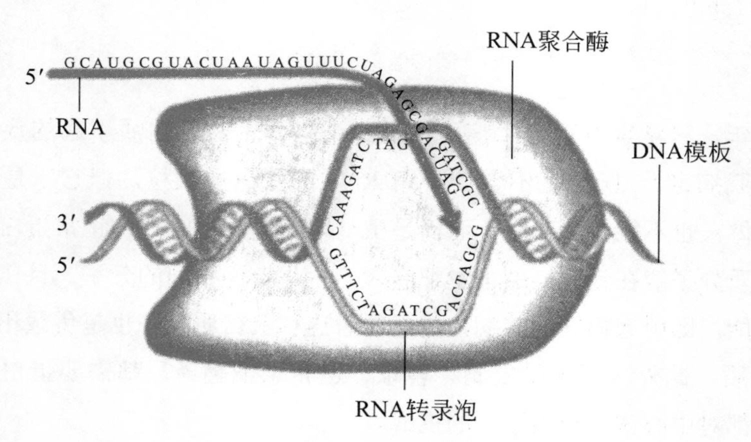

图3.11 RNA的转录示意图

（图片引自姚志刚等，2015）

刚合成释放出来的mRNA在原核生物（除个别噬菌体外）中可以直接用于模板，翻译成蛋白质。而真核生物仅是mRNA的前体，还必须在细胞核内通过一系列剪接、编辑和包装（带帽、加尾）的修饰过程，才能转变成有生物功能的成熟RNA，通过核孔进入细胞质中去，作为模板实现蛋白质的合成。

tRNA和rRNA也同mRNA一样，是由某一段DNA分子转录而来的，在细胞核内转录出来后执行相应的功能。

3.3.3 遗传密码

DNA分子是由4种核苷酸组成的多聚体，由DNA编码的遗传信息在指导蛋白质合成时，以mRNA中3个连续排列的碱基为一组，确定蛋白质分子中一个氨基酸。这种由3个碱基组成的三联体称为一个密码子（codon），也称为遗传密码、遗传密码子、三联体密码，其隐藏了生命及其历史演化的秘密。

4种碱基3个一组，可组成4^3种（64种）不同的密码子。组成蛋白质的常见氨基酸有20种，所以有些氨基酸可以由几个密码子编码，如丙氨酸有4个密码子（GCU、GCC、GCA、GCG），这些密码子称为简并密码（degenerate codon）。色氨酸仅有1个密码子（UGG）。在tRNA的反密码环上有与mRNA上的密码子互补的三联体反密码子（anticodon），密码子的5′碱基与反密码子的3′碱基配对。

64个密码子中的大多数密码都有与之相对应的氨基酸（图3.12），其中有3个密码子（UAA、UAG和UGA）用作终止信号，不编码任何氨基酸，称为终止密码子（termination codon）。编码甲硫氨酸的密码子AUG几乎总是用作翻译起始密码子，所以绝大多数蛋白质的第一个氨基酸都是甲硫氨酸。GUG和UUG也可用作起始密码子，但比较少见。

第一个碱基	第二个碱基 U	第二个碱基 C	第二个碱基 A	第二个碱基 G	第三个碱基
U	UUU、UUC 苯丙氨酸 UUA、UUG 亮氨酸（起点）	UCU、UCC、UCA、UCG 丝氨酸	UAU、UAC 酪氨酸 UAA 终止 UAG 终止	UGU、UGC 半胱氨酸 UGA 终止 UGG 色氨酸	U C A G
C	CUU、CUC、CUA、CUG 亮氨酸	CCU、CCC、CCA、CCG 脯氨酸	CAU、CAC 组氨酸 CAA、CAG 谷氨酸	CGU、CGC、CGA、CGG 精氨酸	U C A G
A	AUU、AUC、AUA 异亮氨酸 AUG 甲硫氨酸（起点）	ACU、ACC、ACA、ACG 苏氨酸	AAU、AAC 天冬酰胺 AAA、AAG 赖氨酸	AGU、AGC 丝氨酸 AGA、AGG 精氨酸	U C A G
G	GUU、GUC、GUA、GUG 缬氨酸（起点）	GCU、GCC、GCA、GCG 苯丙氨酸	GAU、GAC 天冬氨酸 GAA、GAG 谷氨酸	GGU、GGC、GGA、GGG 谷氨酸	U C A G

图3.12 遗传密码

（图片引自杨业华，2006）

遗传密码已经证实具有的基本特征为：① 遗传密码是三联体密码，即三个碱基决定一个氨基酸。② 遗传密码间无逗号，即在翻译过程中，遗传密码的译读是连续的。③ 遗传密码具有简并性。除了2个氨基酸（甲硫氨酸和色氨酸）外，其他氨基酸都有一种以上的密码子。④ 遗传密码具有通用性。除线粒体等极少数情况外，遗传密码从病毒到人类是通用的。⑤ 遗传密码是不重叠的，即在多核苷酸链上任何两个相邻的密码子不共用任何核苷酸。

3.3.4 蛋白质的生物合成

蛋白质的生物合成就是将mRNA分子中由碱基序列组成的遗传信息，通过遗传密码破译的方式转变成为蛋白质中的氨基酸排列顺序，又称为翻译（translation）。

参与蛋白质生物合成的各种因素构成了蛋白质合成体系，该体系包括核糖体、mRNA、tRNA、20种常见氨基酸、酶以及许多辅助因子。蛋白质合成需要消耗大量能量。核糖体是蛋白质合成的场所，由一个大亚基和一个小亚基组成；mRNA为蛋白质生物合成的模板，决定多肽链中氨基酸的排列顺序；tRNA是搬运氨基酸的工具；各种氨基酸是合成的原料；多肽链合成时，需要ATP、GTP作为供能物质，并需要Mg^{2+}、K^{+}参与；酶主要是氨酰tRNA合成酶；蛋白质因子有启动因子（initiation factor，IF）、延长因子（elongation factor，EF）和释放因子（release factor，RF）等。

蛋白质合成沿着mRNA模板5′→3′方向进行，蛋白质的合成方向是N端→C端。合成的过程大致分为五个阶段：氨基酸的活化和转移、多肽链合成的起始、肽链的延伸、肽链的终止和释放、肽链合成后的加工。下面以原核生物大肠杆菌为例说明蛋白质的生物合成过程，真核生物中蛋白质的合成过程很多方面与大肠杆菌类似。

（1）氨基酸的活化和转移

氨基酸在用于合成多肽链之前，必须先经过活化，以获得额外的能量。在氨酰-tRNA合成酶（amino acyl-tRNA synthetase）催化下，氨基酸同ATP作用产生带有高能键的AA ～ AMP-E（AA表示氨基酸，E表示酶），并释放出无机焦磷酸PPi（图3.13）。此时氨基酸被活化。

在氨酰-tRNA合成酶作用下，AA ～ AMP-E与对应的tRNA作用，将氨酰基转移到tRNA的氨基酸臂（即3′-末端CCA-OH）上，生成氨酰-tRNA，并释放出AMP和酶（图3.14）。氨基酸的活化和转移由同一种氨酰-tRNA合成酶催化。

$$AA+ATP+E \longrightarrow AA\sim AMP\text{-}E+PPi$$

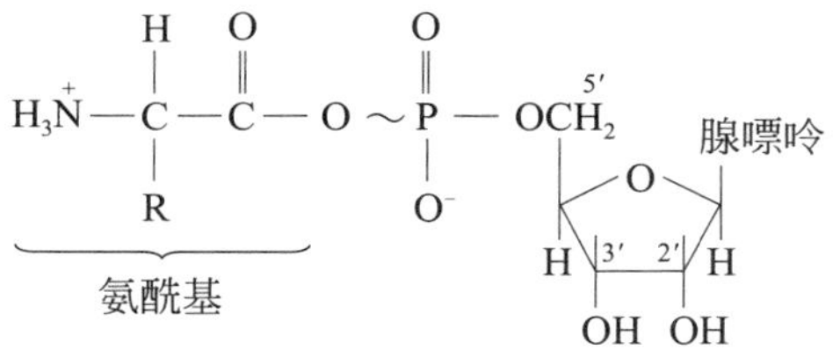

$$H_3\overset{+}{N}-\underset{R}{\overset{H}{C}}-\overset{O}{\overset{\|}{C}}-O\sim\underset{O^-}{\overset{O}{\overset{\|}{P}}}-OCH_2$$

5′ 腺嘌呤 O H 3′ 2′ H OH OH

氨酰基

图3.13 氨基酸的活化及AA-AMP的结构

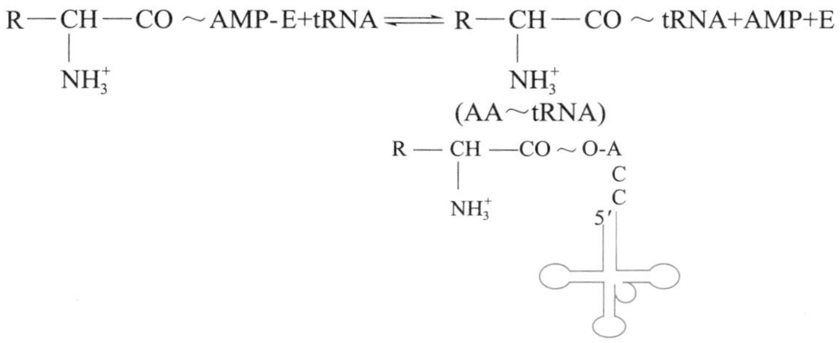

$$R-\underset{NH_3^+}{CH}-CO\sim AMP\text{-}E+tRNA \rightleftharpoons R-\underset{NH_3^+}{CH}-CO\sim tRNA+AMP+E$$

(AA～tRNA)

$$R-\underset{NH_3^+}{CH}-CO\sim O\text{-}A$$

C C 5′

图3.14 氨基酸的转移及AA ～ tRNA的结构

（2）多肽链合成的起始

核糖体大小亚基、mRNA、起始tRNA和起始因子共同参与肽链合成的起始。

① 核糖体30S小亚基附着于mRNA起始信号部位。原核生物中每一个mRNA都具有其核糖体结合位点，它是位于mRNA起始密码子AUG上游8 ～ 10个核苷酸处的一个短片段叫做SD序列（Shine-Dalgarno sequence）。这段序列正好与30S小亚基中的16s rRNA的3′端一部分序列互补，因此SD序列也叫做核糖体结合序列，这种互补就意味着核糖体能选择mRNA上AUG的正确位置来起始肽链的合成，该结合反应由起始因子3（IF-3）介导，另外IF-1促进IF-3与小亚基的结合，故先形成IF3-30S亚基-mRNA三元复合物。

② 30S前起始复合物的形成。在起始因子IF-2作用下，甲酰甲硫氨酰起始tRNA与mRNA分子中的AUG相结合，即密码子与反密码子配对，同时IF3从三元复合物中脱落，形成30S前起始复合物，即IF2-30S亚基-mRNA-fMet-$tRNA^{fmet}$复合物，此步需要GTP和Mg^{2+}参与。

③ 70S起始复合物的形成。核糖体50S大亚基与上述的30S前起始复合物结合，同时IF2脱落，形成70S起始复合物，即30S亚基-mRNA-50S亚基-mRNA-fMet-tRNA^{fmet}复合物。此时fMet-tRNA^{fmet}占据着50S亚基的肽酰位（P位）。而结合部位（A位）则空着有待于对应mRNA中第二个密码的相应氨基酰tRNA进入，从而进入延长阶段（图3.15）。

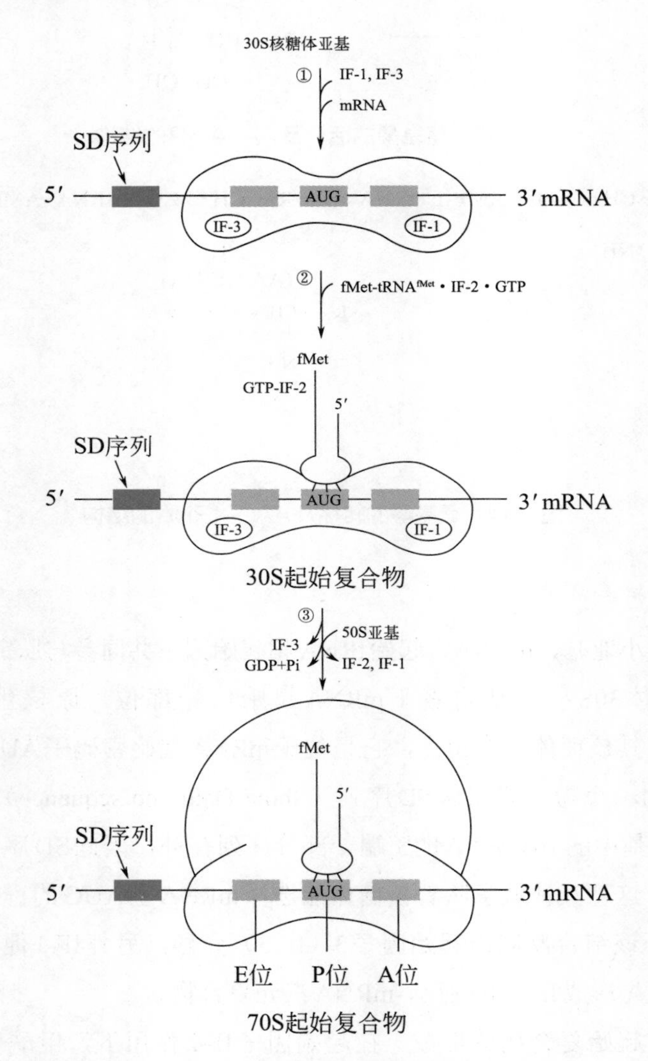

图3.15　蛋白质肽链合成的起始示意图

（图片引自郑集等，2007）

真核细胞蛋白质合成起始复合物的形成中需要更多的起始因子参与，因此起始过程也更复杂。

① 原核细胞核糖体为70S，由30S和50S两个亚基组成，而真核细胞核糖体

为80S，由40S和60S两个亚基组成。

② 原核细胞的起始密码子为AUG，少数为GUG，而真核细胞的起始密码子总是AUG。

③ 原核细胞用于起始的氨酰-tRNA是fMet-$tRNA^{fMet}$，且由^{10}N-甲酰四氢叶酸提供甲酰基进行甲基化，而真核细胞用于起始的氨酰-tRNA是Met-$tRNA^{Met}$，且不需要甲基化。

④ 起始复合物形成在mRNA的5′端AUG上游的帽子结构（除某些病毒mRNA外）。

⑤ 真核细胞的起始因子（eukaryote initiation factor，eIF）比原核细胞多得多，到目前为止发现的有十几种。真核细胞起始复合物的形成过程是：起始因子eIF-3结合在40S小亚基上而促进80S核糖体解离出60S大亚基，接着40S亚基、Met-$tRNA^{Met}$、eIF-2和GTP形成前起始复合物。前起始复合物在多个起始因子帮助下与mRNA的5′端结合，从5′到3′方向沿mRNA移动，直至确定AUG起始密码子的位置。一旦复合物定位在起始密码子，60S核糖体大亚基就结合上去，形成80S起始复合物，这一步骤需要GTP的水解，并导致几个起始因子的释放。

（3）肽链的延伸

在多肽链上每增加一个氨基酸都需要经过进位、转肽和移位三个步骤。

① 进位：为密码子所特定的氨基酸tRNA结合到核糖体的A位，称为进位。氨基酰tRNA在进位前需要有三种延长因子的作用，即热不稳定的EF（unstable temperature EF，EF-Tu）、热稳定的EF（stable temperature EF，EF-Ts）以及依赖GTP的转位因子。EF-Tu首先与GTP结合，然后再与氨基酰tRNA结合成三元复合物，这样的三元复合物才能进入A位。此时GTP水解成GDP，EF-Tu和GDP与结合在A位上的氨基酰tRNA分离。

② 转肽：在70S起始复合物形成过程中，核糖核蛋白体的P位上已结合了起始型甲酰甲硫氨酸tRNA，当进位后，P位和A位上各结合了一个氨基酰tRNA，两个氨基酸之间在核糖体转肽酶作用下，P位上的氨基酸提供α-COOH基，与A位上的氨基酸的α-NH_2形成肽键，从而使P位上的氨基酸连接到A位氨基酸的氨基上，这就是转肽。转肽后，在A位上形成了一个二肽酰tRNA。

③ 移位：转肽作用发生后，肽酰tRNA占据A位，P位上无负荷氨基酸的tRNA释放，核糖体沿着mRNA向3′端方向移动一组密码子，使得原来结合二肽酰tRNA的A位转变成了P位，而A位空出，可以接受下一个新的氨基酰tRNA进

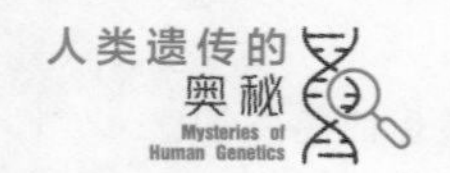

入，移位过程需要EF-2，GTP和Mg^{2+}的参与。以后，肽链上每增加一个氨基酸残基，即重复上述进位、转肽和移位的步骤，直至遇到终止密码子（图3.16）。

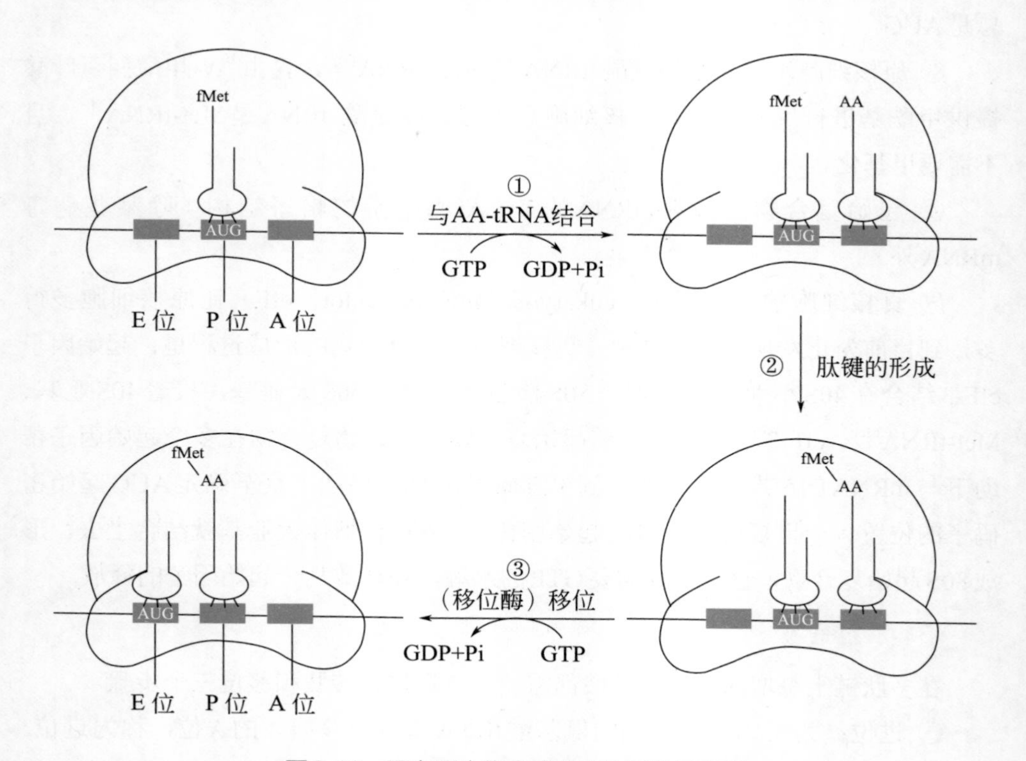

图3.16 蛋白质生物合成肽链的延伸示意图

（图片引自郑集等，2007）

真核细胞肽链延伸需要3种延长因子，即eEF1α、eEF1βγ和eEF2，它们与原核细胞中相对应的因子EF-Tu、EF-Ts和EF-G的功能相似。

在大肠杆菌肽链延伸阶段，位于P位的脱酰基-tRNA在离开核糖体之前转移至E位，从E位释放。真核细胞核糖体没有E位，脱酰基-tRNA直接从核糖体的P位离开。

（4）肽链的终止和释放

无论原核生物还是真核生物都有三种终止密码子UAG、UAA和UGA。没有一个tRNA能够与终止密码子作用，而是靠特殊的蛋白质因子促成终止作用，这类蛋白质因子叫做释放因子。原核生物有三种释放因子RF1、RF2和RF3。RF1识别UAA和UAG；RF2识别UAA和UGA；RF3不识别任何终止密码子，它是一种和GTP形成复合物的GTP结合蛋白，可以促进核糖体与RF-1和RF-2的结合。真核生物中只有一种释放因子eRF，它可以识别三种终止密码子，并需要GTP供能，使肽链从核糖体上释放。

不管原核生物还是真核生物，释放因子都作用于A位点，使转肽酶活性变为水解酶活性，将肽链从结合在核糖体上的tRNA的CCA末端上水解下来，然后mRNA与核糖体分离，最后一个tRNA脱落，核糖体在IF-3作用下，解离出大、小亚基。解离后的大小亚基又重新参加新的肽链的合成，循环往复，所以多肽链在核糖体上的合成过程又称核糖体循环。

（5）肽链合成后的加工修饰

合成后的多肽需经一定的加工和修饰才有活性，包括对多肽链一级结构和空间结构的加工修饰等。

① 一级结构修饰

肽链N端的修饰：去除N端Met、fMet或在N端的附加序列。该修饰不一定在肽链合成后进行，也可以发生在肽链合成过程中。

个别氨基酸残基的修饰：某些蛋白质的正常生物功能需要肽链中部分氨基酸残基进行共价修饰，如羟化、磷酸化、形成二硫键等。

部分肽段的切除：某些无活性的蛋白质前体通过酶的水解，内切或外切一个或几个氨基酸残基，使蛋白质具有生物活性。如胰岛素原水解生成胰岛素、分泌性蛋白质N端信号肽的切除。

② 天然空间结构的形成

多肽链折叠为天然构象蛋白质：多肽链合成后除了要进行一级结构的修饰外，还需要逐步折叠成天然空间构象才成为有生物活性的蛋白质。大多数天然蛋白质折叠需要其他酶和蛋白质辅助，使新生肽链形成完整空间构象。

空间结构的修饰：多肽链合成后，除了进行天然空间结构折叠外，还需要经过一定的空间结构修饰，包括辅基连接［合成蛋白由蛋白质和辅基（或辅酶）两部分组成，合成后都需要结合相应的辅基，成为天然功能的蛋白质］、亚基聚合（由两个或两个以上相同或不同的亚基通过非共价连接聚合成具有四级结构的蛋白质寡聚体，如血红蛋白分子由α、β亚基形成四聚体蛋白$\alpha_2\beta_2$）和疏水脂链的共价连接（某些蛋白质合成后需要在肽链特定位点共价连接一个或多个疏水性强的脂链，才能成为具有生物功能的蛋白质）。

参考文献

何凤田，李荷，2017. 生物化学与分子生物学[M]. 北京：科学出版社.

李再云，杨业华，2017. 遗传学[M]. 3版. 北京：高等教育出版社.

汤其群，2015. 生物化学与分子生物学[M]. 上海：复旦大学出版社.

阎隆飞，张玉麟，2004. 分子生物学[M]. 2版. 北京：中国农业大学出版社.

杨红，郑晓珂，2016. 生物化学[M]. 北京：中国医药科技出版社.

姚志刚，赵凤娟，2015. 遗传学[M]. 2版. 北京：化学工业出版社.

张冬梅，陈钧辉，2021. 普通生物化学[M]. 6版. 北京：高等教育出版社.

郑集，陈钧辉，2007. 普通生物化学[M]. 4版. 北京：高等教育出版社.

朱玉贤，李毅，郑晓峰，等，2019. 现代分子生物学[M]. 北京：高等教育出版社.

Dahm R，2008. Discovering DNA：Friedrich Miescher and the early years of nucleic acid research[J]. Human Genetics，122（6）：565-581.

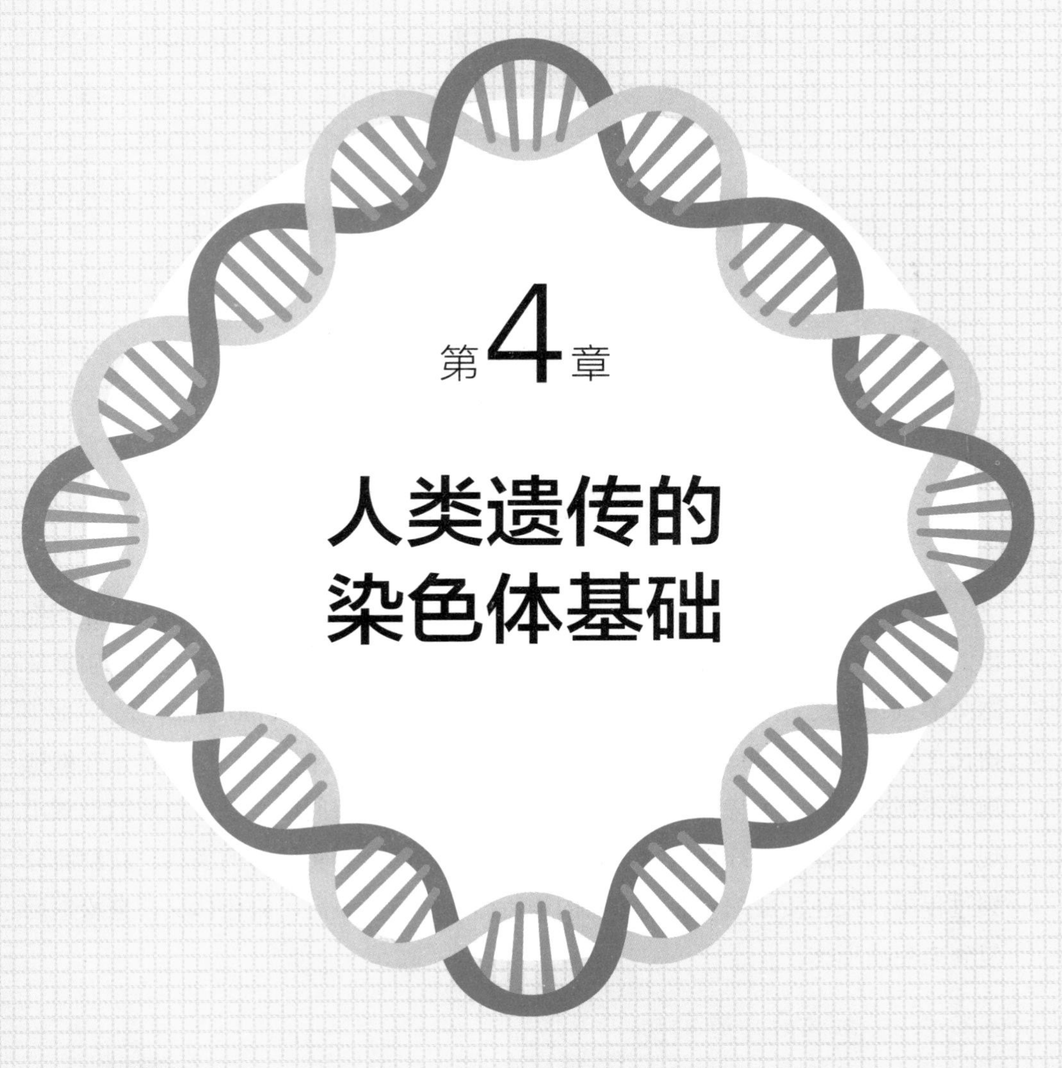

第4章

人类遗传的染色体基础

本章知识点

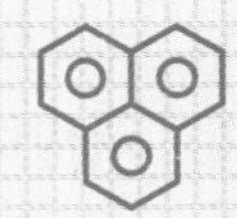

★ 染色质和染色体

★ 人类染色体

遗传物质是亲代与子代之间传递遗传信息的物质，除部分病毒的遗传物质是RNA外，其他绝大多数生物体都是以DNA为遗传物质。各种生物之所以能够表现出复杂的生命活动以及生命之所以能够在世代间延续，主要是遗传物质的表达以及向后代不断传递的缘故。染色体是遗传物质的载体，遗传物质的许多重要功能的实现都是以染色体为基础进行的。

染色质和染色体

染色质（chromatin）最早是1879年德国生物学家弗莱明（W. Flemming）提出的用来描述细胞核中被碱性染料染色后强烈着色的物质。现在认为染色质是细胞分裂间期细胞核内被碱性染料染色的物质。染色体（chromosome）是1888年由瓦尔德尔（W. Waldeyer）正式提出的命名。实际上，染色质和染色体是在细胞周期不同阶段同一种物质存在的两种形式。在细胞分裂间期，以染色质的形式出现，呈纤细的絮状或纤维状物，有利于遗传物质的复制和信息的表达。在细胞分裂过程中，染色质凝缩卷曲成棒状的染色体。分裂结束后，染色体又逐渐松散回复到染色质形态。

4.1.1　染色质的化学组成

染色质的主要化学成分为DNA、蛋白质和少量RNA。DNA作为遗传物质，约占染色质总量的30%。

蛋白质包含组蛋白和非组蛋白两类。组蛋白是主要的结构蛋白，带正电荷；含有精氨酸、赖氨酸等氨基酸，呈碱性；结构稳定，高度保守。组蛋白仅有六种，分别为H_1、H_2A、H_2B、H_3、H_4和H_5。人类染色质中有H_1、H_2A、H_2B、H_3和H_4五种，H_5只存在于鱼类、两栖类和鸟类的红细胞中。非组蛋白的种类和含量不稳定，呈酸性，有种属和组织特异性。非组蛋白与染色质结构调节有关，可能是组成染色质代谢的酶类、影响DNA结构的酶类或者决定基因的转录等。

4.1.2 染色质的种类和功能

染色是染料分子与染色质中DNA分子结合，使染色质在光学显微镜下呈一定的颜色。DNA链的密度不同，结合染料分子的量也不同，染色深浅也将有所不同。

染色质线的螺旋化程度如果较高，处于高度凝集状态，则染色很深，这样的区段称为异染色质（heterochromatin）。反之，螺旋化程度较低，处于较为伸展状态，则染色很浅，这样的区段称为常染色质（euchromatin）。异染色质和常染色质是指染色质上的不同区段，两者结构上连续，化学性质上没有差异，只是螺旋化程度（密度）不同。

染色质是细胞分裂间期的呈现形态，而DNA的复制和遗传信息的表达（转录）主要在间期进行，并且表达需要染色质（局部）处于解螺旋状态，所以异染色质在间期的复制晚于常染色质，在遗传功能上是惰性的，一般不编码蛋白质，主要起维持染色体结构完整性的作用。常染色质DNA一般主要是单一序列和中度重复序列，间期活跃表达，带有重要的遗传信息。

4.1.3 染色体的构建

1977年，贝克（A. L. Bak）等用四级结构模型理论解释了染色质状态转化的过程（图4.1）。

（1）一级结构

H_2A、H_2B、H_3和H_4四种组蛋白各两个分子构成八聚体（直径约10nm），在八聚体表面缠绕有1.75圈的DNA双螺旋链（长约70nm，约合140个碱基对），构成核小体（nucleosome）。两个核小体之间有一段DNA双链，含50～60个碱基对，称为连接丝。组蛋白H_1结合于DNA双螺旋的出口和入口，起稳定结构的作用。密集成串的核小体形成了核质中直径10nm左右的纤维，这就是染色体的一级结构，像成串的珠子一样，DNA为绳，核小体为珠。DNA分子大约被压缩了7倍。

（2）二级结构

由核小体连接起来的纤维状一级结构经螺旋化形成中空的螺线管，即染色体的二级结构。螺线管外径约30nm，内径约10nm，相邻螺旋间距约为11nm。螺线管的每一周螺旋包括6个核小体，因此DNA的长度在这个等级上又被再压缩了6倍。

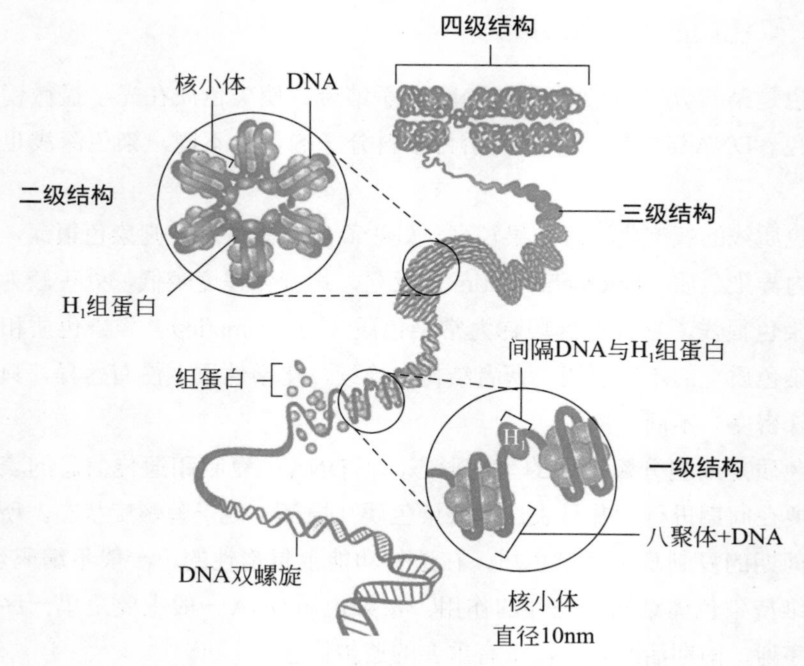

图4.1　从DNA压缩至形成染色体的过程模式图

（图片修改自William等，2002）

（3）三级结构

螺线管进一步螺旋化，形成直径为0.4微米的筒状体，称为超螺旋管，即染色体的三级结构。此时，DNA又再被压缩了40倍。

（4）四级结构

超螺旋管进一步折叠盘绕，形成染色体，即染色体的四级结构。此时，DNA的长度又再被压缩了5倍。从染色体的一级结构到四级结构，DNA分子一共被压缩了7×6×40×5=8400倍。人的染色体中DNA分子伸展开来的长度平均约为几厘米，而染色体被压缩到只有几纳米。

4.1.4　染色体的形态

每个物种的染色体都有其特定的形态特征。在细胞分裂过程中染色体发生一系列有规律的变化，其中分裂中期和早后期的形态表现最为明显和典型。此时期，染色体最大程度的压缩，是识别和研究染色体形态的最佳时期。

显微镜下观察有丝分裂中期的染色体，每条染色体由两条染色单体构成，彼此由着丝粒相连，互称为姐妹染色单体（sister chromatid）。姐妹染色单体是在分裂间期经过复制形成的，携带相同的遗传信息。

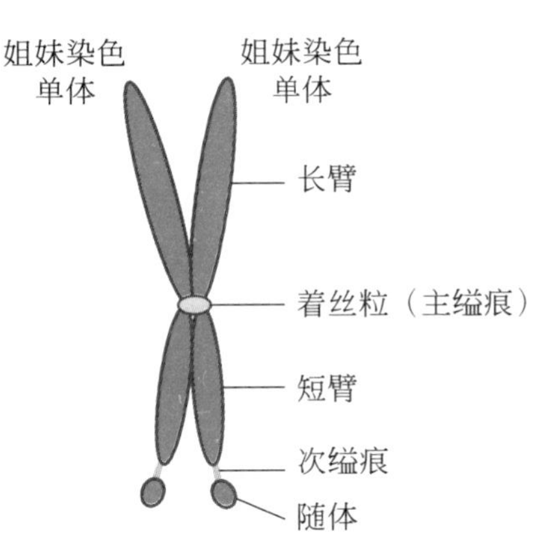

图4.2　有丝分裂中期染色体形态示意图

染色体的形态结构一般由以下几部分组成（图4.2）。

（1）着丝粒和染色体臂

着丝粒（centromere）是细胞分裂时，纺锤丝附着的区域。碱性染料染色时，着丝粒区域着色浅，并表现为缢缩，因此又称为主缢痕或初级缢痕。通常一条染色体仅有一个着丝粒，但某些蛔虫、线虫的染色体上有多个着丝粒。缺少着丝粒的染色体片段在细胞分裂过程中不能正确分配到子细胞中，因此经常发生丢失。

着丝粒所连接的两部分称为染色体臂。对每条染色体而言，着丝粒在染色体上的相对位置是固定的。根据着丝粒位置和两臂的臂比（长臂/短臂）可以将染色体分为中间着丝粒染色体（M）、近中着丝粒染色体（SM）、近端着丝粒染色体（ST）、顶端着丝粒染色体（T）和颗粒状染色体共5种类型（图4.3）。

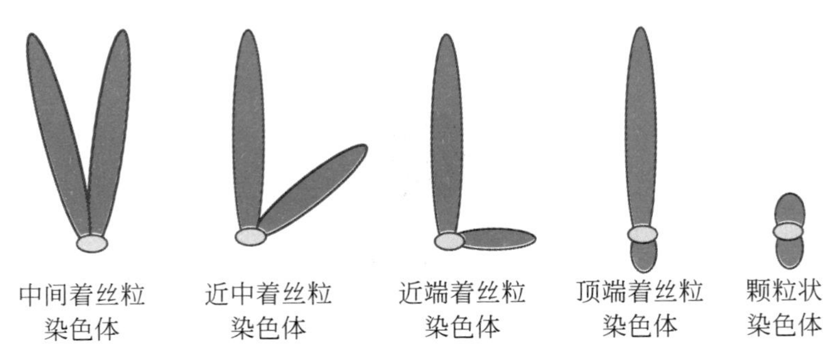

图4.3　不同类型的染色体示意图

中间着丝粒染色体的臂比在1.0～1.7之间，两条臂近乎等长，在细胞分裂后期移动时呈“V”形。近中着丝粒染色体的臂比在1.7～3.0之间，两条臂不等长，在细胞分裂后期移动时呈“L”形。近端着丝粒染色体的臂比在3.0～7.0之间，一条臂很长，一条臂很短，在细胞分裂后期移动时呈“I”形或棒状。顶端着丝粒染色体的臂比在7.0～∞之间，着丝粒位于一端，在细胞分裂后期移动时也成“I”形或棒状。颗粒状染色体的两条臂都很短粗。

（2）次缢痕和随体

有些染色体的一个或两个臂上往往还具有另一个染色较浅的缢缩部位，称为次缢痕（secondary constriction），通常在染色体短臂上。次缢痕末端所带有的圆形或略呈长形的小体称为随体（satellite）。次缢痕在细胞分裂时，紧密地与核仁相联系。可能与核仁的形成有关，因此也称为核仁组织区（nucleolar organizing region）。

次缢痕和随体的位置、大小、有无等相对恒定，可以作为染色体识别的标志。

（3）端粒

端粒（telomere）是染色体臂末端的特化部分，是一条完整染色体所不能缺少的结构。端粒就像一顶帽子置于染色体末端上，对染色体DNA分子末端起封闭、保护作用，防止被DNA酶酶切和发生DNA分子间融合。

端粒与细胞的寿命也有关系。在新细胞中，细胞每分裂一次，端粒就缩短一次，当端粒不能再缩短时，细胞就无法继续分裂了。因此，端粒被科学家们视为“生命时钟”。端粒的复制由端粒酶催化进行，正常人体细胞和良性病变细胞中测不到端粒酶活性，而恶性肿瘤细胞具有高活性的端粒酶。恶性肿瘤细胞中较高活性的端粒酶作为肿瘤治疗的靶点，是当前备受关注的热点之一。

人类染色体

各种生物细胞内染色体数目、大小和形态特征都是特异的，数目和结构的改变将会导致生物性状的变异。

人类体细胞中有23对染色体（$2n$=46），其中22对常染色体，1对性染色体（图4.4）。按照染色体的长度、着丝粒位置、臂比、次缢痕、随体等形态特征，可对染色体进行配对、分组、归类、编号和分析，这个过程称为染色体核型分析或组型分析（karyotype analysis）。核型分析时，首先按染色体的长度进行排列

（分组），通常由长到短对染色体进行编号；其次按照臂比和着丝粒位置排列（M、SM、ST、T）；再按随体的有无与大小排列，通常将带随体的染色体排在最前面。

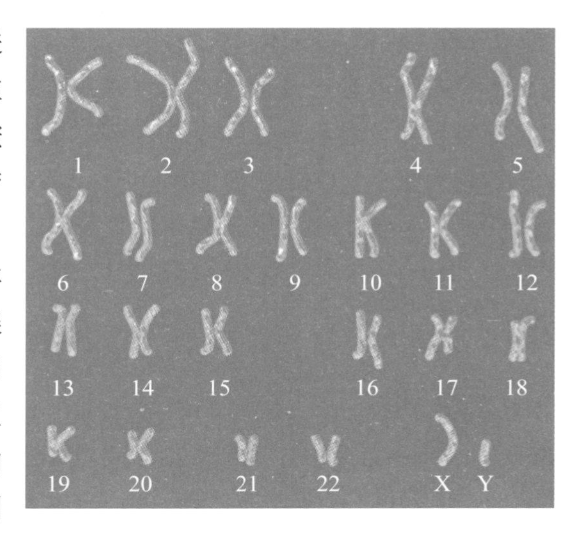

图4.4 人类男性染色体核型及Q带（附彩图）

（图片引自Robert，2019）

为了更好、更准确地表达人体细胞的染色体组成，1960年，在美国丹佛（Denver）市召开了第一届国际细胞遗传学会议，讨论并确立了世界通用的细胞内染色体组成的描述体系-Denver体制。这个体制按照各对染色体的大小和着丝粒位置的不同将22对常染色体由大到小依次编为1至22号，并分为A、B、C、D、E、F、G共7个组，X和Y染色体分别归入C组和G组（表4.1）。

表4.1 人类染色体分组及形态特征（Denver体制）

类别	染色体编号	染色体长度	着丝粒位置	随体
A	1～3	最长	中间着丝粒（1，3） 近中着丝粒（2）	无
B	4～5	长	近中着丝粒	无
C	6～12，X	较长	近中着丝粒	无
D	13～15	中	近端着丝粒	有
E	16～18	较短	中间着丝粒（16） 近中着丝粒（17，18）	无
F	19～20	短	中间着丝粒	无
G	21～22，Y	最短	近端着丝粒	21，22有 Y无

随着染色体显带技术的发展，利用一定的方法，使染色体在不同部位呈现出大小和颜色深浅不同的带纹，形成的带型具有种属特征且相对稳定。根据带型结合其他形态特征可以更准确地鉴别细胞内的染色体。Q带技术是1968年瑞典细胞化学家卡斯珀松（Caspersson）等应用荧光染料氮芥喹吖因（QM）处理

有丝分裂中期的染色体，在荧光显微镜下观察到各染色体上出现深浅不一的带（图4.4）。应用这一显带技术，可将人类的24种染色体（1～22号常染色体和X、Y染色体）显示出各自特异的带纹（如带纹数多少，带纹亮暗、宽窄和亮度等），称为带型。Q带清晰准确，但标本需用荧光显微镜观察。因荧光持续时间短（0.5～1小时），故一般采用显微摄影后进行仔细分析。此后又陆续发展出了G、C、R、T、N等多种染色体显带技术。

参考文献

李再云，杨业华，2017. 遗传学[M]. 3版. 北京：高等教育出版社.

杨业华，2006. 遗传学[M]. 2版. 北京：高等教育出版社.

Robert J B，2019. Concepts of Genetics[M]. 4th ed. New York：McGraw-Hill.

William S K，Michael R C，2002. 遗传学基础[M]. 4版影印版. 北京：高等教育出版社.

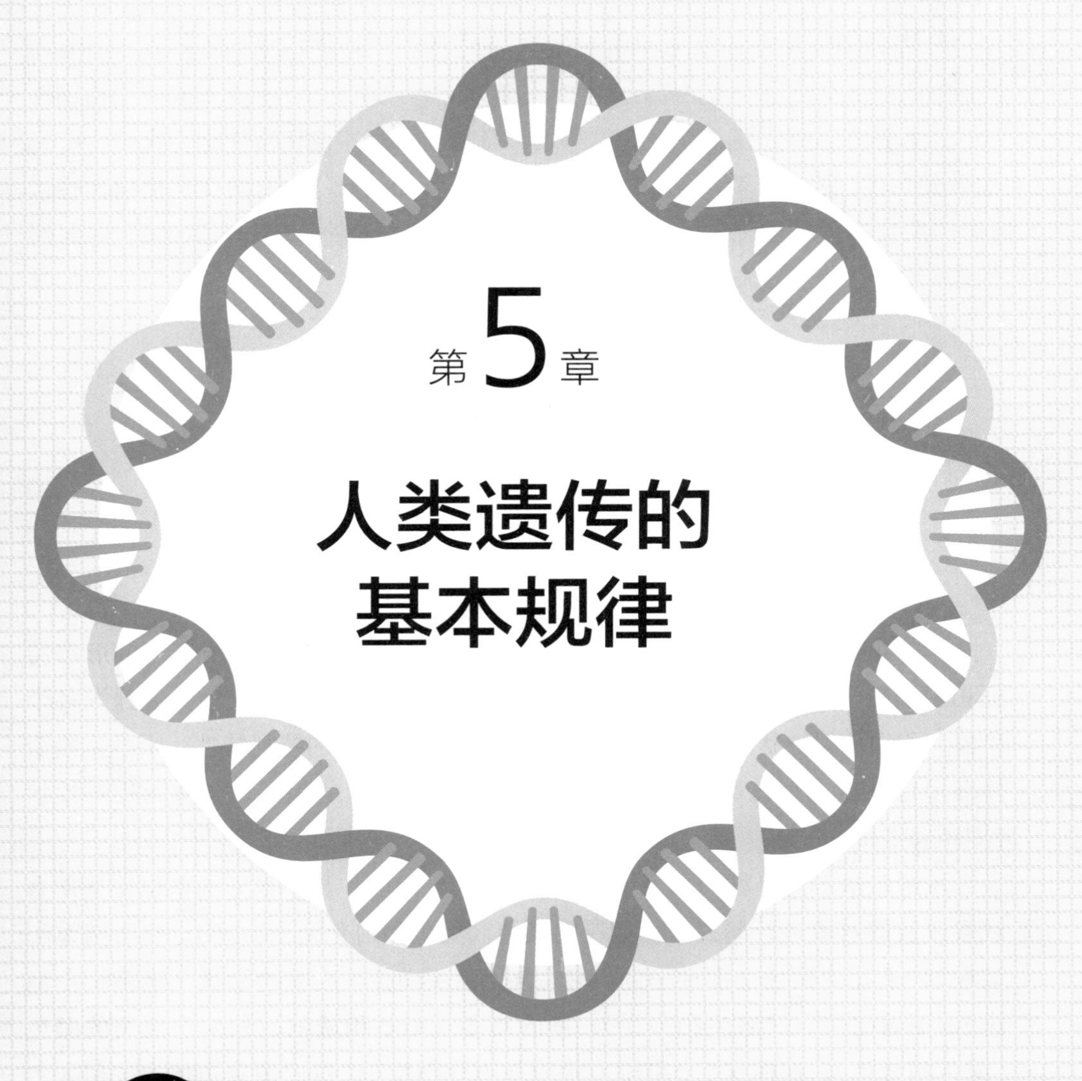

第5章 人类遗传的基本规律

本章知识点

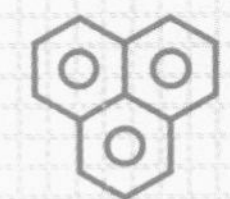

★ 分离定律

★ 自由组合定律

★ 连锁与互换定律

分离定律（law of segregation）、自由组合定律（law of independent assortment）和连锁与互换定律（law of linkage and crossing-over）是遗传学的三大基本定律，构成了遗传学的理论基础。分离定律和自由组合定律合称为孟德尔定律，是由遗传学的奠基人孟德尔（Mendel）以豌豆为实验材料，经过8年的杂交实验总结出来的结论。连锁与互换定律是摩尔根（Morgan）以果蝇为材料进行杂交实验发现的。

分离定律

分离定律是遗传学中最基本的定律。生物体或其组成部分所表现的形态特征和生理特征的总和称为性状（character）。孟德尔把植株性状总体区分为各个单位，称为单位性状（unit character），即生物某一方面的特征特性。不同生物个体在单位性状上存在不同的表现，这种同一单位性状的相对差异称为相对性状（relative character）。

孟德尔从不同品种的豌豆中，选择了7个稳定的、易于区分的单位性状作为观察分析的对象进行研究，例如花的颜色（红色和白色）、种子的形状（圆粒和皱粒）、子叶的颜色（即种子的颜色，黄色和绿色）、豆荚的形状（饱满和不饱满）、花着生位置（腋生和顶生）、茎的高度（高茎和矮茎）和未熟豆荚的颜色（绿色和黄色）。调控这7个单位性状的基因分别位于7对同源染色体上。用人工的方法将它们成对地进行杂交，对杂交实验结果进行分类、计数和归纳分析，最终得出规律性的结论。

5.1.1 孟德尔实验

豌豆是自花授粉植物，在花未开放之前就完成授粉。人工杂交时，在花未开放之前人工去除母本植株的雄蕊，用父本植株的花粉授在母本植株的柱头上。杂交（cross breeding）一般指遗传因子组成不同的个体间相互交配的过程。杂交获得的种子及其长成的植株称为杂交第一代（F_1），F_1杂交产生杂交第二代（F_2），以此类推。

孟德尔以开红花的豌豆做母本（♀），开白花的豌豆做父本（♂），F_1代植株全部开红花。在F_1代自交产生的F_2代群体中，红花和白花两种植株都有，且比例接近3∶1（图5.1）。自交（self-fertilization）指同一个体或遗传因子组成相同的个体间交配的过程。自交是获得纯合子的有效方法。

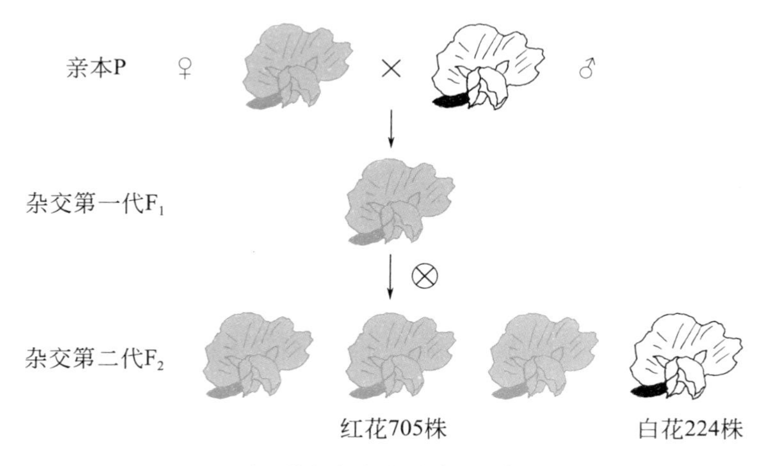

图5.1 豌豆花色杂交实验（正交）（附彩图）

若以白花豌豆作为母本（♀），红花豌豆作为父本（♂）进行杂交试验，F_1代植株仍然全部开红花。在F_1代自交产生的F_2代群体中，红花和白花两种植株都有，且比例仍然接近3∶1（图5.2）。这说明，F_1和F_2性状的表现不受亲本组合方式的影响。

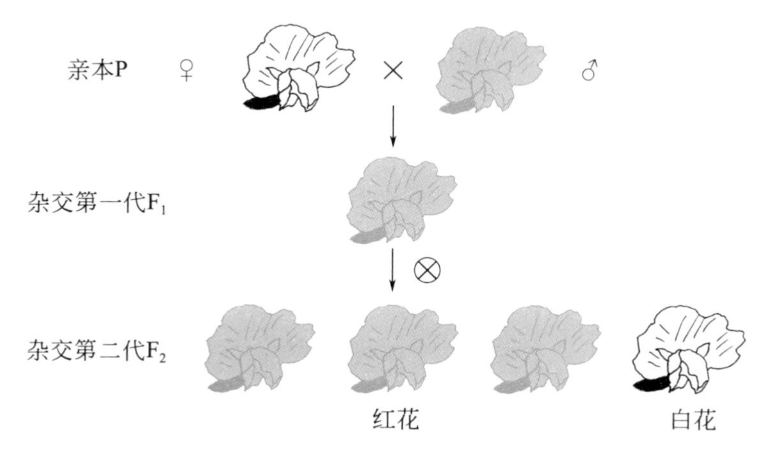

图5.2 豌豆花色杂交实验（反交）（附彩图）

在这里，如果把前一种杂交方式称为正交（direct cross），则后一种杂交方式就称为反交。反之亦然，它们互称为正反交（reciprocal cross）。

其他6个单位性状的正反交结果与花的颜色正反交结果一致，即一对相对性状杂交，F_1代仅表现一种亲本的性状（显性性状），另一种亲本的性状被遮掩没有表现出来（隐性性状），F_1代自交后的F_2代两种性状同时存在且比例接近3∶1。

5.1.2 孟德尔实验的解析

为了解释上述杂交实验，孟德尔提出了遗传因子分离假说，认为：

① 生物性状是由遗传因子决定，且每对相对性状由一对遗传因子控制，遗传因子在世代间的传递遵循分离规律。

② 显性性状受显性因子控制，而隐性性状由隐性因子控制；只要成对遗传因子中有一个显性因子，生物个体就表现显性性状。

③ 遗传因子在体细胞内成对存在，分别来自父本和母本。

④ 性母细胞中成对的遗传因子在形成配子时彼此分离、分配到配子中，配子只含有成对因子中的一个。

⑤ 杂合体产生含两种不同遗传因子（分别来自父母本）的配子，并且数目相等；各种雌雄配子受精结合是随机的，即两种遗传因子是随机结合到子代中。

按照遗传因子分离假说，可以很好地解释孟德尔的实验结果（图5.3）。假设用C表示控制显性性状的显性遗传因子，用c表示控制隐性性状的隐性遗传因子，则红花纯系亲本植株的体细胞内有一对显性遗传因子CC，即基因型为CC；白花纯系亲本植株的体细胞内有一对隐性遗传因子cc，即基因型为cc。亲本产

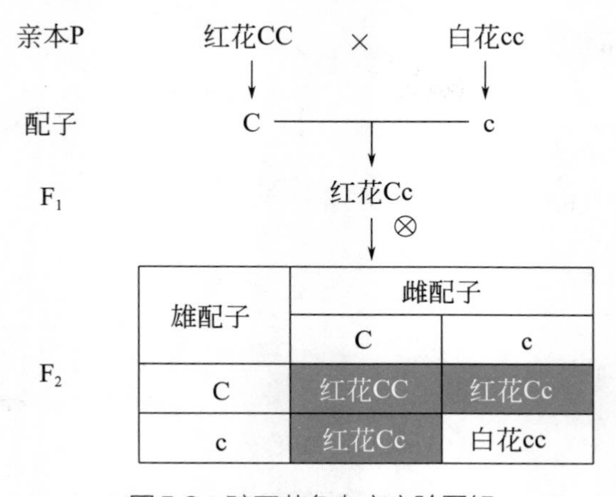

图5.3 豌豆花色杂交实验图解

生的配子中含有的遗传因子分别为C和c，两者受精结合后的杂交第一代F_1体细胞内的遗传因子为Cc，因此F_1开红花。F_1产生的雌雄配子中含有C和c的各占1/2，即比例为1：1。雌雄配子随机结合，F_2代群体中CC、Cc和cc的植株比例为1：2：1，CC和Cc开红花，cc开白花，因此F_2代群体中红花和白花比例为3：1。

遗传因子就是我们现在所说的基因。位于一对同源染色体上控制一个单位性状的一对基因称为等位基因（allele），如C和c。基因型（genotype）指生物个体基因组合，表示生物个体的遗传组成，又称遗传型。具有纯合基因型的生物体称为纯合体（homozygote），如CC和cc；具有杂合基因型的生物体称为杂合体（heterozygote），如Cc。生物个体在基因型的控制下，加上环境条件的影响所表现的性状称为表现型（phenotype），如红花和白花。基因型是生物性状表现的内在决定因素，基因型决定表现型，表现型是基因和环境共同作用的结果。

5.1.3 人类基因分离定律实例

人类单基因控制的正常性状或遗传疾病，都是按照分离定律向后代传递的，如人类白化病、惯用手、卷舌和不能卷舌、有耳垂和无耳垂等。

人类白化病是由酪氨酸酶缺乏或功能减退引起的一种皮肤及附属器官黑色素缺乏或合成障碍所导致的遗传性白斑病。由于酪氨酸不能被正常转化为黑色素，因而患者视网膜无色素，虹膜和瞳孔呈现淡粉色，怕光；皮肤、眉毛、头发及其他体毛都呈白色或黄白色。白化病属于家族遗传性疾病，为常染色体隐性遗传，即基因为纯合隐性时患病，常发生于近亲结婚的人群中。若父母表现正常但都为白化病基因的携带者，则后代患病的概率为1/4，且男女患病的概率相等（图5.4）。

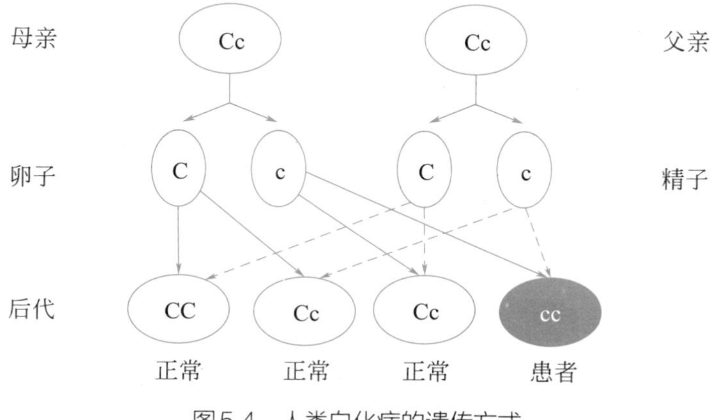

图5.4 人类白化病的遗传方式

自由组合定律

分离定律是位于一对同源染色体上的一对等位基因传递给后代的遗传规律，而两对同源染色体上控制两个单位性状的两对等位基因（或者位于*n*对同源染色体上控制*n*个单位性状的*n*对等位基因）的传递则遵循孟德尔第二遗传定律，即自由组合定律。

5.2.1 孟德尔实验

孟德尔在一个单位性状杂交实验的基础上，仍然以豌豆为实验材料，选用两个单位性状差异明显的纯合基因型亲本进行杂交实验，从而揭示了自由组合定律。

等位基因Y和y位于豌豆1号染色体上，控制种子子叶的颜色，黄色子叶（Y）对绿色子叶（y）为显性；等位基因R和r位于豌豆7号染色体上，控制种子的形状，圆粒（R）对皱粒（r）为显性。用黄子叶圆粒种子与绿子叶皱粒种子进行杂交，子一代F_1都为黄子叶圆粒种子，表现出两个显性的性状。F_1代种子长成植株后进行自交，得到556粒种子，其中黄子叶圆粒种子315粒，黄子叶皱粒种子101粒，绿子叶圆粒种子108粒，绿子叶皱粒种子32粒，比例大约为9∶3∶3∶1（图5.5）。

如果用绿子叶皱粒种子与黄子叶圆粒种子进行杂交，子一代F_1仍然都为黄子叶圆粒种子，表现出两个显性的性状。F_1代种子长成植株后进行自交，子二代F_2仍然有黄子叶圆粒种子、黄子叶皱粒种子、绿子叶圆粒种子和绿子叶皱粒种子，比例仍然约为9∶3∶3∶1。

5.2.2 孟德尔实验的解析

分析上述正反交实验，F_1代均表现两亲本的显性性状，F_2代出现四种表现型，其中两种亲本类型（黄子叶圆粒种子和绿子叶皱粒种子），两种重新组合类

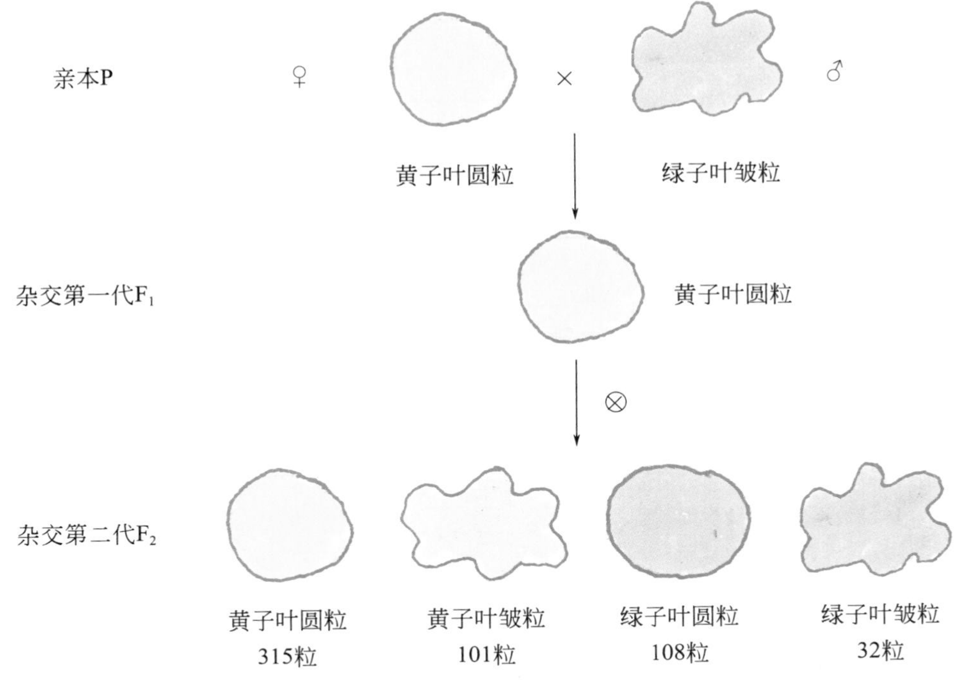

图5.5 豌豆两个单位性状的杂交实验（附彩图）

型（黄子叶皱粒种子和绿子叶圆粒种子），比例接近9∶3∶3∶1。

对每对相对性状分析发现，黄子叶∶绿子叶为（315+101）∶（108+32），即416∶140，约为3∶1；圆粒∶皱粒为（315+108）∶（101+32），即423∶133，约为3∶1。这表明子叶颜色和籽粒形状彼此独立地传递给子代，两对相对性状在从F_1传递给F_2时，是随机组合的。

孟德尔在分离定律的基础上提出了自由组合定律解释上述实验现象，他认为：控制两对相对性状的两对等位基因在形成配子时都按照分离定律进行，而非等位基因则自由组合到配子中去。分离与组合是独立的，彼此互不干扰（图5.6）。

5.2.3 人类基因自由组合定律实例

同源染色体上的等位基因遵循分离定律，非同源染色体上的基因遵循自由组合定律。如果一个家系中同时存在两种单基因遗传病，而控制这两种疾病的基因位于不同的染色体上，它们将按照自由组合定律独立遗传，从而在后代中出现不同的患者类型。

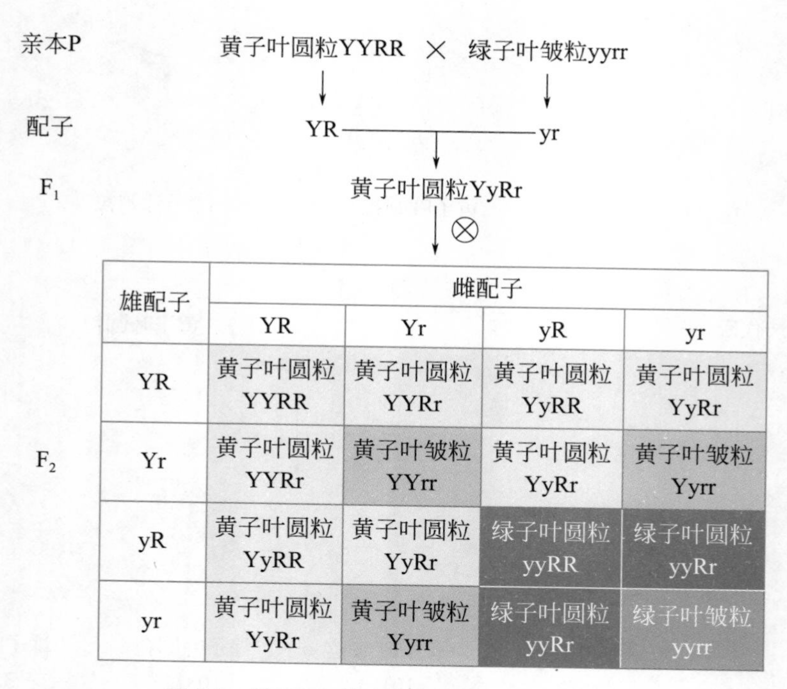

雄配子	雌配子			
	YR	Yr	yR	yr
YR	黄子叶圆粒 YYRR	黄子叶圆粒 YYRr	黄子叶圆粒 YyRR	黄子叶圆粒 YyRr
Yr	黄子叶圆粒 YYRr	黄子叶皱粒 YYrr	黄子叶圆粒 YyRr	黄子叶皱粒 Yyrr
yR	黄子叶圆粒 YyRR	黄子叶圆粒 YyRr	绿子叶圆粒 yyRR	绿子叶圆粒 yyRr
yr	黄子叶圆粒 YyRr	黄子叶皱粒 Yyrr	绿子叶圆粒 yyRr	绿子叶皱粒 yyrr

图5.6　豌豆两对相对性状的杂交实验图解

人类的棕色眼（A）对蓝色眼（a）为显性，有耳垂（B）对无耳垂（b）为显性。如果一对夫妇的基因型分别为Aabb（女）和AaBb（男），则他们的儿女的基因型如图5.7所示。妻子产生比例相等的Ab和ab两种卵子，丈夫产生比例相等的AB、Ab、aB和ab四种精子。因此，在他们的子女中，3/8是棕色眼有耳垂，3/8棕色眼无耳垂，1/8蓝色眼有耳垂，1/8蓝色眼无耳垂。

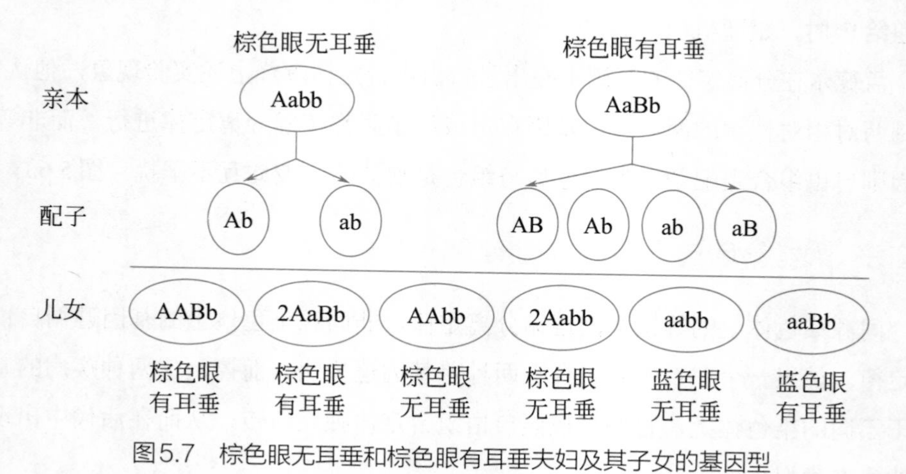

图5.7　棕色眼无耳垂和棕色眼有耳垂夫妇及其子女的基因型

连锁与互换定律

染色体是遗传信息的载体，不同染色体上的基因遵循孟德尔遗传定律进行传递，但是染色体的数目是有限的，基因却有千千万万，这意味着每条染色体上都携带着大量的基因。同一条染色体上的不同基因在减数分裂时是否是以一个单位进行遗传的呢？连锁与互换定律给了我们答案。

5.3.1　连锁遗传现象的发现

1905年，贝特森（W. Bateson）和庞尼特（R. C. Punnet）研究了香豌豆两对性状的遗传，一对是花的颜色，紫花（*P*）对红花（*p*）为显性；一对是花粉形状，长粒（*L*）对圆粒（l）为显性。

用紫花（以深色花表示）长花粉粒与红花（以浅色花表示）圆花粉粒两个纯系亲本杂交（图5.8），F_1代全部为紫花长花粉粒，表现两个亲本的显性性状。F_1代自交后的F_2代有四种表现型，分别为紫花长花粉粒、紫花圆花粉粒、红花长花粉粒和红花圆花粉粒。其中紫花长花粉粒4831株、紫花圆花粉粒390株、红花长花粉粒393株和红花圆花粉粒1338株，共6952株。如果这两对等位基因按照自由组合定律传递，则四种表现型的比例应该为9∶3∶3∶1，即紫花长花粉粒3910.5株、紫花圆花粉粒1303.5株、红花长花粉粒1303.5株和红花圆花粉粒434.5株。实际上并非如此。控制香豌豆花的颜色和花粉粒的形状这两对等位基因没有按照自由组合定律遗传。

在上述杂交实验中，F_2代的紫花长花粉粒和红花圆花粉粒是两种亲本表型，实际数目多于自由组合定律数目；紫花圆花粉粒和红花长花粉粒是两种重新组合表型，实际数目少于自由组合定律数目。推测可能是F_1代产生的四种配子比例并非1∶1∶1∶1，而是PL和pl两种亲本型配子数目较多，Pl和pL两种重组型配子数目较少。

杂交试验中，原来为同一亲本所具有的两个性状在F_2中不符合独立分配规律，而常有连在一起遗传的倾向，这种现象叫做连锁（linkage）遗传现象。

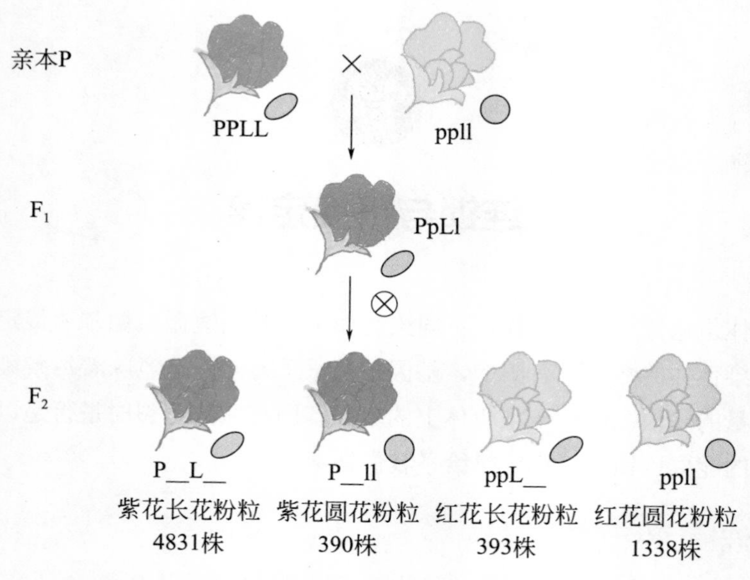

图5.8　香豌豆花颜色和花粉粒形状的遗传（附彩图）

5.3.2　连锁遗传的机理

在减数第一次分裂前期的偶线期，同源染色体配对；到了粗线期，同源染色体的非姐妹染色单体会发生片段的交换（图5.9）。交换导致相互连锁的基因重新排列产生重组型配子。由于片段的交换是小概率事件，从而重组型配子数目较少，而亲本型配子数目较多。但要注意，两种重组型配子Pl和pL的数目相等，两种亲本型配子PL和pl的数目相等。

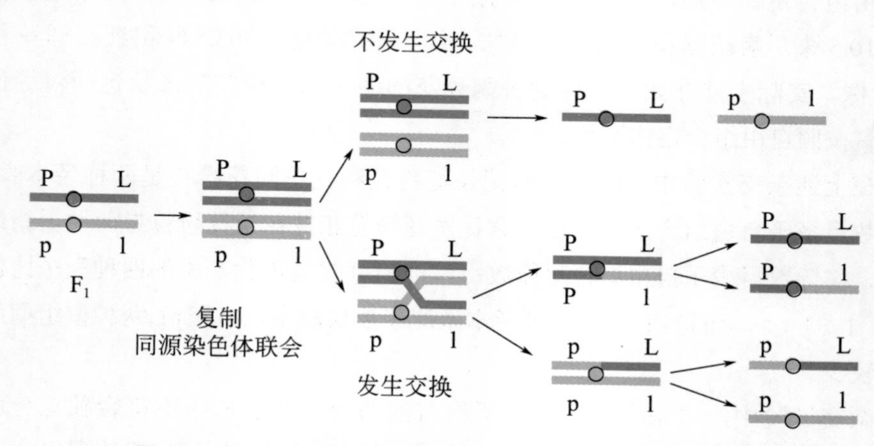

图5.9　减数分裂时同源染色体间片段交换及其产生的配子

香豌豆花颜色和花粉粒形状杂交实验中，F_1代除了产生两种亲本型配子外还产生两种少量重组型配子，这种非等位基因间的连锁称为不完全连锁（incomplete linkage）。

在某些生物中，一对同源染色体上的非等位基因有可能完全连在一起，像一对等位基因一样分离，在后代中仍然保持在一起，只产生两种亲本型配子，这种现象称为完全连锁（complete linkage）。完全连锁在自然界中非常少见，雄果蝇和雌家蚕的连锁是完全连锁。

5.3.3 人类基因连锁与互换实例

人类的基因组大约有几万个基因，分布在24条不同的染色体上，因此每条染色体上都有数目不等、大小不等的大量基因存在，连锁与互换现象也是人类中普遍存在的遗传现象。

人类常染色体基因连锁的典型例子是指（趾）甲髌骨综合征基因和ABO血型基因的连锁，都位于人类的9号染色体上。指（趾）甲髌骨综合征主要是以指甲和髌骨发育异常或缺失为特征的综合征。临床表现主要为指甲萎缩，角化不全，有部分患者指甲完全缺失，纵裂表面凹凸不平，最常见于拇指和食指，小指指甲比较少见。另外，骨发育不良也是主要临床表现，髌骨发育不良或缺如，膝关节发生脱位或肘膝外翻以及小腿外旋畸形、桡骨小头发育不良等。30%左右的患者合并肾脏损害，其中25%可发展为肾衰竭。一对夫妇分别为甲髌A型血（NI^A/ni）和正常O型血（ni/ni），由于同源染色体的非姐妹染色单体之间发生片段交换，导致A型血子女中有少部分表现为指甲和髌骨正常（图5.10）。

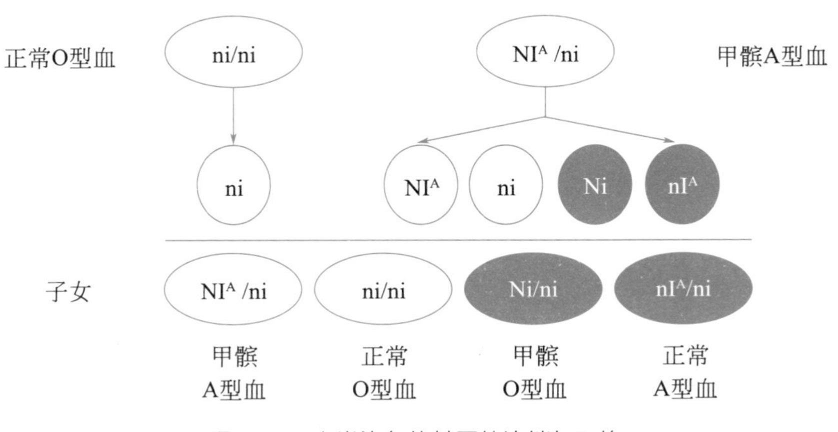

图5.10 人类染色体基因的连锁与互换

参考文献

程罗根，2015. 人类遗传学导论[M]. 北京：科学出版社.

李再云，杨业华，2017. 遗传学[M]. 3版. 北京：高等教育出版社.

刘洪珍，2009. 人类遗传学[M]. 北京：高等教育出版社.

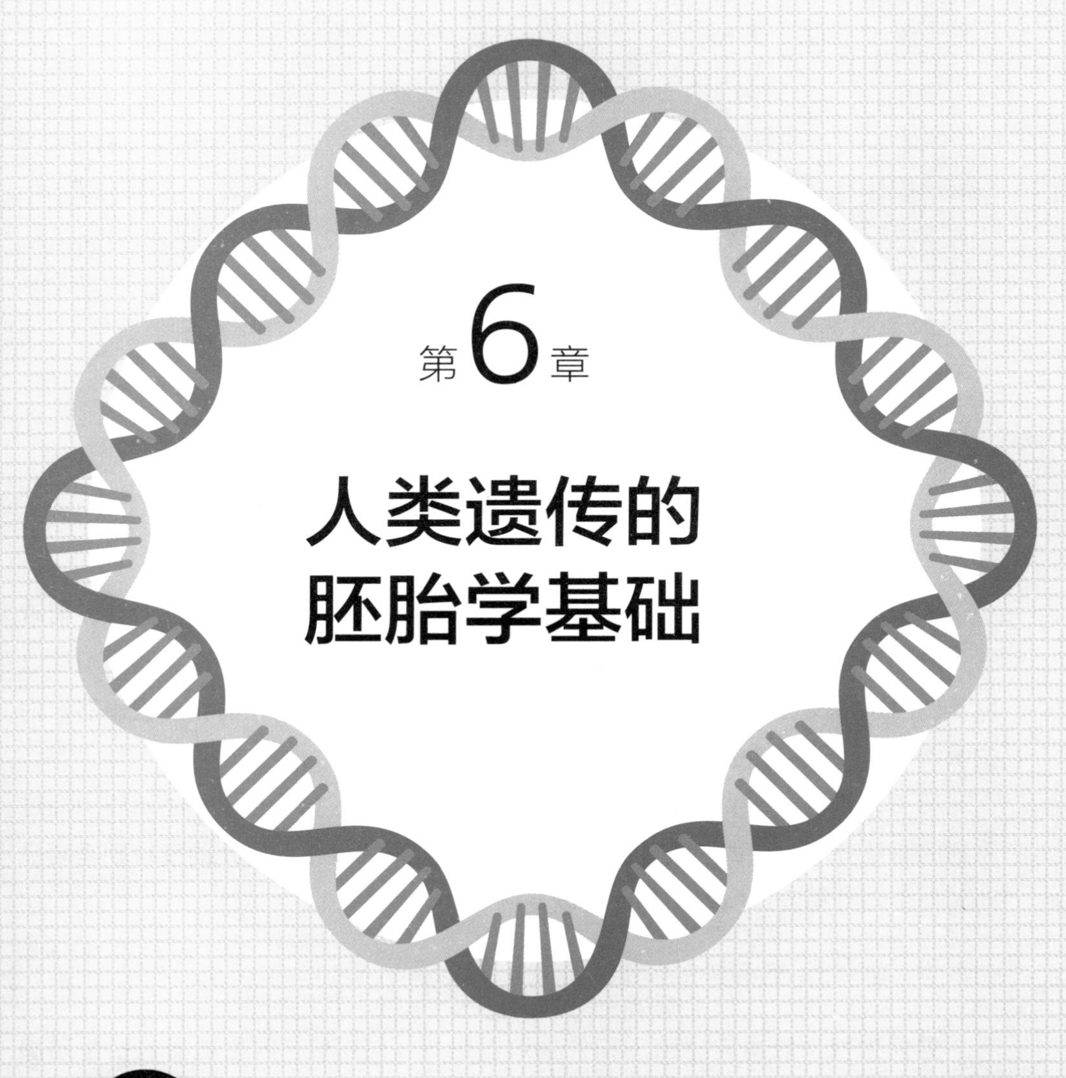

第6章 人类遗传的胚胎学基础

本章知识点

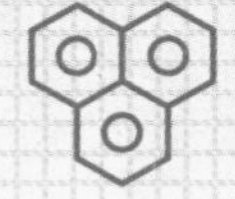

★ 生殖系统的构造和机能

★ 生殖功能的调控

★ 受精与胚胎发育

★ 双胞胎与多胞胎

★ 流产和避孕

★ 人的生命周期

人类新生命的产生是通过有性生殖过程实现的。单倍体的精子（n=23）与卵子（n=23）经过体内受精过程，形成受精卵（合子），恢复至与亲本一致的二倍体状态（2n=46）。在持续的分裂、增殖与分化过程中，受精卵逐渐形成形态、结构及功能不同的各类细胞，再经由调控组合，构成身体的组织、器官和系统，继而发育成一个完整的个体。因此，人的生命起始于合子。

生殖系统的构造和机能

人和高等哺乳动物的生殖系统按功能可分为主要性器官和附属性器官，前者主要为产生性激素和配子的性腺，后者则是为辅助性活动将配子运送到受精地点以及保障正常发育的各种器官。也可以按解剖位置分为内生殖器和外生殖器，内生殖器包括性腺及其相关的附属腺体。

精子和卵子分别携带父本和母本的遗传信息，是在男性和女性生殖腺中经过系列的有丝分裂和减数分裂过程生成的，受精过程的发生和胎儿的发育则需要借助其他生殖结构及母体的功能才得以完成。

6.1.1　男性生殖系统的构造

男性生殖系统由内生殖器和外生殖器组成（图6.1）。内生殖器包括生殖腺（睾丸）、生殖管道（附睾、输精管、射精管和尿道）和附属腺（精囊腺、前列腺和尿道球腺）。外生殖器包括阴囊和阴茎。男性生殖器到青春期时开始发育，在神经系统和内分泌系统的调控下，各生殖器官协调工作产生有功能的精子，并通过性交将精子运送到女性生殖道内。

（1）生殖腺

睾丸（testis）是男性主要的生殖腺，位于阴囊内，左右各一个，形似椭圆体，既是产生精子（sperm）的场所，也是分泌雄性激素以及维系男性性征的重要器官。睾丸位于体外，温度低于体温，为精子生成创造适宜环境。

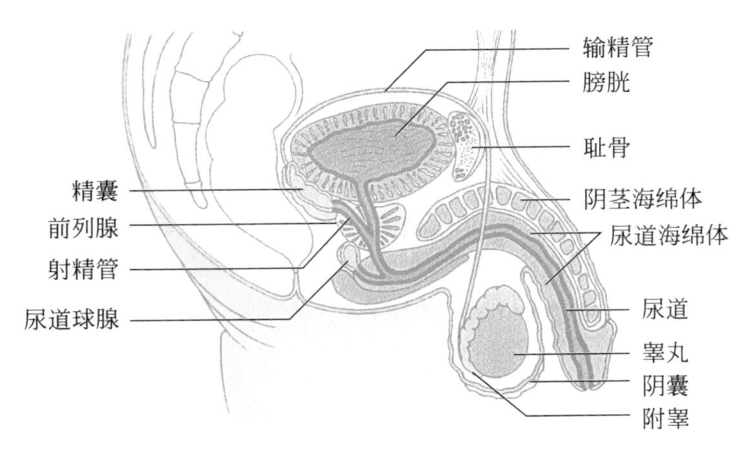

图6.1　男性生殖系统示意图（附彩图）

（图片引自徐晨，2009）

睾丸表面包被致密结缔组织称为白膜。在睾丸后缘，白膜增厚并突入睾丸实质内形成放射状的小隔，把睾丸实质分隔成许多锥体形的睾丸小叶，每个小叶内含1～4条曲细精管（也称精曲小管、生精小管）。曲细精管之间的结缔组织内有间质细胞，可分泌男性激素。曲细精管在睾丸小叶的尖端处汇合成直精小管再互相交织成网，最后在睾丸后缘发出十多条输出小管进入附睾（图6.2）。

（2）生殖管道

附睾（epididymis）紧贴睾丸的上端和后缘，可分为头、体、尾三部分。位于睾丸上极的头部膨大而呈钝圆形，睾丸的输出小管由此进入附睾；位于睾丸下极、呈细圆形的部分为附睾尾，向后折叠成为输精管；头尾之间为附睾体（图6.2）。精子在附睾中贮存、发育成熟并具有活力。附睾管壁上皮可分泌某些激素、酶、特异物质，为精子生长成熟提供营养。

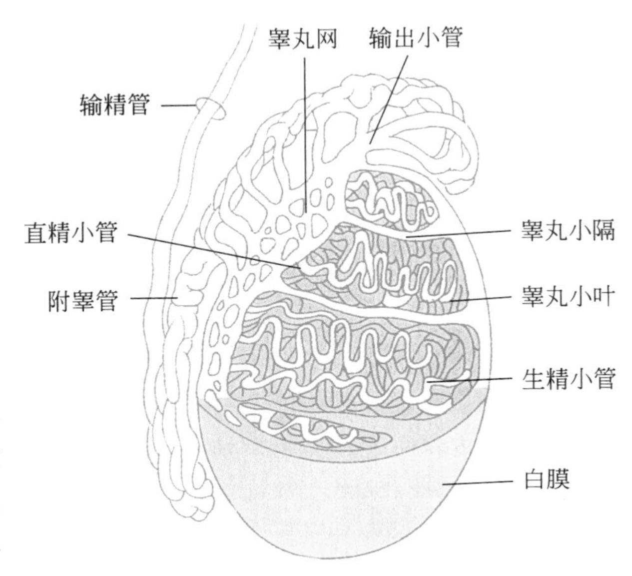

图6.2　睾丸和附睾结构示意图（附彩图）

（图片引自徐晨，2009）

输精管（ductus deferens）行程较长，从阴囊到外部皮下，再通过腹股沟管入腹腔和盆腔，在膀胱底的后面精囊腺的内侧，膨大形成输精管壶腹，其末端变细，与精囊腺的排泄管合成射精管。

射精管（ejaculatory duct）长约2厘米，是精囊排出管与输精管汇合而成的成对管道，位于膀胱底部，贯穿前列腺实质，开口于尿道前列腺部后壁的精阜两侧。

尿道（urethra）是排尿和排精液的管道，起于膀胱的尿道内口，止于阴茎头的尿道外口。

（3）附属腺

精囊腺（seminal vesicle）是扁椭圆形囊状器官，位于膀胱底之后，输精管壶腹的外侧，其排出管与输精管末端合成射精管。

前列腺（prostate）位于膀胱颈部下方包绕尿道前列腺部，通过导管与尿道相连。前列腺分泌的前列腺液是精液的重要组成成分，约占精液的20%。前列腺还可以分泌激素，称之为前列腺素，具有运送精子、卵子和影响子宫运动等功能。

尿道球腺（Cowper's gland）位于尿道球部的后上方，开口于尿道的阴茎部。尿道球腺分泌蛋清样液体，排入尿道球部，参与精液组成。

（4）阴囊

阴囊（scrotum）是由皮肤构成的囊，位于阴茎后方。内有睾丸、附睾和精索下部，由阴囊的内膜隔，将阴囊分为左、右两个囊。

阴囊内部形成一个比体温略低的温度环境（约33℃），对精子发育和生存有重要意义。精细胞对温度比较敏感，当体温升高时，阴囊舒张，便于降低阴囊的温度；当体温降低时，阴囊收缩，以保持阴囊内的温度。

（5）阴茎

阴茎（penis）为男性的生殖器官和泌尿器官，是尿液和精液的共同出口。阴茎分为阴茎根、阴茎体和阴茎头，由两个阴茎海绵体和一个尿道海绵体，外面包以筋膜和皮肤构成。受到刺激时，阴茎充血勃起，性交时经射精过程可将精液射入女性体内。

6.1.2 精子的发生和成熟

男性的精子是在睾丸的曲细精管中形成的。精子发生和形成须在低于体温

2～3℃的环境中经过（64±4.5）天方可完成。整个过程经历精原细胞增殖、精母细胞减数分裂和精子形成3个阶段，依次分化为：精原细胞、初级精母细胞、次级精母细胞、精子细胞和精子。

睾丸曲细精管中有大量的精原细胞（spermatogonium），是原始的雄性生殖细胞，每个精原细胞中的染色体数目都与体细胞相同。最初，精原细胞以有丝分裂的形式增殖，1个分裂为2个，2个变成4个。经过6次分裂后，1个精原细胞增殖为64个，此时称为初级精母细胞（primary spermatocyte）。一个初级精母细胞第一次减数分裂后形成两个次级精母细胞（secondary spermatocyte），次级精母细胞继续进行减数第二次分裂，形成四个精子细胞（spermatid）。在上述细胞分裂的同时，精子细胞已逐渐移动接近曲细精管管腔。这时精子细胞仍在继续发育，只是不再进行分裂，而是在形态上发生复杂的变化而成为有头、有尾的精子，并进入管腔内。这一过程便是精子发生（spermatogenesis），也称为精子变态（图6.3）。这时精子在睾丸内的发育过程就完成了，大约历时64天。精子随后沿曲细精管进入附睾，在附睾停留大约2～3周完成其后熟发育，才能成为最终具有运动和受精能力的成熟精子。所以性交过于频繁，精子在附睾中停留时间短，无受精能力，会导致不育。从一个精原细胞发育成为成熟的精子约需90天的时间。

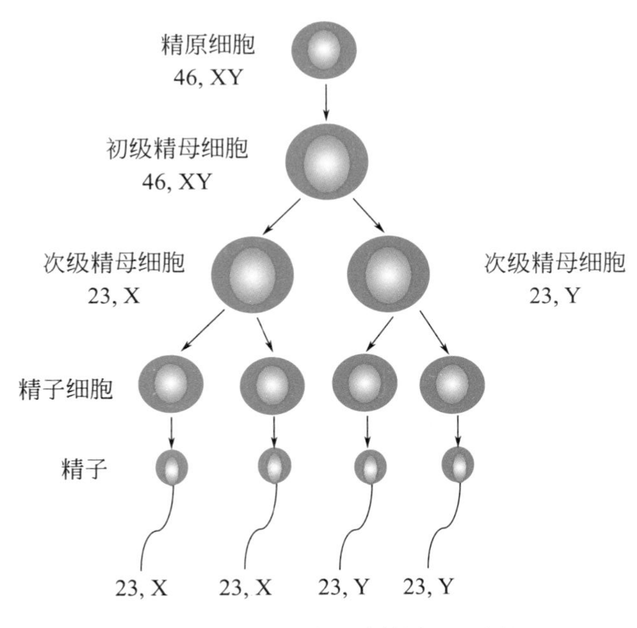

图6.3　精子的发生和成熟过程示意图

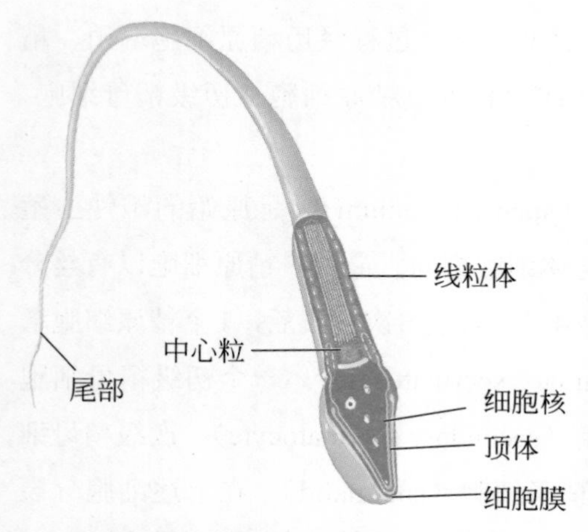

图6.4　成熟精子结构示意图（附彩图）

（图片引自Ken，2020）

成熟精子失去大部分细胞质，分为头部、颈部和尾部。精子头部前三分之二有呈帽状的顶体（acrosome），由溶酶体转变而成，内含蛋白酶和透明质酸酶，作为精子“钻”进卵细胞的开路工具。细胞核含有遗传物质。颈部的线粒体巨大化，为精子的运动提供能量。精子尾部为一长长的鞭毛，其摆动与精子运动相关（图6.4）。

总之，单倍体的精细胞在睾丸内生成，在通过附睾时完成成熟过程，输精管将附睾的精子运送到壶腹部，在此与精囊腺分泌物混合，之后又在射精管与前列腺液混合排入前列腺尿道部，最后与来自附属腺体的射精分泌物混合后经阴茎的尿道排出体外。

6.1.3　女性生殖系统的构造

女性生殖系统由内生殖器和外生殖器组成。内生殖器包括阴道、子宫、输卵管及卵巢（图6.5）。输卵管和卵巢合称为子宫附件。外生殖器指生殖器官的外露部分，又称外阴，包括阴阜、大阴唇、小阴唇、阴蒂、阴道前庭、前庭球、前庭腺。

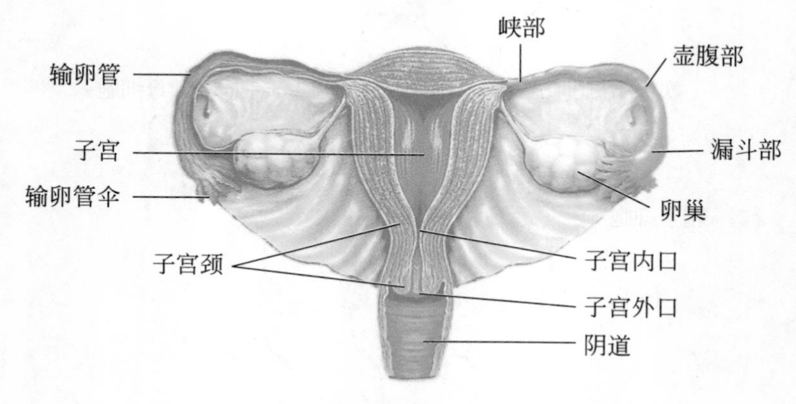

图6.5　女性内生殖器示意图（附彩图）

（图片引自Ken，2020）

（1）子宫与阴道

子宫（uterus）和阴道（vagina）是生殖道的基本组成部分，既是婴儿的产道也是胎儿孕育的必要场所，所以是生殖系统最重要的部分之一。

子宫为倒置梨形，宫腔容量约5毫升，可分为子宫底、子宫体与子宫颈三部分。子宫颈的一部分称阴道上部，另一部分位于阴道内，称阴道部。子宫底两侧与输卵管腔贯通，称子宫角；子宫底与子宫颈之间相对膨大部分称子宫体。子宫是月经产生的地方，也是精子到达输卵管的通道，还是胚胎发育的温床和促进分娩的加力器。

阴道开口在前庭，前方有膀胱底与尿道，后面近肛门、直肠。阴道向内到子宫颈，是沟通内外生殖器的管道。阴道为性交器官、月经血排出及胎儿娩出的通道。阴道口位于尿道口的下方，边缘有一层较薄的黏膜组织覆盖，中央有孔，该组织称为处女膜。阴道上端包绕着子宫颈，在子宫颈旁的阴道部分称为穹窿。

（2）卵巢与输卵管

卵巢（ovary）为一对扁椭圆形的性腺，具有生殖和内分泌功能，产生和排出卵细胞，并可分泌性激素。青春期前，卵巢表面光滑；青春期开始排卵后，表面逐渐凹凸不平；成年妇女的卵巢约4cm×3cm×1cm大，重5～6g，呈灰白色；绝经后卵巢萎缩变小变硬。

卵巢在胚胎发育时便形成了大量的卵原细胞，青春期后在每个月经周期都有一定数量的卵原细胞发育，最终在卵巢形成成熟的优势卵泡，在黄体生成素（LH）高峰的诱发下，卵泡排卵后被输卵管伞收集进入输卵管。卵巢内还有大量的内分泌细胞，在月经周期的不同阶段分泌相应的激素，对子宫内膜、阴道等组织具有一定的调节作用，同时，也通过负反馈影响垂体及下丘脑的激素分泌。因此，卵巢既是卵子发生的场所，也是雌激素和孕激素的分泌腺。

输卵管（oviduct）是一对细而长的弯曲管道，为卵子与精子相遇的场所，也是向宫腔运送受精卵的管道。输卵管近端与子宫角相连通，远端游离，与卵巢接近。根据输卵管的形态由内向外可分为间质部、峡部、壶腹部和漏斗部四部分，漏斗部裂痕状的末端称为伞。

（3）外生殖器

外生殖器总称外阴，包括阴阜、大阴唇、小阴唇、阴蒂、阴道前庭、前庭球、前庭腺。阴阜为耻骨联合前方隆起的脂肪垫，其皮肤上生长有阴毛。大阴唇和小阴唇为阴道和尿道口两侧的皮肤皱褶，前者有脂肪腺与阴毛，而后者则没有。在两小阴唇之间的上端是神经末梢丰富的阴蒂，极为敏感。

6.1.4 卵子的发生和成熟

女性的卵子由卵巢产生。在3个月龄的女性胚胎的胚胎性卵巢中，卵原细胞（oogonia）开始有丝分裂形成大量卵原细胞。卵原细胞吸收营养、体积增大成为初级卵母细胞。出生后6个月时，所有的原始卵泡都发育转化为初级卵泡。到青春期前大部分初级卵母细胞（primary oocyte）进入减数第一次分裂，停留在前期的双线期阶段，一停就停留10多年到40～50年。青春期后，在性激素的调节下，每个月就会有一个初级卵母细胞恢复进入减数第一次分裂双线期后的过程，分裂为一个次级卵母细胞（secondary oocyte）和1个第一极体（first polar body）。次级卵母细胞进入减数第二次分裂，但停滞在分裂中期，此时它从卵巢中被排出，进入输卵管中，等待受精，这个过程叫排卵（图6.6）。如受精发生，在精子的激发下，次级卵母细胞完成第二次减数分裂，形成一个成熟的卵细胞，并释放出第二极体（second polar body）（原第一极体也分裂出2个第二极体，共3个第二极体，不久自行消失），随后这个受精的卵细胞再完成雌核和雄核的融合，成为二倍体的合子。如果这个次级卵母细胞在12小时内没有遇到精子，则自身发生变化，从输卵管中崩解消失，直接导致月经的发生。

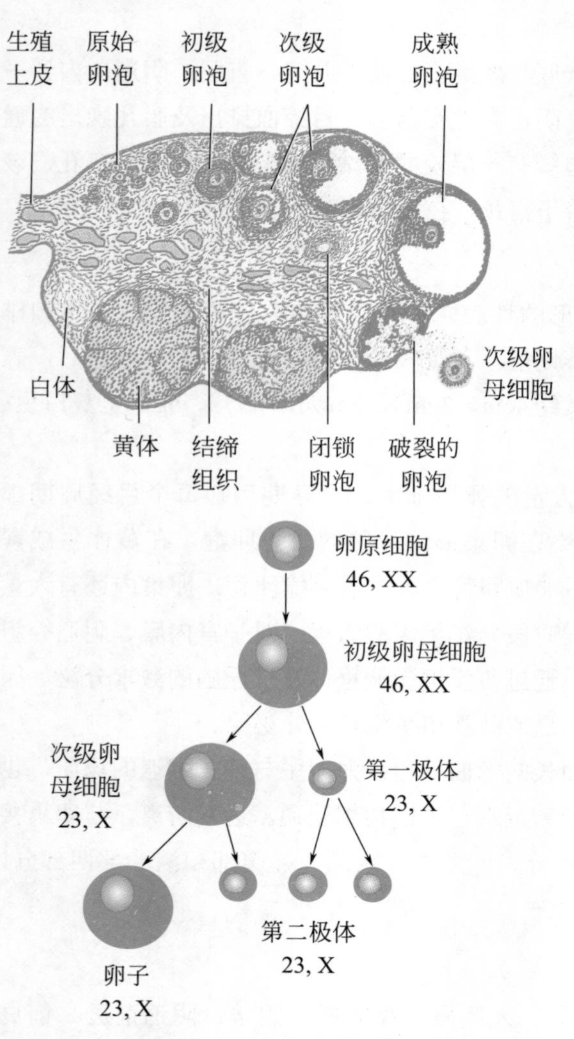

图6.6 卵子的发生和成熟过程示意图（附彩图）
（图片引自徐晨，2009）

卵巢中的绝大部分初级卵母细胞是终生不能发育成熟的。正常女性有月经的年龄是12～45岁，大约是30～35年，终身能形成大约400个成熟的卵子，仅仅占卵巢中原有初级卵母细胞的0.1%，所以说卵巢中的绝大部分的初级卵母细胞是终生不能发育成熟，最终在卵巢中蜕变消失。

生殖功能的调控

人和高等哺乳动物的生命必须依靠生殖过程来延续，而生殖过程的实现需要两性个体良好的生殖状态来保障，两性在生理机能上的默契协同对完成生殖任务至关重要。生殖功能主要是在内分泌系统和神经系统双重调控下实现的。

6.2.1 男性生殖功能调控

（1）睾丸的生精作用

精子的发生是一个复杂而高度有序的过程，需要新的基因产物，并且这些基因产物的表达程序精确而协调。这些基因表达的调节主要在细胞内、细胞间和细胞外三个水平。生精细胞内高度保守的基因序列决定了生精细胞的分化。生精细胞内的特殊细胞调控需要来自生精细胞周围细胞提供信息，其中支持细胞在细胞间调控中提供生精细胞必需的营养和调控因子。当然，细胞间的调控也依赖细胞外的影响，主要是睾酮（T）和卵泡刺激素（FSH）的作用。

（2）睾丸的功能及其内分泌和神经调节

睾丸的主要功能是产生精子，然而，正常的生精过程有赖于睾丸间质细胞合成的雄性激素（主要是睾酮），而雄性激素的合成与释放又受到下丘脑和垂体释放的促性腺激素释放激素（gonadotropin-releasing hormone，GnRH）和促性腺激素（gonadotrophic hormone，GTH）的精确调控。

下丘脑分泌的GnRH以一系列脉冲的方式释放入垂体门脉循环中，激发垂体释放GTH。GTH有两种：一种是卵泡刺激素（follicular stimulating hormone，FSH），二是黄体生成素（luteinizing hormone，LH）。FSH作用于睾丸的曲细精

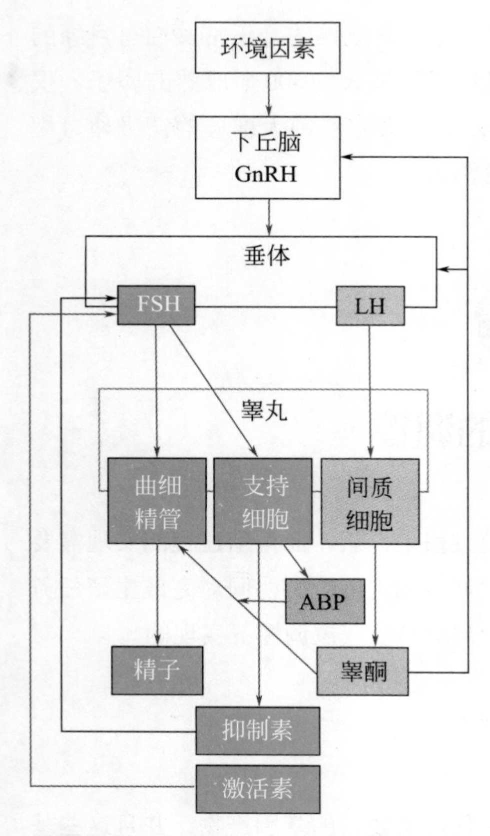

图6.7　下丘脑-垂体与睾丸细胞间的内分泌调节关系

管，促进精子的生成；还可以促进睾丸的支持细胞分泌抑制素和激活素，以及一种能结合雄激素的蛋白质ABP。LH主要作用于睾丸间质细胞，促进其合成和分泌睾酮。睾酮与ABP结合对于精子发生过程也有十分重要的作用。

GTH分泌的调节除了上述的来自于下丘脑的GnRH正向调控外，也接受睾丸雄激素和抑制素的负反馈调节，从而维持机体内分泌环境的相对平衡（图6.7）。

大量研究表明，男性生殖过程还直接或间接地受到神经系统的影响。神经系统除了在下丘脑与内分泌系统交叉外，还可以通过直接的神经支配来影响男性生殖过程。

（3）附属器官的功能及其调节

虽然在睾丸中经过精原细胞的增殖、精母细胞的减数分裂和精子细胞的变态，形成染色体数目减半的精子。但此时的精子尚未达到功能上的成熟，只有在附睾中循着附睾头、体、尾运行和在附睾中储存，其形态结构、生化代谢和生理功能方面发生进一步的变化，最终获得运动能力、精卵识别能力和受精能力，此时的精子才是成熟的精子。现已表明，附睾的各段呈高度特异的区域化，各段有不同的吸收和分泌功能，创造了有利于精子成熟和储存的微环境，促使精子成熟。

精囊腺的分泌物是精液的主要成分，约占精液量的60%，是一种白色或淡黄色弱碱性黏稠液体。内含果糖、前列腺素、凝固因子、去能因子、蛋白酶抑制剂等多种成分，其中果糖含量丰富，可被精子直接代谢，释放精子运动所需要的能量。前列腺素被阴道吸收后可引起子宫和输卵管的收缩，有助于精子和卵子在女性生殖道的运输。

前列腺分泌物约占精液量的20%，为乳白色稀薄液体，弱酸性，内含丰富的柠檬酸、酸性磷酸酶、纤维蛋白酶等。纤维蛋白酶可使凝固的精液液化，酸性磷酸酶可把磷酸胆碱水解成胆碱，这与精子的营养有关。

尿道球腺的分泌物为清亮的黏性液体，能拉成细长的丝，内含多种半糖、唾液酸、ATP酶等。它受神经系统的精细调控，在性兴奋时首先分泌并排出（射精前），有清理和润滑尿生殖道的功能。

6.2.2 女性生殖功能调控

女性的生殖过程具有明显的周期性变化，即生殖周期，称为月经周期（menstrual cycle）。月经周期本质是由卵巢卵泡周期性发育而引起的个体生理状态的周期性变化，其中包括激素的变化、卵巢卵泡的变化、子宫内膜的变化以及体征的变化等（图6.8）。

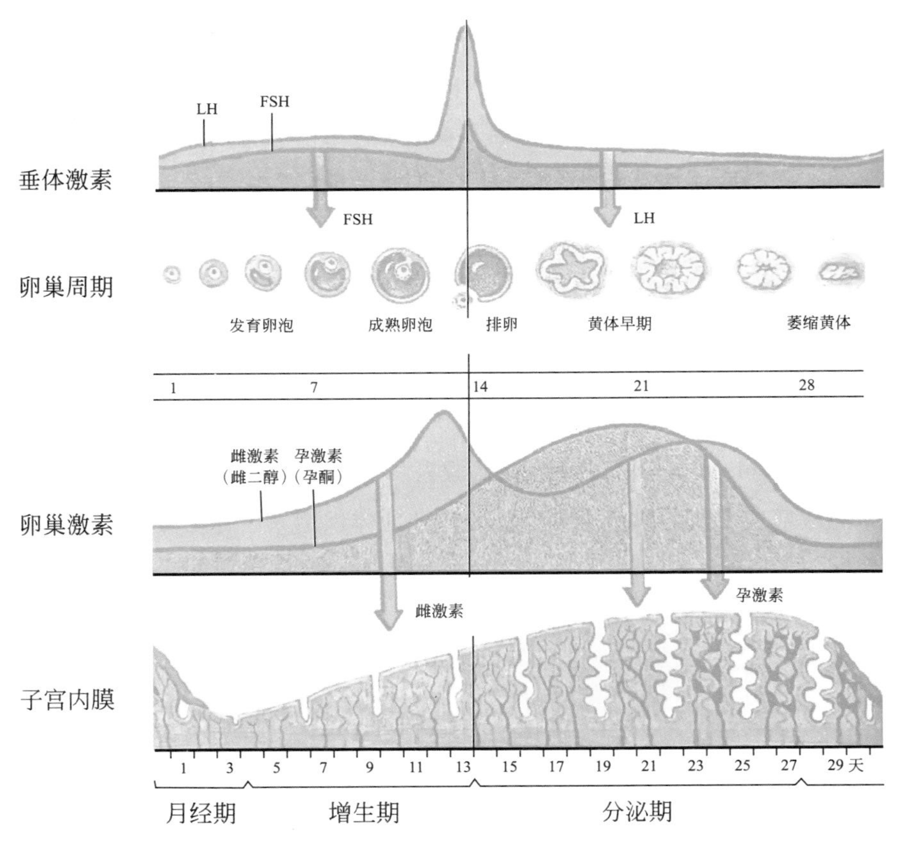

图6.8　月经周期中激素、卵泡和子宫内膜的变化示意图（附彩图）

（图片引自楚德昌等，2019）

（1）卵巢卵泡的变化

卵泡自胚胎形成后即进入自主发育和闭锁的轨道，此过程不依赖于促性腺激素，其机制尚不清楚。胚胎6～8周时，原始生殖细胞不断有丝分裂，细胞数增多，体积增大，称为卵原细胞。自胚胎11～12周开始卵原细胞逐渐转变为初级卵母细胞。胚胎16周至出生后6个月，单层梭形前颗粒细胞围绕着初级卵母细胞形成始基卵泡，这是女性的基本生殖单位，也是卵细胞储备的唯一形式。胎儿期的卵泡不断闭锁，出生时约剩200万个，儿童期多数卵泡退化，至青春期只剩下约30万个。

① 卵泡的发育

根据卵泡的形态、大小、生长速度和组织学特征，可将其生长过程分为始基卵泡、窦前卵泡、窦卵泡、排卵前卵泡四个阶段。

始基卵泡（primordial follicle）：由停留于减数分裂双线期的初级卵母细胞被单层梭形前颗粒细胞围绕而形成。此时的卵泡属于原始卵泡。

窦前卵泡（preantral follicle）：始基卵泡的梭形前颗粒细胞分化为单层立方形细胞之后成为初级卵泡。与此同时，颗粒细胞合成和分泌黏多糖，在卵子周围形成一个透明环形区，称透明带。颗粒细胞的胞膜突起可穿过透明带与卵子的胞膜形成缝隙连接，这些胞膜的接触为卵子的信息传递和营养提供了一条通道。最后初级卵泡颗粒细胞的增殖使细胞的层数增加，卵泡增大，形成次级卵泡。颗粒细胞内出现卵泡刺激素（FSH）、雌激素（E）和雄激素（A）三种受体，具备了对上述激素的反应性。

窦卵泡（sinusoidal follicle）：在雌激素和FSH的协同作用下，颗粒细胞间积聚的卵泡液增加，最后融合形成卵泡腔，卵泡体积增大，称为窦卵泡。窦卵泡发育的后期，相当于前一卵巢周期的黄体晚期及本周期卵泡早期，血清FSH水平及其生物活性增高，超过一定阈值后，卵巢内有一组窦卵泡群进入了“生长发育轨道”，这种现象称为募集。约在月经周期第7日，在被募集的发育卵泡群中，FSH阈值最低的一个卵泡，优先发育成为优势卵泡，其余的卵泡逐渐退化闭锁，这个现象称为选择。月经周期第11～13日，优势卵泡增大至18mm左右，分泌雌激素量增多。不仅如此，在FSH刺激下，颗粒细胞内又出现了LH受体及催乳素（PRL）受体，具备了对LH、PRL的反应性。此时便形成了排卵前卵泡。

排卵前卵泡（preovulatory follicle）：为卵泡发育的最后阶段，亦称格拉夫卵泡。卵泡液急骤增加，卵泡腔增大，卵泡体积显著增大，直径可达18～23mm，卵泡向卵巢表面突出，其结构从外到内依次为卵泡外膜、卵泡内膜、颗粒细胞、卵泡腔、卵丘、放射冠和透明带。

卵泡的发育始于始基卵泡，始基卵泡可以在卵巢内处于休眠状态数十年。始基卵泡发育远在月经周期起始之前，从始基卵泡至形成窦前卵泡需9个月以上的时间，从窦前卵泡发育到成熟卵泡经历持续生长期（1～4级卵泡）和指数生长期（5～8级卵泡），共需85日，实际上跨越了3个月经周期。一般卵泡生长的最后阶段正常约需15日，是月经周期的卵泡期。

② 排卵

成熟卵泡壁发生破裂，卵细胞、透明带及放射冠同卵泡液冲出卵泡，这一过程称为排卵（ovulation）。排卵过程包括卵母细胞完成第一次减数分裂和卵泡壁胶原层的分解及小孔形成后卵子的排出活动。排卵前，由于成熟卵泡分泌的雌二醇在循环中达到对下丘脑起正反馈调节作用的峰值，促使下丘脑GnRH的大量释放，继而引起垂体释放促性腺激素，出现LH/FSH峰。LH峰是即将排卵的可靠标志，出现于卵泡破裂前36小时。LH峰使初级卵母细胞完成第一次减数分裂，排出第一极体，成熟为次级卵母细胞。在LH峰作用下排卵前卵泡黄素化，产生少量孕酮。LH/FSH排卵峰与孕酮协同作用，激活卵泡液内蛋白溶酶活性，使卵泡壁隆起尖端部分的胶原消化形成小孔，称排卵孔。排卵前卵泡液中前列腺素显著增加，排卵时达高峰。前列腺素可促进卵泡壁释放蛋白溶酶，有助于排卵。排卵时随卵细胞同时排出的还有透明带、放射冠及小部分卵丘内的颗粒细胞。排卵多发生在下次月经来潮前14日左右。卵子可由两侧卵巢轮流排出，也可由一侧卵巢连续排出。卵子排出后，经输卵管伞部捡拾、输卵管壁蠕动以及输卵管黏膜纤毛活动等协同作用通过输卵管，并被运送到子宫腔。

③ 黄体形成及退化

排卵后卵泡液流出，卵泡腔内压下降，卵泡壁塌陷，形成许多皱襞，卵泡壁的卵泡颗粒细胞和卵泡内膜细胞向内侵入，周围由结缔组织的卵泡外膜包围，共同形成黄体（corpus luteum）。排卵后7～8日（相当于月经周期第22日左右），黄体体积和功能达到高峰，直径1～2cm，外观黄色。正常黄体功能的建立需要理想的排卵前卵泡发育，特别是FSH刺激，以及一定水平的持续性LH维持。

若排出的卵子受精，黄体则在胚胎滋养细胞分泌的人绒毛膜促性腺激素（human chorionic gonadotropin，hCG）作用下增大，转变为妊娠黄体，至妊娠3

个月末才退化。此后胎盘形成并分泌甾体激素维持妊娠。

若卵子未受精，黄体在排卵后9～10日开始退化，黄体功能止于14日，其机制尚未完全明确。黄体退化时黄体细胞逐渐萎缩变小，周围的结缔组织及成纤维细胞侵入黄体，逐渐由结缔组织所代替，组织纤维化，外观白色，称白体。黄体衰退后月经来潮，卵巢中又有新的卵泡发育，开始新的周期。

（2）激素的变化

主要是雌激素（estrogen）和孕激素（progesterone）以及少量雄激素（androgen），均为甾体激素（steroid hormone）。

雌激素：卵泡开始发育时，雌激素分泌量很少；月经第7日卵泡分泌雌激素量迅速增加，于排卵前达高峰；排卵后由于卵泡液中雌激素释放至腹腔使循环中雌激素暂时下降，排卵后1～2日，黄体开始分泌雌激素使循环中雌激素又逐渐上升，约在排卵后7～8日黄体成熟时，循环中雌激素形成又一高峰。此后，黄体萎缩，雌激素水平急剧下降，在月经期达最低水平。

孕激素：卵泡期卵泡不分泌孕酮，排卵前成熟卵泡的颗粒细胞在LH排卵峰的作用下黄素化，开始分泌少量孕酮，排卵后黄体分泌孕酮逐渐增加至排卵后7～8日黄体成熟时，分泌量达最高峰，以后逐渐下降，到月经来潮时降到卵泡期水平。

雄激素：女性雄激素主要来自肾上腺。卵巢也能分泌部分雄激素，包括睾酮、雄烯二酮和脱氢表雄酮。卵巢内泡膜层是合成分泌雄烯二酮的主要部位，卵巢间质细胞和门细胞主要合成和分泌睾酮。排卵前循环中雄激素升高，一方面可促进非优势卵泡闭锁，另一方面可提高性欲。

（3）子宫内膜的变化

月经周期始于青春发育期，正常成年女性具有规则的月经周期。青春发育阶段，月经周期通常不规则并且不发生排卵，这是因为此时雌二醇对LH的正反馈调节途径还没有真正建立。

一个月经周期平均为28天，但从24天到35天均属于正常。月经周期可分为卵巢周期和子宫内膜周期。卵巢周期包括颗粒期、排卵期和黄体期；子宫内膜周期包括增殖期、分泌期和月经期。以月经周期28天为例，对于绝大多数女性来说，黄体期（卵巢）或分泌期（子宫），即从排卵到下次月经开始的时间，相对比较稳定，平均为14.2天，这主要是由于卵巢从黄体形成到退化为白体的过程，具有较固定的活动期。与此相反，颗粒期（卵巢）或月经期和增殖期（子宫），即从月经开始到排卵的时间是极不稳定的。这是造成月经周期不稳定的因素之一，随着年龄的增长月经周期缩短的原因也在于此。

卵巢周期即卵巢卵泡的变化周期，前面已经详述。子宫内膜周期根据子宫内膜的变化分成三个期，即增殖期、分泌期和月经期。

增殖期（卵泡期）在月经周期的第6～14天，行经时功能层子宫内膜剥脱，随月经血排出，仅留下基底层。在雌激素影响下，内膜很快修复，逐渐生长变厚，细胞增生。

分泌期（黄体期）在月经周期的第15～28天，为月经周期的后半期。排卵后，卵巢内形成黄体，分泌雌激素与孕激素，使子宫内膜继续增厚，腺体增大。

月经期在月经周期的第1～5天，体内雌激素水平更低，已无孕激素存在。内膜中血循环障碍加剧，组织变性、坏死加重，出血较多，可直接来自毛细血管和小动脉的破裂，或间接来自破裂后所形成的血肿，也有部分来自血管壁的渗出及组织剥脱时静脉出血。变性、坏死的内膜与血液相混而排出，形成月经血。

受精与胚胎发育

受精（fertilization）是指精子和卵细胞相互识别，精子穿入卵细胞及两者融合的过程。受精一方面恢复了染色体双倍体数目，保证了双亲的遗传作用；另一方面，受精可以把生殖细胞通过减数分裂同源重组，获得遗传物质变化和个体发生过程中产生的变异遗传下去，保证了物种的遗传多样性，在生物进化上具有重要意义。

受精之后的合子（zygote）通过连续的有丝分裂产生大量的细胞，细胞经过分化重组，共同构建新生命所有必需的器官，从而进一步发育成新的生命体。

6.3.1 受精过程

受精过程一般发生在女性输卵管的壶腹部。精子从阴道到达输卵管的时间，最快仅数分钟，一般需要1～1.5小时。到达输卵管的精子，3天后就失去与卵细胞结合的能力。排卵一般发生在月经周期的第14天左右，一个卵细胞排出后可存活24～48小时，若在这48小时内未能与精子相遇形成受精卵，便在48～72小时后自然凋亡。

（1）精子获能

精子在睾丸产生后经过附睾的后熟作用获得了运动能力，但附睾会分泌一种物质附着于精子表面，抑制了受精能力。精子经过女性生殖道时，包裹精子的外源物质被清除，精子的理化性质和生物学特性发生变化，使精子获得参与受精的能力，这个过程称为精子获能（capacitation）。精子获能是精子成熟的必要步骤，精子获能之后才能使卵细胞受精。

（2）顶体反应

顶体（acrosome）是覆盖于精子头部细胞核前方、介于核与质膜之间的囊状细胞器，其本质是来源于高尔基体的特化的溶酶体，外包单层膜，呈扁平囊状，内含糖蛋白和多种水解酶，是顶体反应相关酶的储存场所。

顶体反应（acrosome reaction）是指精子获能后，在输卵管壶腹部与卵相遇后，顶体释放顶体酶，溶蚀卵细胞外层的放射冠和透明带的过程。一旦放射冠产生裂隙，精子便依靠其尾部的摆动，穿过透明带到达卵细胞表面，使卵细胞膜伸出微绒毛将精子牢牢抓住；随着卵细胞膜的肿胀，精子逐渐被吞进卵细胞内并继续一系列反应，完成受精作用。

精子一旦与卵细胞接触，卵细胞本身也发生一系列的激活变化，表现为皮质反应和透明带反应，起到阻断多精受精和激发卵细胞进一步发育的作用。

皮质反应发生在精卵细胞融合之际，自融合点开始，皮质颗粒破裂，其内含物外排，由此波及整个卵细胞的皮层。皮质反应是受精作用的反应之一，主要是防止多精受精。当精子进入卵细胞后刺激卵细胞的外膜出现封闭，透明带变硬，从而阻止其他的精子再次进入与卵细胞进行结合。精子进入卵内使卵内钙离子浓度升高，完成第二次减数分裂，卵细胞细胞核的染色体随即解聚形成雌原核。

（3）精卵结合

卵细胞受精之前，代谢水平很低，无DNA的合成活动，RNA和蛋白质的合成都极少。因此排出的卵细胞，如果未受精，很快就死亡。当精子与卵细胞表面结合时，卵细胞的代谢速率迅速提高，并开始合成DNA。进入卵细胞的精子细胞核在卵细胞进行第二次减数分裂时也解聚形成雄原核，卵细胞的细胞核在完成两次减数分裂之后，形成雌原核。雌原核和雄原核相遇，开始融合，即两核膜融合成一个，两核并列，核膜消失，雌雄原核形成一个新的细胞，即合子。23对染色体组合在一起，以建立合子染色体组，受精至此完成（图6.9）。

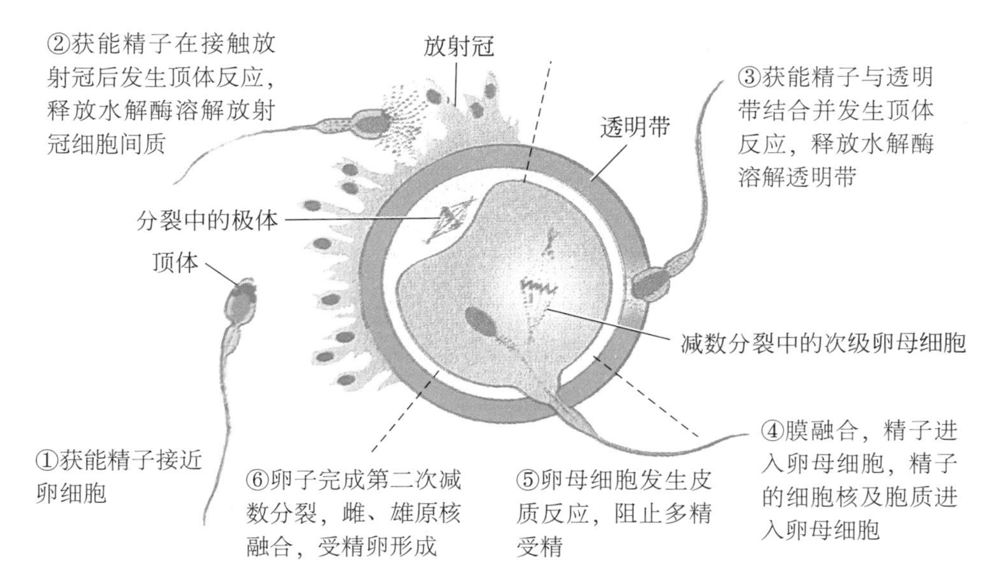

图6.9　受精过程示意图（附彩图）

（图片引自徐晨，2009）

6.3.2　胚胎发育

精子和卵子在输卵管内受精后，受精卵一边发育一边逐渐向子宫腔移动，大约在受精11～12天即可到达子宫腔植入到子宫内膜里，并不断地吸取营养逐渐发育为成熟的胎儿（图6.10）。

人体胚胎发育是指母体娩生前的胚胎形成过程。受精卵在输卵管中进行的细胞分裂叫卵裂（cleavage）。受精1天后，卵裂开始，8细胞之前，分裂球之间结合比较松散，8细胞后突然紧密化，即通过细胞连接形成紧密的球体。16细胞期，内部1～2个细胞属于内细胞团，将来发育为胚胎，而其外周细胞变为滋养细胞，不参与组成胚胎结构，而是参与形成绒毛膜。通常胚胎在64细胞以前为实心体，称为桑椹胚（morula），此时到达输卵管子宫端。桑椹胚进入子宫腔后继续分裂形成囊胚（blastula），囊胚内部孔隙扩大，成为充满液体的囊胚腔。囊胚外围的

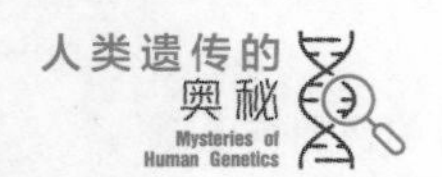

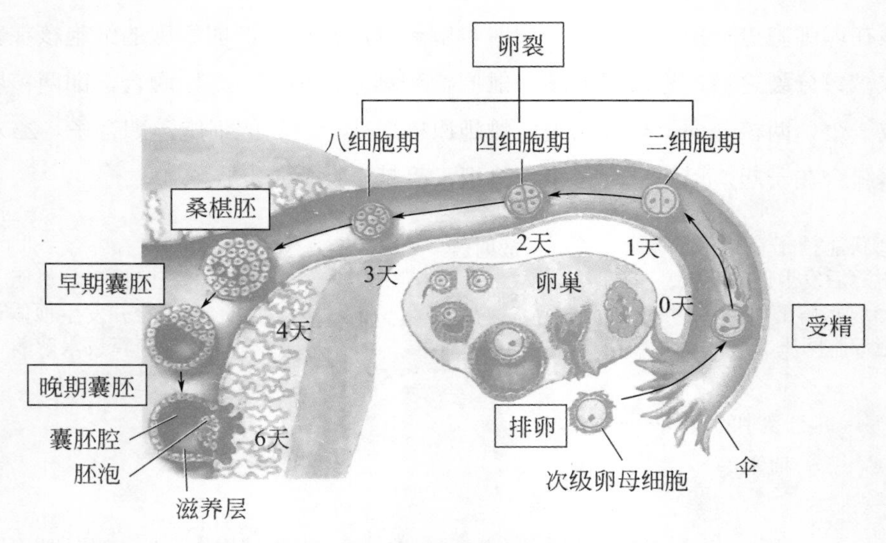

图6.10　不同时期受精卵在子宫内的位置示意图

（图片引自高英茂，2010）

滋养层细胞分泌一种蛋白分解酶溶解子宫内膜，形成缺口，将受精卵埋入子宫内膜，称为着床（nidation）或植入。囊胚正常着床位置在子宫底或子宫体，若着床在输卵管则为宫外孕。囊胚正常着床后，细胞继续分裂，内细胞团分为靠近滋养层的部分叫外胚层（ectoderm），另一侧细胞叫内胚层（endoderm），受精后三周，在内胚层和外胚层之间又分化出中胚层（mesoderm）。

胎儿身体的各个器官分别由三个胚层形成。内胚层形成消化器官、呼吸器官、肝、胰等；中胚层形成骨骼、肌肉、血液、循环器官、生殖器官、膀胱、肾脏等；外胚层形成皮肤、神经系统、五官等。人体胚胎在发育成长过程中，有时受到一些药物及环境因素的干扰，可能会发生局部或整体形态异常，以致造成先天性缺陷或先天性畸形。

6.3.3　妊娠、分娩与泌乳

妊娠（pregnancy）是从受孕至分娩的生理过程。成熟卵子受精是妊娠的开始，胎儿及其附属物自母体排出是妊娠的终止。妊娠是非常复杂而变化极为协调的生理过程。

妊娠期间维系母亲与胎儿之间关系的临时性器官叫胎盘（placenta）。囊胚植入子宫，并重塑子宫血管，使胎儿血管浸泡在母体血管中。合胞体滋养层组织使胚胎和子宫联系更进一步。接着，子宫向合胞体滋养层发出血管，并最终与合胞体滋养层接触。胚外中胚层和滋养层上的突起相连，产生血管，把营养由母体输送给胎儿。胚胎和滋养层相连的胚外中胚层狭窄的基柄形成脐带（umbilicl cord）。合胞体滋养层充分发育后，形成由滋养层组织和富含血管的中胚层构成的绒毛膜（chorion）。绒毛膜和子宫壁融合形成胎盘。因此，胎盘既含有母体成分（子宫内壁），又含有胎儿成分（绒毛膜）（图6.11）。

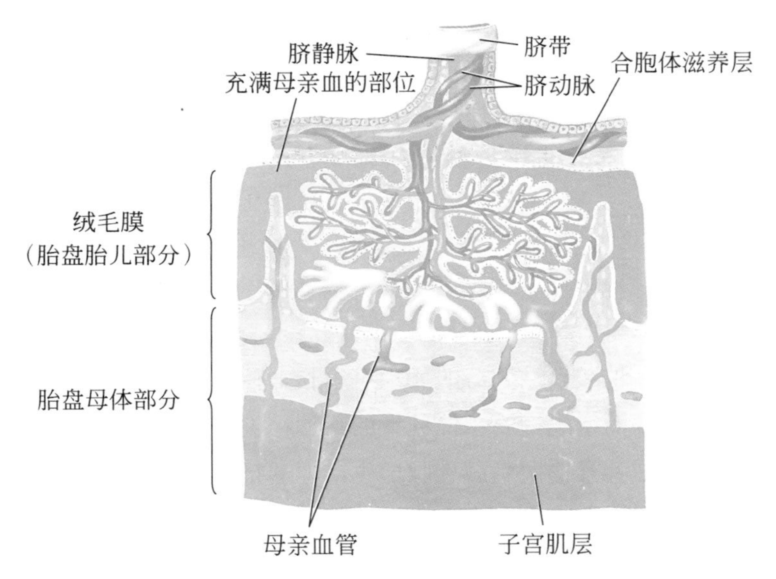

图6.11 胎儿与母体在胎盘的结构示意图（附彩图）

（图片引自Ken，2020）

胎盘不仅是母体与胎儿之间物质和能量的交换器官，还是一个重要的内分泌器官，能合成多种生物活性物质。在妊娠早期，胎盘分泌的人绒毛膜促性腺激素（hCG）有效地延长了卵巢的黄体功能；在妊娠晚期，胎盘分泌的孕酮和雌激素替代了卵巢功能，使子宫内膜的结构能长时间维持，以适应胚胎发育的需要。此外，胎盘还能产生GnRH、人胎盘催乳素（human placental lactogen，hPL）、促肾上腺皮质激素释放激素（CRH）和胰岛素样生长因子等。

分娩（delivery）是成熟胎儿从子宫经阴道排出体外的过程，通常可分为子宫颈扩张、娩出胎儿和娩出胎盘三个时期。整个过程是通过胎儿和母体之间的相互作用，调节子宫肌的收缩完成的。分娩过程受到多种因素的影响，包括孕酮、雌激素、前列腺素、催产素和松弛素等激素的调节，还包括子宫肌和子宫壁中的

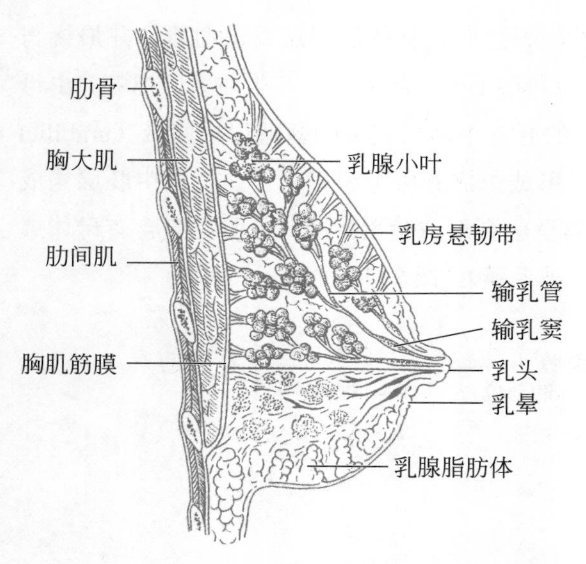

图6.12 乳腺结构示意图

（图片引自周美娟等，1999）

牵张感受器的作用。

泌乳（lactation）是新生命诞生后的最先需要的物质基础，对个体发育的质量有重要意义。成年女性的乳腺（galactophore）由15～25条输乳管构成，每条输乳管都独立地汇集到乳头上，而另一端与丰富的乳腺腺泡（乳腺小叶）相连。乳腺腺泡由形态和功能高度特化的乳腺细胞构成（图6.12）。

在妊娠期，由于大量雌激素的作用，以及生长素、甲状腺素、胰岛素、皮质醇等的刺激，再加上胎盘分泌的多种激素，乳房的体积可增长一倍，尤其是腺泡的生长最为显著。妊娠期间高浓度的孕酮抑制了催乳素的活动，乳房发育但并不泌乳。卵巢类固醇激素表现为与催乳素协同刺激乳腺增生，但却拮抗催乳素的泌乳作用。分娩后，由于胎盘类固醇激素水平下降，才启动了泌乳功能。

婴儿吸吮刺激能引起催产素、催乳素和ACTH的释放，并抑制促性腺激素的释放。催产素和催乳素释放后进入血液，当到达乳腺时，引起肌样上皮细胞收缩，使乳汁进入乳腺管中。

双胞胎与多胞胎

一般情况下女性一个月经周期排出一枚成熟卵子与一个精子结合成受精卵，最后在子宫内孕育出一个胎儿。但在小概率情况下会出现多胞胎的情况。多胞胎是指一次妊娠同时有两个及以上胎儿，以双胞胎最多见。

双胞胎（twins），又称孪生子、双生儿等，指一次怀胎生下两个个体的情况，一般可分为同卵双胞胎和异卵双胞胎两类。同卵双胞胎是由一个受精卵在子宫内着床、分裂成两个胚胎发育而成。同卵双胞胎个体的基因完全相同，并且外表体貌和智力相似。异卵双胞胎是女性同时排两个卵子，分别与两个精子受精结合成两个胚胎发育而成。异卵双胞胎是由两个独立的受精卵形成的，所以基因有差异，性别相同或不同，外表体貌也有差异。双胞胎中约2/3是异卵双胞胎。

双生儿少见，一产多胞胎（如3、4、5、6胎等）更是少见。多胞胎中有同卵，也有异卵，或者部分是同卵而部分又是异卵。

双生和多生在不同人种中的发生率是不同的：黑人高，白人次之，黄种人最低。发生频率可根据林海法则推算，即发生率为（1/89）^{n}，n是每产婴儿数减1。按此推算，3胞胎发生频率是（1/89）^{2}，约为1/8000，即8000次生育中有一个3胞胎，6胞胎的发生频率是（1/89）^{5}，约为56亿分之一。

同卵双胎时如果在怀孕早期发育过程当中，受精卵没有完全分离，或者是分离不全则会出现连体现象，一般在临床上很少见。连体儿多见于头部、胸部、腹部等连体方式。连体儿属于畸形的一种，与染色体异常、环境因素、接触有害物质等有一定的关系。一旦发现连体儿，应该尽早终止妊娠，以免损伤母体。

流产和避孕

胚胎或胎儿尚未具有生存能力而妊娠终止，称为流产（abortion）。流产发生于妊娠12周前称早期流产，发生在妊娠12周至不足28周称晚期流产。

流产又可分为自然流产和人工流产，自然流产的发病率占全部妊娠的15%左右，多数为早期流产。自发流产（spontaneous abortion）是指在胚胎发育过程中，由某种内部或外部的原因引起妊娠自行终止的现象。导致自然流产的原因很多，可分为胚胎因素和母亲因素。早期流产常见的原因是胚胎染色体异常、孕妇内分泌异常、生殖器官畸形、生殖道感染、生殖道局部或全身免疫异常等；而晚期流产多由宫颈功能不全、母儿血型不合等因素引起。人工流产（induced abortion）

是指用人工或药物方法终止妊娠。人工流产可用来作为避孕失败意外妊娠的补救措施，也可用于因疾病不宜继续妊娠、为预防先天性畸形或遗传性疾病而需终止妊娠者。人工流产可采用手术流产和药物流产两种方法。

性交过程中避免女性受孕的措施和行为统称为避孕（contraception）。避孕主要通过控制生殖过程中的三个环节实现的，即抑制精子与卵子产生；阻止精子与卵子结合；使子宫环境不利于精子获能、生存，或者不适宜受精卵着床和发育。

常见的避孕方法有：输卵管结扎、输精管结扎、宫内节育器、口服避孕药、安全套、安全期避孕法、体外排精、手术避孕法等。避孕的意义不只在于实现计划生育，合理应用避孕技术还能阻隔疾病的性传播。

人的生命周期

人体的生长和发育包括从受精卵开始到形态和功能上完全成熟的成人的全过程。生长（growth）指身体各部位及全身大小、长短及重量的增加和身体化学组成成分增长的变化。发育（development）指身体各组织、器官、系统的功能分化和不断完善，以及心理、智力和体力的发展。生长是发育的物质基础，而发育成熟状况又反映在生长的量的变化。

6.6.1　人体的生长发育规律

人体的生长发育是一个连续的、有阶段性的过程，但并非等速进行，具有阶段性。一般体格生长，年龄越小，增长越快，出生后6个月内生长最快，一周岁以后基本稳步成长，到了青春期又迅速的成长。第一年为出生后第一个生长高峰，青春期为第二个生长高峰。

各系统器官生长发育不平衡，各系统的发育快慢不同。如神经系统发育较早，脑在出生后两年内发育较快，七到八岁脑的重量已接近成人；生殖系统发育较晚，淋巴系统则先快而后回缩，皮下脂肪发育年幼时较发达，肌肉组织的发育到学龄期才加速。人体各部位的生长速度不同，所以在整个生长发育过程中身体各部位的增长幅度也不一样，一般头颅增长一倍，躯干增长两倍，上肢增长三倍，下肢增长四倍。

生长发育具有个体差异性。生长发育在一定的范围受先天性和后天性各种因素影响而存在较大的个体差异。这种差异不仅表现在生长发育的水平方面，而且反映在生长发育的速度、达到成熟的时间等方面。每个人生长发育的轨迹不会完全相同，即使一对同卵双生子之间也存在着微小的差别。

生长发育有一定的规律顺序性。一般遵循由上到下、由近到远、由粗到细、由低级到高级、由简单到复杂的顺序规律。如胎儿形态发育首先是头部，然后是躯干，最后为四肢。出生后运动发育的顺序是先抬头后抬胸再会坐、立、行（从上到下）；从手臂到手，从腿到脚的活动（由近及远）；从全手掌抓握到手指抓握（由粗到细）；先画直线后画圈、图形（由简单到复杂）；先会看、听、感知事物和认识事物，发展到有记忆、思维、分析和判断（由低级到高级）。

人的生长发育受内因和外因双方面的影响。① 内因主要包括遗传、性别和内分泌。生长发育的特征、潜力及趋向等都受到父母遗传因素的影响，如家族存在生长发育延迟的现象，就可能会影响下一代生长发育过程，导致孩子出现生长发育比较晚的现象。男孩、女孩生长发育各有其规律与特点，故在评价小儿生长发育时分别按男、女孩标准进行。内分泌影响生长发育，其中以生长激素、甲状腺素和性激素较为重要，若缺乏生长激素便会导致身材矮小。② 外因主要有孕母影响、营养、疾病和生活环境。胎儿在宫内的发育受孕母的生活环境、营养、情绪和疾病等各种因素的影响。生长发育必须有完善的营养供给，充足和调配合理的营养可以使生长潜力得到最好发挥，但不可以过于补充，这样容易导致营养过剩。疾病对生长发育的干扰作用十分明显，急性感染常使体重减轻；长期慢性疾病则影响体重和身高的发育；内分泌疾病常引起骨骼生长和神经系统发育迟缓；先天性疾病对生长发育的影响更为明显。良好的居住环境及健康的生活习惯和科学的护理、正确的教养和体育锻炼、完善的医疗保健服务等都是保证人体生长发育达到最佳状况的重要因素。

6.6.2 人的生命周期

人的生命周期（life cycle）可分为两个维度：一是年龄维度，胚胎期、婴儿期、儿童期、青春期、青年期、中年期和老年期。二是能力维度，身心健康能力、学习教育能力、文化文明能力、就业创业能力和社会保障能力等。本节主要介绍人的年龄维度，不同时期的年龄划分随着社会的发展会有所不同。

（1）胚胎期

胚胎期指分娩前的时期，可分为三个阶段。

第一阶段是前三个月，胎儿发育的关键时期，细胞分裂成一个完整、有形，但尚未成熟的人。第一个月胎儿的面部、眼睛、嘴巴、内耳、消化系统、手和脚开始发育，心脏亦开始跳动，胎儿长约半厘米；第二个月胎儿面部、肘、膝部、手指及脚趾开始成形，骨骼开始强健，胎儿有轻微动作，长约3厘米，重约1克；第三个月胎儿牙齿、嘴唇和生殖器开始发育，胎儿约7厘米，重约28克。

第二阶段指中三个月，胎儿生长迅速，每月大约增长5厘米，最终达到有面部表情，会吞咽，有听觉，会踢脚。第四个月胎儿头发、眼眉、睫毛、指甲、脚甲开始生长，声带及味蕾亦已长成，胎儿长约18厘米，重约113克；第五个月胎儿长出头发，会吮吸拇指，身体各部分的器官逐渐成长，胎儿长约25厘米，重约224～500克；第六个月胎儿可以开闭眼睛，听到母体内的声音，手印和脚印亦已形成，长约29～35厘米，重约560～680克。

第三阶段指妊娠后面的时期，胎儿生长迅速，出生时平均重达3～4千克。第七个月胎儿皮肤呈红色，略带褶皱，体重较上月增长一倍，重约1.2～1.3千克，长约35～42厘米；第八个月胎儿骨骼更加强健，可以听到母体外的声音，长约42～46厘米，重约2～2.7千克；第九个月至出生，胎儿发育达到完成阶段，皮肤变为软滑，位置下移至下腹部，并且转身，准备诞生，长约50～55厘米，重约2.7～3.2千克。

（2）婴儿期

婴儿期指1～3岁。婴儿期生长发育旺盛；四肢的生长比躯干的生长迅速；脑生长关键时期，脑细胞数目持续迅速增长；发育按照从头开始往下发展（头尾顺序），从身体的中央到四肢，从一般部位到特殊部位的方式进行。婴儿期具备生存所必需的反射，包括咳嗽、打哈欠、寻根反射（寻找乳头）、吮吸、惊跳反射等。

（3）儿童期

儿童期指3～12岁。儿童期身体发育模式与婴儿期大致相同；独立性、行为的复杂性和协调性、语言和社会能力得到发展；学习占据重要位置，许多天赋才能开始表现出来。

（4）青春期

青春期指12～18岁。青春期是以性成熟为主的一系列生理、生化、内分泌及心理、行为的突变阶段。青春期的个体正处在“第二次生长发育高峰”，不仅身高、体重、肩宽和骨盆宽等有了明显的变化，而且神经、心血管、呼吸等系统的生理功能也日趋完善。男女两性的性器官和性机能都迅速成熟，出现第二性征。一般地说，女性比男性青春期开始得早，结束得也早。青春期的起始年龄、发育速度和程度及成熟时间，均有很大的个体差异。

（5）青年期

青年期指18～35岁。青年期为人生的最活跃期，生长速度变慢，身体的组织器官发育完善、成熟，各方面功能总的趋势是积极上升的。

（6）中年期

中年期指35～60岁。中年期骨骼密度变小，脊柱逐渐压缩，导致身体逐渐变矮；多个器官系统的功能随着年龄增长而降低，体力和热量消耗降低；生殖器官的功能减退。妇女在45岁之后开始出现停经。

（7）老年期

老年期指60岁以上。老年期能量消耗量减少，代谢率降低；肺、心脏和肾脏的功能减退；肌肉重量变轻，脊柱变得较直而硬，股骨头改变方向，与髋骨的连接更接近直角；听觉、视觉、触觉减退，平衡和协调能力减退。

参考文献

楚德昌，张海，2019. 人体解剖生理学[M]. 北京：化学工业出版社.

高英茂，2010. 组织学与胚胎学[M]. 北京：高等教育出版社.

柯丰年，王向东，郑晓波，等，2015. 人体解剖学与组织胚胎学[M]. 北京：科学出版社.

王一飞，2005. 人类生殖生物学[M]. 上海：上海科学技术文献出版社.

吴建清，徐冶，2018. 人体解剖学与组织胚胎学[M]. 8版. 北京：人民卫生出版社.

徐晨，2009. 组织学与胚胎学[M]. 北京：高等教育出版社.

周美娟，段相林，1999. 人体组织学与解剖学[M]. 3版. 北京：高等教育出版社.

朱宝长，侯义龙，郭晓农，2021. 普通生物学[M]. 武汉：华中科技大学出版社.

Ken Ashwell，2020. 人体大百科 结构与功能图谱[M]. 马超，主译. 南京：江苏凤凰科学技术出版社.

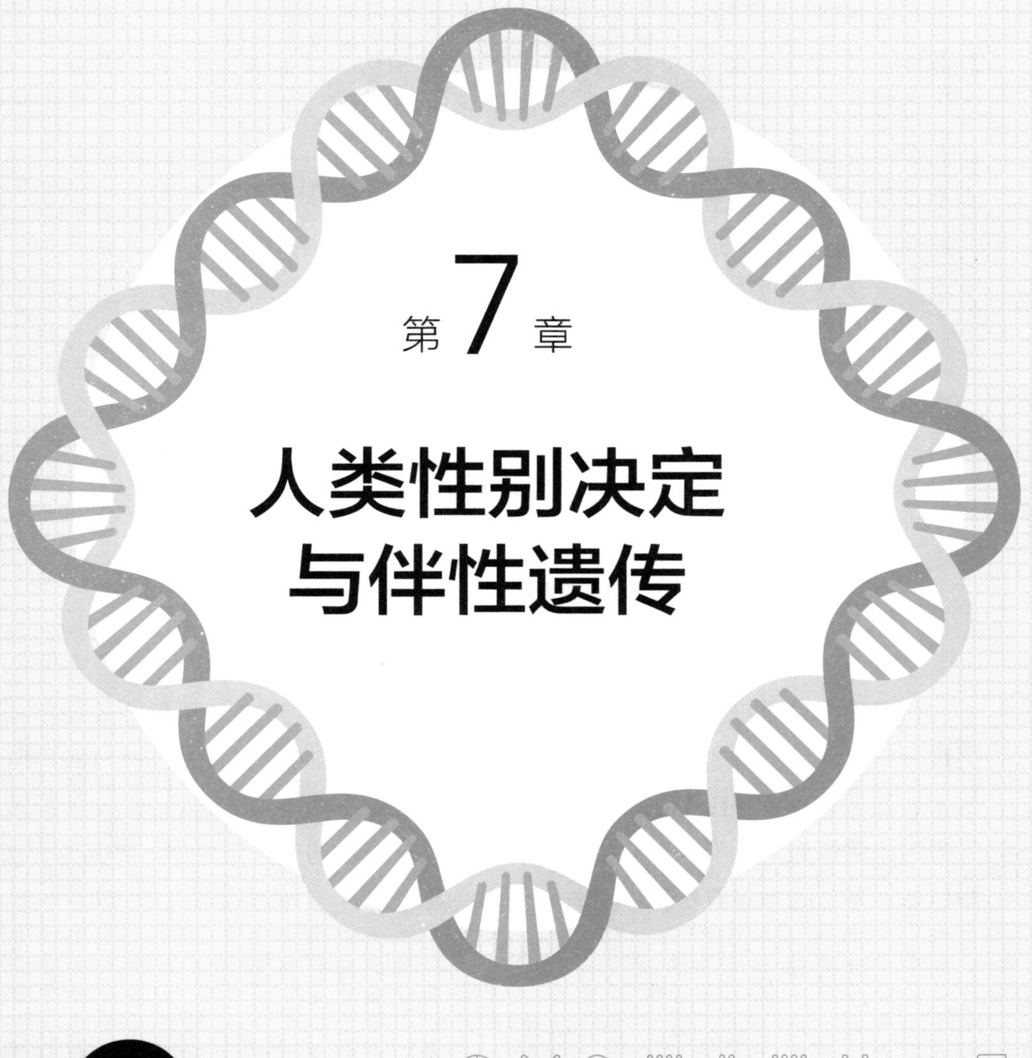

第7章 人类性别决定与伴性遗传

本章知识点

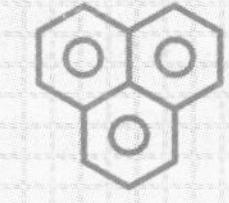

★ 性染色体与性别决定

★ 激素和环境条件对性别分化的影响

★ 伴性遗传

★ 从性遗传和限性遗传

★ 性比值

动物的性别形成是一个复杂的过程，从受精开始，经胚胎发育到性成熟，受到遗传物质和内外因素的多重影响。高等动物的性别发育主要涉及两个步骤：性别决定和性别分化。性别决定（sex determination）是指细胞内遗传物质对性别的作用，受精卵的染色体组成是决定性别的主要物质基础，在受精卵受精的瞬间确定的，决定着性腺的形成。性别分化（sex differentiation）是在性别决定的基础上，经过与一定内外环境的相互作用，才发育为一定的性别，表现出内外生殖器官及第二性征的表型特征。两个步骤中的任何一个环节出现问题均会导致性别的异常。不同生物性别发育的机制不同，但都与基因调控有着密切的关系。

7.1 性染色体与性别决定

在自然条件下，两性生物的雌雄个体比例大多为1∶1，是典型的孟德尔测交比例，这意味着性别和其他性状的遗传一样，是由遗传物质决定的。1891年，德国细胞学家亨金（H. V. Henking）在半翅目昆虫蝽（*Pyrrhocoris apterus*）减数分裂的雄性细胞中发现含有11对染色体和一条不配对的单条染色体，将其称为X染色体。亨金的发现首次将性别与染色体联系起来。

7.1.1 性染色体与常染色体

1902年美国的细胞学家麦克朗（C. E. McClung）在观察中发现，男性体细胞中有一对染色体的形态结构与别的染色体不一样，其他成对的染色体形态大小都差不多，而这一对染色体差别很大，他把这对染色体称为性染色体。1905年，美国的细胞学家威尔逊（E. B. Wilson）和斯特蒂文特（A. H. Sturtevant）把这对性染色体分别称为X染色体和Y染色体；而女性的两个性染色体是一样的，都是X染色体。

人的体细胞中有23对（$2n$=46）染色体，其中有1对与性别决定有着直接的关系，称为性染色体（sex chromosome）。性染色体在女性中为同型的XX，而在男性中为异型的XY，X和Y染色体在大小、形态和功能上存在明显的差异。

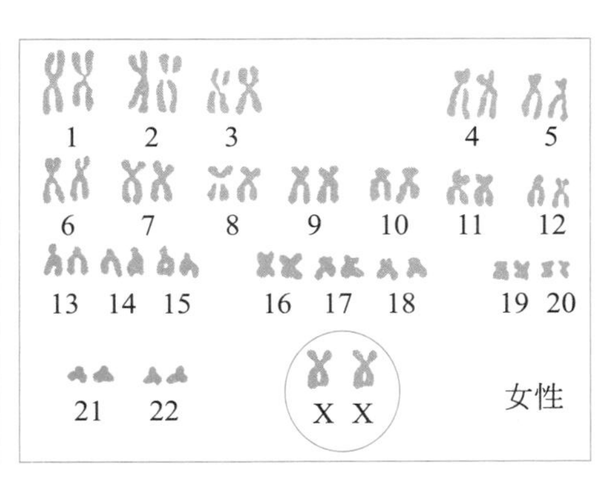

图7.1 人类的染色体

（图片修改自Eldon等，2004）

体细胞中另外的22对染色体统称为常染色体（autosome），成对的两条染色体在大小、形态和功能上基本相同（图7.1）。

从进化的角度上看，性染色体是由常染色体分化而来的。随着分化程度的不断加深，Y染色体逐步缩短，直至在某些物种中消失（例如蝗虫、蟋蟀等）。人类Y染色体只有X染色体的1/5左右，与X染色体的同源配对区段很短。X染色体上的许多基因，在Y染色体上没有相应的等位基因（图7.2）。

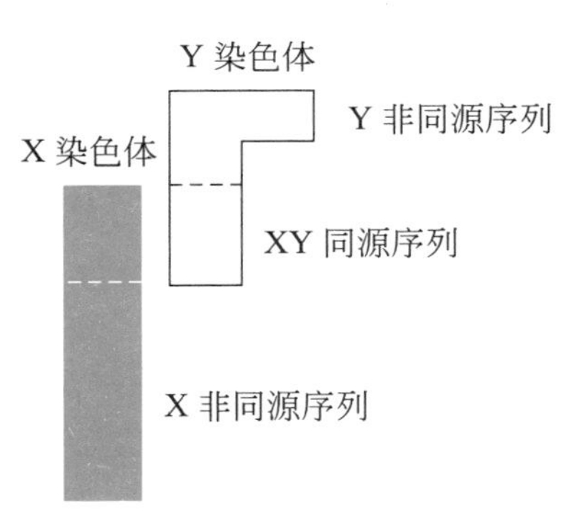

图7.2 人类X和Y染色体的同源和非同源序列

显然，人类性别决定是由精子中带有X染色体还是Y染色体决定的，但两者在性别决定中所起的作用并不相同。一般在个体中只要有Y染色体存在，无论有多少条X染色体，个体表型都为男性。这是因为在Y染色体短臂末端有一个性别决定区，即*SRY*基因（sex-determining region of Y-chromosome），该基因决定胚胎生殖腺原基向睾丸分化，而睾丸产生雄性激素，决定了男性表型。如果由于某些原因，*SRY*基因易位到X染色体上，即使基因型为XX，个体仍表现出男性表型。但要注意，*SRY*基因并不是唯一的性别决定基因，而是在*SRY*的主导下，多基因参与的有序协调表达过程。

7.1.2 性染色体决定性别的方式

多数雌雄异体或异株的动植物，雌雄个体的染色体组成不同，它们的性别主要是由性染色体的差异决定的。动物的性染色体决定性别的方式主要有XY型和ZW型。

（1）XY型性别决定

XY型性别决定中雌性个体为同配性别，性染色体构成为XX，减数分裂时产生带有X染色体的卵子；雄性个体为异配性别，性染色体构成为XY，减数分裂时分别产生带有X染色体和Y染色体的两种精子。绝大多数昆虫类、软体动物、环节动物、多足类、蜘蛛类、硬骨鱼类、两栖类、哺乳类等均属于此类。

在蟋蟀、蟑螂、蝗虫等部分昆虫中，Y染色体已经消失，雌性个体的性染色体为XX，雄性个体的性染色体为XO（仅含有一条X染色体）。这类性别决定类型称为XO型。

（2）ZW型性别决定

鸟类、鳞翅目昆虫蛾类和蝶类、部分两栖类和爬行类等动物属于ZW型性别决定。此类性别决定中雌性为异配性别，雄性为同配性别，性染色体构成分别为ZW和ZZ。

在极少数昆虫中，也存在与Y染色体相似的现象，W染色体消失，雌性个体染色体构成为ZO，而雄性个体仍然为ZZ。

无论是上述哪种决定类型，异配性别（XY和ZW）产生两种同比例配子，同配性别（XX和ZZ）产生一种配子。精子和卵子随机结合，形成同配和异配后代的概率相等，因此动物群体中雌雄性比总是趋于1 ∶ 1（图7.3）。

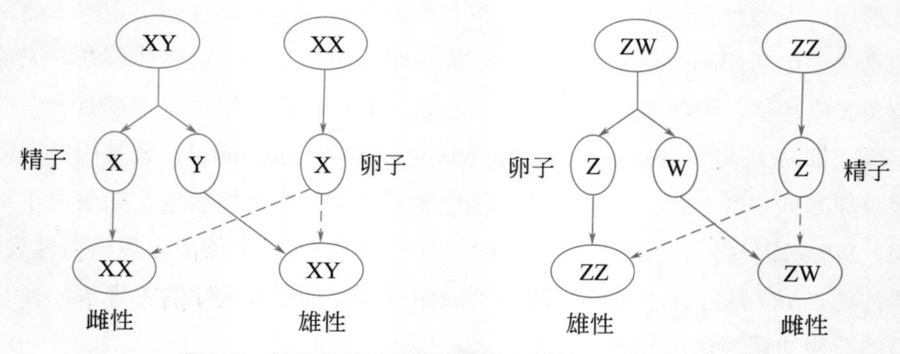

图7.3　性染色体决定性别理论对性比1 ∶ 1的解析

特别需要注意的是，性染色体决定性别理论并不适用于所有的动物，一些低等动物中并不存在真正的性染色体，它们的性别发育方式更为多样化。

激素和环境条件对性别分化的影响

动物的性别发育包括性别决定和性别分化两个步骤。性别决定是由遗传物质决定的，是性别分化的基础；性别分化是性别决定的必然发展和体现，与内外环境条件密切相关。当环境条件符合正常性别分化的要求时，就按照遗传物质规定的方向发育成正常的雌性或雄性个体；如果不符合正常性别分化的要求，则偏离遗传物质指定的性别方向。

7.2.1 激素对性别分化的影响

人类女性假两性畸形是激素对性别分化影响的典型结果。女性假两性畸形是指患者具有女性性腺（卵巢），染色体核型为46，XX，但外生殖器出现部分男性化特征。男性化特征程度取决于胚胎暴露于高雄激素的时期早晚和雄激素的数量。雄激素高值的原因可能是胎儿先天性肾上腺皮质增生，使雄性激素分泌过多；也可能是孕妇在妊娠早期服用具有雄激素作用的药物所致。前者是一种常染色体隐性遗传性疾病，后期可通过药物治疗。

激素对性别分化的影响在其他动物中也存在。海生蠕虫后螠（*Bonellia viridis*）是一种海生的无脊椎动物，雌后螠体大，体形如同一个细颈花瓶，前端有一个呈八字形的可伸缩的吻部。雄后螠体极小，体内各种器官十分退化，唯有生殖器官特别发达，寄生在雌体的子宫内。幼虫在海水中自由游动时为中间性别，没有雌、雄之分。如果幼虫落到海底，就发育为雌虫；如果幼虫落在雌后螠的长吻上，进入子宫内就发育成雄虫。由此可见，雌虫口吻上有一种激素类物质，能够影响幼虫的性别分化。

“自由马丁牛”是激素对性别分化影响的典型例子。异性双胎的牛中，雄性胎儿优先发育，睾丸产生的雄性激素通过绒毛膜血管流入雌性胎儿，干扰雌性胎儿性腺分化，使生出的牛犊虽然外生殖器像正常雌牛，但性腺像睾丸，成为中间性别，失去生育能力。“自由马丁”现象在其他物种中也被发现过，后来用“自由马丁”表示异性双生子中雌性不育的现象。

7.2.2 环境条件对性别分化的影响

温度、营养等外界条件对人类性别分化的影响较少，但有些动物的性别分化却与其密切相关。

膜翅目昆虫中的蚂蚁、蜜蜂、黄蜂和小蜂等，性别与染色体倍数以及营养条件有关。蜜蜂是我们熟悉的昆虫，蜂王（$2n$=32）与雄蜂（n=16）交配后，雄蜂死亡，而蜂王可获得供其一生需要的精子。蜂王所产的卵中，部分未受精的卵（n）发育成雄蜂，而受精卵（$2n$）可发育成能育的蜂王也可发育成不育的工蜂，这主要靠营养（蜂王浆）的影响。受精卵发育成的幼虫食用2～3天的蜂王浆，再正常饲喂，则经21天发育成生殖系统萎缩，形体较小的工蜂。若幼虫食用5天蜂王浆，经16天发育成蜂王。

蛙和某些爬行类动物的性别分化受环境温度的影响。蛙的蝌蚪如果在20℃下发育，则形成雌雄各半的幼蛙群体；如果在30℃下发育，则全部发育成雄蛙。鳄鱼卵在31℃下全部发育成雌性，在33℃下孵化成雄性，在两个温度之间则孵化的幼体雌雄各半。

伴性遗传

遗传学分离定律、自由组合定律和连锁互换定律所研究的基因都位于常染色体上，其后代表现出来的显性性状或隐性性状与性别无关。性染色体上基因所控制的性状遗传方式与常染色体不同，与性别有密切联系，称为伴性遗传（sex-linked inheritance）。由于X染色体和Y染色体的同源部分较短，互为等位的基因很少，绝大多数X染色体上的基因在Y染色体上没有等位基因（称为半合基因），导致性染色体上基因决定的性状在雌雄个体中表现的程度不同。

7.3.1 伴X连锁隐性遗传

X染色体上的隐性基因的遗传方式称为伴X连锁隐性遗传（X-linked recessive inheritance，XR）。红绿色盲、A型或B型血友病、假肥大性肌营养不良、葡萄糖-6-磷酸脱氢酶缺乏症等是人类典型的伴X连锁隐性遗传疾病。

红绿色盲表现为对红绿色的辨别力降低，致病基因b位于X染色体长臂上。基因型X^bY、X^bX^b为患者，X^BX^b的表型正常但为基因携带者，X^BX^B、X^BY完全正常。18世纪英国著名的化学家兼物理学家约翰·道尔顿（John Dalton）是色盲病的第一个发现者，也是第一个被发现的色盲病人。我国男性发病率约为7%，而女性患者近于0.5%，这是由男性Y染色体上没有致病基因的等位基因造成的。

当女性携带者X^BX^b与正常男性X^BY结婚，女儿均表型正常，但有一半是携带者（X^BX^b）；儿子中正常和患者各占一半（图7.4）。

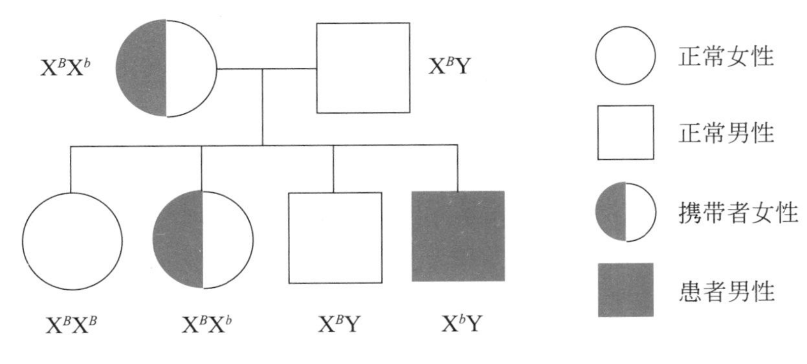

图7.4 人类红绿色盲遗传模式

7.3.2 伴X连锁显性遗传

X染色体上的显性基因的遗传方式称为伴X连锁显性遗传（X-linked dominant inheritance，XD）。抗维生素D佝偻病、遗传性肾炎、钟摆性眼球震颤、牙釉质发育不良等是人类典型的伴X连锁显性遗传疾病。

抗维生素D佝偻病是由肾小管对磷酸盐再吸收障碍而导致尿磷增多，血磷下降，对磷钙的吸收不良而影响骨质钙化和骨骼发育，引起佝偻病，O型腿或X型腿。基因型X^bY、X^bX^b完全正常，X^BX^b、X^BX^B和X^BY均患病。

当抗维生素D佝偻病基因杂合女性X^BX^b与正常男性X^bY结婚，男女中正常和患者比例各占一半（图7.5）。

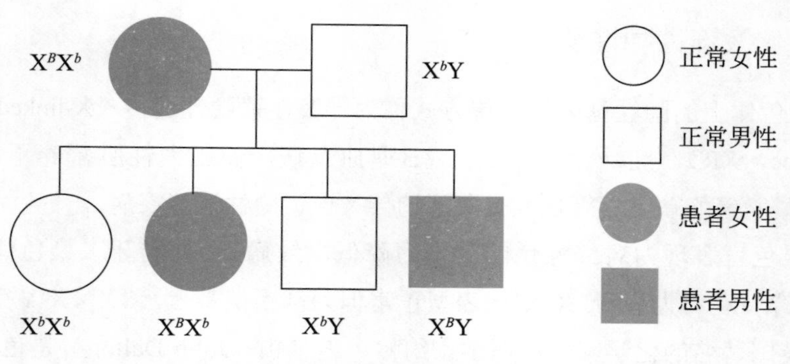

图7.5　人类抗维生素D佝偻病遗传模式

7.3.3　伴Y连锁遗传

控制性状的基因位于Y染色体上，随着Y染色体传递，父传子，子传孙，称为伴Y连锁遗传（Y-linked inheritance），也称为限雄遗传或全男性遗传。

Y连锁基因在系谱中很容易被检出，但由于Y染色体上基因数目很少，到目前为止发现仅10余种。外耳道多毛症、蹼趾症是典型的伴Y连锁遗传。

外耳道多毛症在印度人发现较多，高加利索人，澳大利亚原住民、日本人、尼日利亚人中也有少数发现。携带该基因的男性外耳道的毛最长可达20～30mm左右，容易阻塞外耳道，还有部分患者有络腮胡与之并存，家族中男性均表现症状（图7.6）。通常治疗只需到医院请耳科医生将过长的耳毛清除即可，不会对患者引起任何的不良后果。

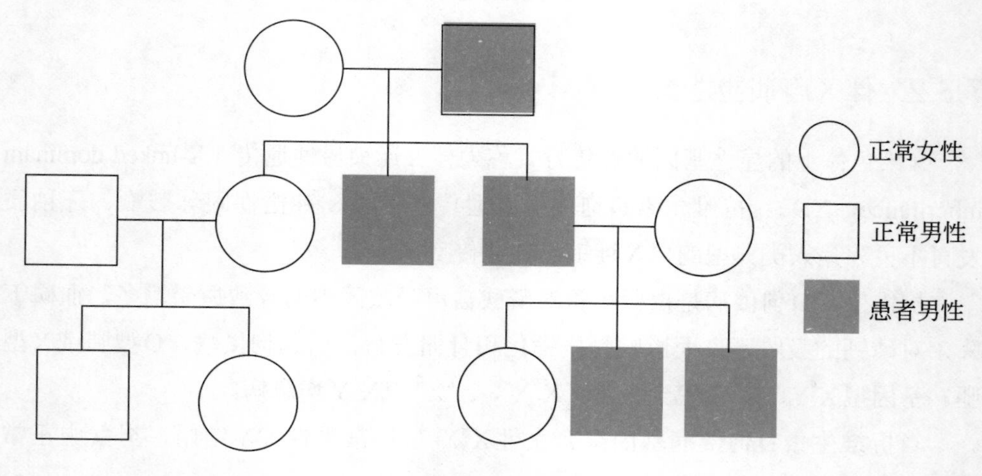

图7.6　外耳道多毛症系谱图

从性遗传和限性遗传

与性别相关的遗传都称为性相关遗传，包括伴性遗传、限性遗传和从性遗传，三者有区别也有联系。伴性遗传的基因位于性染色体上，关于其遗传规律在上一节中已经详细阐述。本节主要介绍从性遗传和限性遗传的遗传特点。

7.4.1 从性遗传

从性遗传（sex-controlled inheritance）也称为性影响遗传、性控遗传，指控制性状的基因位于常染色体上，由于内分泌等因素的影响，其性状只在一种性别中表现，或者在一种性别中为显性，另一性别中为隐性。

从性遗传的实质是常染色体上基因所控制的性状受到性染色体遗传背景和生理环境（内分泌等因素）的影响。属于从性遗传的人类遗传疾病有原发性血色病、遗传性斑秃等。

遗传性斑秃是一种以头顶为中心向周围扩展的进行性、弥漫性、对称性脱发，一般从35岁左右开始，男性显著多于女性。显性纯合子（BB）男女都表现早秃；男性杂合子（Bb）出现早秃，而女性杂合子（Bb）则不出现早秃；隐性纯合子（bb）男女均表现正常。

原发性血色病是一种常染色体隐性遗传病，本病是由铁质在各器官广泛沉积造成器官损害所致。但患者大多数为男性，原因主要是由女性月经、流产、妊娠等经常失血以致铁质丢失较多，减轻了铁质的沉积，故不易表现症状。

遗传性斑秃和原发性血色病表现为男性患者多于女性患者，有些从性遗传如甲状腺功能亢进症、色素失调症等表现为女性多于男性。

7.4.2 限性遗传

限性遗传（sex-limited inheritance）是指只在某一种性别中表现，而在另一种性别中完全不表现性状的遗传。

控制限性遗传性状的基因可以在常染色体上，意味着支配这些性状的基因在两种性别中都存在，但却只在一种性别中表现。如单睾、隐睾、前列腺癌等性状仅在男性中表现；泌乳力、子宫癌、女性阴道积水等性状只在女性中表现。

控制限性遗传性状的基因也可以在性染色体上。位于Y染色体（XY型）上基因所控制的遗传性状只局限在雄性个体上表现（限雄遗传），如人类外耳道多毛症、蹼趾症。在ZW型性别决定中，W染色体上的基因也具有类似的遗传特点，但为限雌遗传。

性比值

性比值（sex-ratio）是指整个群体中男子总数与女子总数的比值，也称为人口性别比。我们知道男性性染色体是XY，可形成含X染色体或含Y染色体的两种精子。在X精子与Y精子与卵子受精概率等同的情况下，男女性别比应接近1：1。然而事实并非如此，在不同年龄段，性比值有着一定的变化。

（1）第一性比

指受精时的男胎儿与女胎儿的比值，又称为原始性比值。原始性比值是无法直接调查的，但可以根据不同性别的胚胎死亡率结合第二性比反方向推算。第一性比估计为120：100（性比值的表达是以女性定位100来比较的），说明卵子受精时男胎儿比女胎儿要多。原因可能有以下几个方面：① 含Y染色体精子比含X染色体精子体积小，负担轻，运动较快，先到达卵子与其结合的机会多一些。② 含Y染色体精子比含X染色体精子对女性生殖道环境的适应能力更强，更易存活。③ 卵子表面可能更容易同携带Y染色体的精子，发生有选择性的受精。虽然这仅仅是推测，但是男性胎儿比女性胎儿多达20%却是肯定的事实。

（2）第二性比

指出生时的男婴儿与女婴儿的比值。研究者对流产与胎儿死亡的性比值做了全面的分析统计，发现不论在妊娠期的哪一个月份，流产与死胎中男胎儿均多于女胎儿。这意味着第二性比要比第一性比低很多，统计分析大约为103：100～105：100。

（3）第三性比

成年时男女数目比值叫第三性比值。从出生后算起的每一个年龄段男性的死亡率都高于女性，这样到成年时性比值基本接近100：100。但随着年龄的增长，性比值持续下降，男性总数显著少于女性总数，在85岁以后人口中，男性总数约为女性总数的一半。越是高龄人群，男性比例越少。男性死亡率高于女性，除了生理因素和遗传因素外，传统习俗影响、重大战争、环境因素、生活习惯等都可能是影响原因。

但要注意，性比值是对一个大群体而言，若就一个家庭、一个家族甚至于某一个县市来讲，性比值可能偏离正常值很远。随着医疗卫生事业的发展，良好的生活条件以及计划生育政策调整等各方面的影响，我国近几年来第二性比和第三性比都发生一定的变异。性比值的失调，会造成严重的社会问题和个人问题。

参考文献

干建平，1996. 性比值[J]. 生物学通报，32（10）：23-24.
黄伟林，2015. 浅谈动物的性别决定方式[J]. 生物学教学，40（4）：63-64.
李再云，杨业华，2017. 遗传学[M]. 3版. 北京：高等教育出版社.
林欣娅，胡雪峰，2019. 动物的性别决定[J]. 生物学通报，54（12）：4-6.
刘祖洞，乔守怡，吴燕华，等，2013. 遗传学[M]. 3版. 北京：高等教育出版社.
彭英，1983. 性别决定[J]. 生物学通报，（2）：24-26.
钱晨，蔡薇，2008. 人类性别决定的研究现状[J]. 现代预防医学，35（20）：4007-4009.
田海峰，孟彦，胡乔木，等，2014. 两栖动物的性别决定研究新进展[J]. 四川动物，33（5）：772-777.
王正询，2003. 简明人类遗传学[M]. 北京：高等教育出版社.
张宝友，张海霞，2016. 关于从性遗传的问题[J]. 中学生物教学，12：70-71.
张勇，陈淳，顾建新，等，2001. 哺乳动物性别决定的研究进展[J]. 21（3）：26-32.
Eldon D E，Frederick C R，2004. 生物学原理[M]. 10版. 北京：科学出版社.

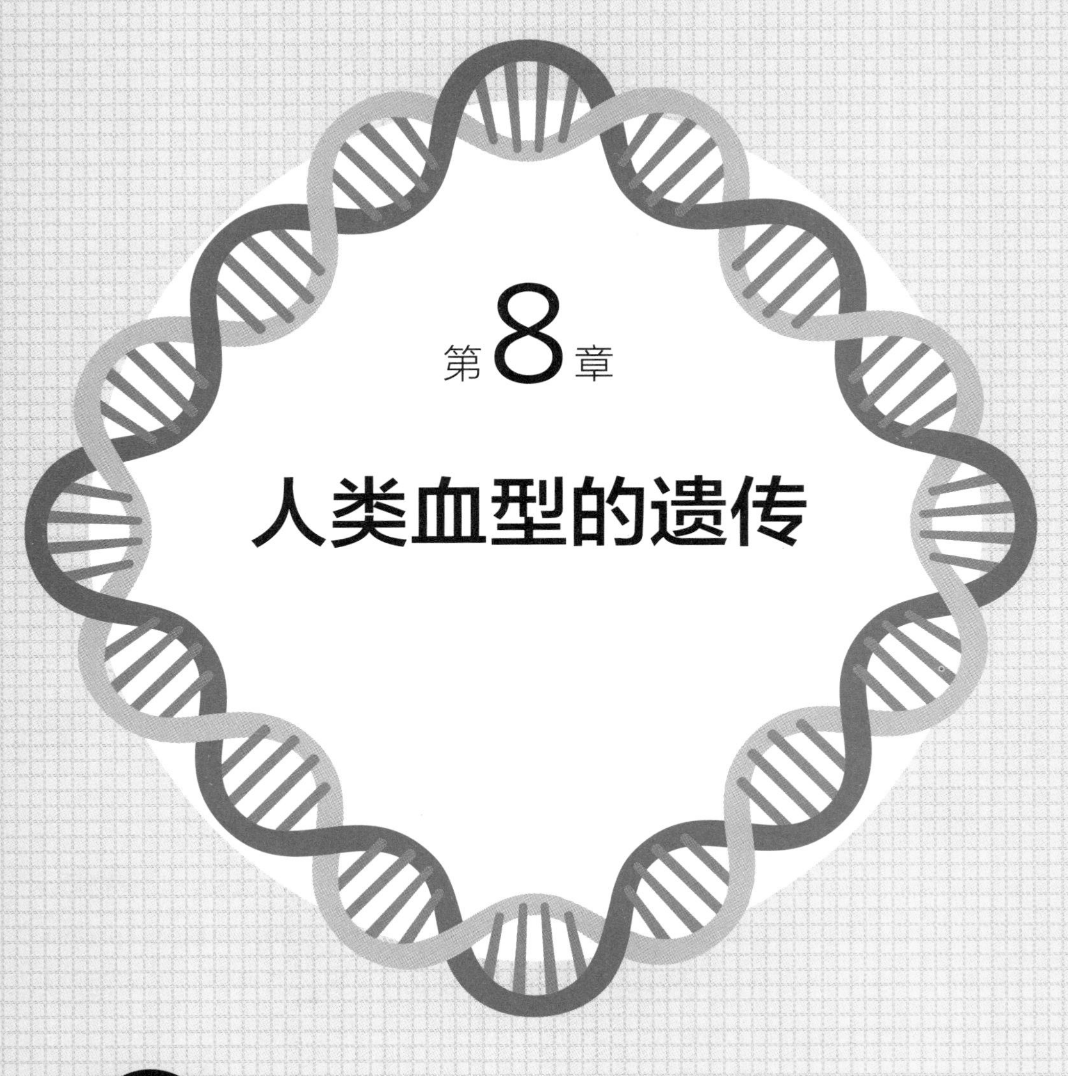

第8章 人类血型的遗传

本章知识点

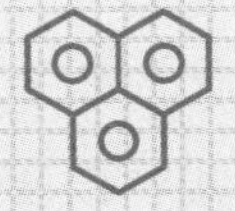

★ 人类的血液组成

★ ABO 血型系统的遗传

★ Rh 血型系统的遗传

★ 其他血型系统的遗传

血型（blood group；blood type）是以血液抗原形式表现出来的一种遗传性状，即血液中各成分的抗原在个体间的差异。抗原差异可表现在红细胞、白细胞、血小板和血清蛋白等多种成分上，根据抗原的不同，血型可分成不同的系统。目前发现的人类血型系统有30多个，如根据红细胞抗原差异至少有ABO血型系统、Auberger血型系统、Bg血型系统、MN血型系统、Rh血型系统、Xg血型系统、Lewis血型系统、P血型系统等26个以上的系统。但ABO血型系统和Rh血型系统的临床意义最为重要。

在鉴定人的血型时，一般是用特异性的人抗血清进行凝集反应。每一个血型系统都是独立遗传的，控制不同血型系统的遗传基因可以在不同的染色体上，也可以在同一条染色体上。

人类的血液组成

血液（blood）是一种红色的液体组织，在心血管内循环流动，起着物质运输、缓冲、维持内环境稳定等多种作用。血液由55%～60%的血浆（plasma）和40%～45%的血细胞（blood cell）组成（图8.1）。离体后血液自然凝固，分离的淡黄色透明液体称为血清（serum）。

血浆是血液的液体部分，包括90%左右水和溶解于其中的多种电解质、小分子有机化合物和一些气体，主要作用是运载血细胞，运输维持人体生命活动所需的物质和体内产生的废物等。血浆中含有多种蛋白质，可分为白蛋白、球蛋白和纤维蛋白三大类。血浆蛋白可形成血浆胶体渗透压，保持部分水于血管中；作为载体运输脂质、离子、维生素、代谢废物以及一些异物等低分子物质；参与血液凝固、抗凝等生理过程；抵御病原微生物的入侵；营养功能。无机盐约占血浆总量的0.9%，主要以离子状态存在。正离子以Na^+为主，还有K^+、Ca^{2+}、Mg^{2+}等；负离子主要是Cl^-、HCO^-等。无机盐的主要功能是维持血浆渗透压、维持酸

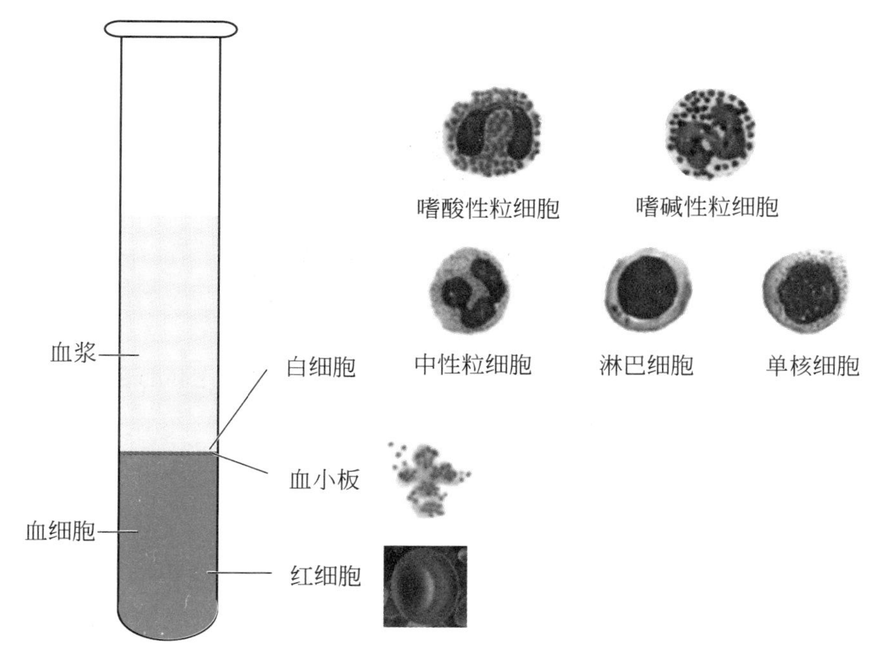

图8.1　人类的血液组成（附彩图）

碱平衡和神经肌肉的正常兴奋性等。血浆和血清的区别在于：血浆中不含游离的 Ca^{2+}；血清中没有纤维蛋白原，少了部分凝血因子，但多了很多的凝血产物；血清是含有特异性免疫抗体（如抗毒素或凝集素）的免疫血清（抗生素血清）。

红细胞（red blood cell）是血液中数量最多的血细胞，约占血细胞总数的99%。我国男性红细胞的数量为（4.0 ～ 5.5）$\times10^{12}$/L，女性为（3.5 ～ 5.0）$\times10^{12}$/L。成熟红细胞呈双凹的圆碟形，无核，内含血红蛋白，因此使血液呈红色，其主要功能是运输氧气和二氧化碳。

白细胞（white blood cell）是血液中数量最少的血细胞，一般呈球形，无色、有核。白细胞可分为中性粒细胞、嗜酸性粒细胞、嗜碱性粒细胞、单核细胞和淋巴细胞。正常成年人血液中白细胞数约为（4.0 ～ 10.0）$\times10^{9}$/L，数量男女无明显差异。白细胞参与机体的防御功能，帮助人体抵御细菌、病毒和其他异物的侵袭，是保护人体健康的卫士。

血小板（platelet）体积小，无细胞核，呈双面微凸的圆盘状。正常成年人血液中血小板数量为（100 ～ 300）$\times10^{9}$/L。当人体出血时，血小板可发挥凝血和止血的作用。

ABO血型系统的遗传

ABO血型系统是1900年由奥地利医学家兰德斯坦纳（Landsteiner）发现并确定的，是人类发现的第一个血型系统。

8.2.1　ABO血型的种类

ABO血型根据红细胞表面上存在的两种抗原即凝集原A和凝集原B的情况分为A型血、B型血、AB型血和O型血四种类型。凝集原是红细胞膜上特定的糖蛋白，A和B凝集原的主要结构相似，唯一不同是抗原分子（即糖蛋白）糖链末端的分支糖分子不同，分别为*N*-乙酰半乳糖胺和半乳糖。

红细胞膜上只有凝集原A的为A型血，其血清中有抗B凝集素；红细胞膜上只有凝集原B的为B型血，其血清中有抗A凝集素；红细胞膜上凝集原A和B都有的为AB型血，其血清中没有凝集素；红细胞膜上凝集原A和B都没有的为O型血，其血清中抗A和抗B凝集素都有。实际上O型血的红细胞膜上也有糖蛋白，称为H抗原或O抗原，只是不含有A和B抗原特有的糖链末端分支糖分子，抗原性很弱，不容易诱发免疫识别和排斥反应。

从目前人群分布上来看，O型血的人最多，A型血和B型血次之，AB型血最少。人类最早的血型是O型，然后才出现了A型，之后是B型，最后是AB型。从O型血到AB型血之间经历了上百万年之久。

ABO血型属于质量性状，完全符合孟德尔式遗传规律，由位于9号染色体上的I^A、I^B和i三个复等位基因控制。I^A和I^B是等显性的显性基因，i是隐性基因，每个人最多只能占有其中的两种。三个等位基因构成了六种基因型和四种血型（表8.1）。

由于ABO血型完全符合孟德尔遗传规律，可以根据父母的血型推测子女的血型（表8.2）。这在法医学的鉴定和临床实践上具有十分重要的意义。

表8.1 ABO血型系统的血型与基因型

血型	A型	B型	AB型	O型
红细胞表面凝集原	A凝集原	B凝集原	A凝集原 B凝集原	无凝集原
血清中凝集素	抗B凝集素	抗A凝集素	无凝集素	抗A凝集素 抗B凝集素
基因型	I^AI^A或I^Ai	I^BI^B或I^Bi	I^AI^B	ii

表8.2 父母与子女ABO血型之间的关系

父母血型的配合	子女可能的血型	父母血型的配合	子女可能的血型
A×A （I^AI^A或I^Ai）×（I^AI^A或I^Ai）	A、O	O×O （ii×ii）	O
A×B （I^AI^A或I^Ai）×（I^BI^B或I^Bi）	O、A、B、AB	B×O （I^BI^B或I^Bi）×（ii）	B、O
A×O （I^AI^A或I^Ai）×（ii）	A、O	B×AB （I^BI^B或I^Bi）×（I^AI^B）	A、B、AB
A×AB （I^AI^A或I^Ai）×（I^AI^B）	A、B、AB	AB×O （I^AI^B×ii）	A、B
B×B （I^BI^B或I^Bi）×（I^BI^B或I^Bi）	B、O	AB×AB （I^AI^B×I^AI^B）	A、B、AB

8.2.2 ABO血型系统输血的原则

对应的凝集原与凝集素（如A凝集原与抗A凝集素、B凝集原与抗B凝集素）相遇时，红细胞会发生凝集反应，最终红细胞溶血，这是一种危及生命的输血反应。因此，临床上同型输血是首选的输血原则。若在无法得到同型血液的特殊情况下，不同血型的互相输血，要遵守一个原则：供血者红细胞不被受血者血清凝集，即考虑献血者的红细胞上的凝集原与受血者的血清中的凝集素是否发生凝集反应（表8.3）；而且输血量要少，速度要慢。根据这一原则，O型血只能少量输给其他ABO血型者。

O型血曾被称为“万能献血者”，认为他们的血液可以输给任何ABO血型的人，其实这种说法是不可取的。因为O型血的血浆中存在有抗A凝集素和抗B凝集素，这些抗体可与其他血型受血者血液中的红细胞发生凝集。当输入血量较大

表8.3 ABO血型系统不同血型间输血反应

受血者血型	献血者血型			
	A型	B型	AB型	O型
A型	+	–	–	+
B型	–	+	–	+
AB型	+	+	+	+
O型	–	–	–	+

注：+，表示可以输血；–，表示不可以输血。

时，供血者血浆中的抗体不能被受血者的血浆足够稀释时，受血者的红细胞就会被广泛凝集。此外，将AB型血的人称为“万能受血者”，基于同样的理由和原因，这样的说法也是不可取的。

随着科学的发展和医学的进步，输血的方法已经产生了成分输血、自体输血等一系列具有明显优势的新方法。成分输血是把人血中的各种不同成分，如红细胞、粒细胞、血小板和血浆，分别制备成高纯度或高浓度的制品，再输注给需要的患者。自体输血是采用患者自身血液成分，以满足本人手术或紧急情况下需要的一种输血疗法。采用自体输血时可在使用前若干日内定期反复采血贮存备用。

Rh血型系统的遗传

1939年，Levine与Stetso两位科学家发现一个孕妇生了一个死胎，产妇大量失血，输其丈夫ABO血型相同的血，输血后发生急性溶血反应，并从其血中分离出抗其夫红细胞的抗体，同时从这位产妇的血清中发现一种与ABO血型无关的物质。

1940年，ABO血型的发现者兰德斯坦纳（Landsteiner）和威纳（Wiener）用恒河猴（Rhesus monkey）的红细胞免疫家兔或豚鼠，发现所得血清可凝集纽约市约85%白种人的红细胞。

后来证实Levine等发现的那位产妇血清中的物质与兰德斯坦纳等用恒河猴的

血液注入到家兔或豚鼠体内并从它们的血清里得到的物质，是同一种抗体。因为恒河猴的英文名是Rhesus monkey，所以把这种存在于恒河猴红细胞表面可引起家兔或豚鼠血清中产生抗体的抗原称为Rh抗原，相应的抗体称为Rh抗体。

8.3.1 Rh血型的种类

Rh抗原不仅存在于恒河猴红细胞表面，多数人的红细胞表面也有。随着对Rh血型的不断研究，认为Rh血型系统可能是红细胞血型中最为复杂的一个血型系统。关于Rh血型系统的遗传有两种学说，费希尔-雷斯学说和威纳学说，目前还不能证明或排除其中任何一种。

英国统计学家和遗传学家费希尔（Fisher）和英国学者雷斯（Race）认为Rh血型为紧密连锁的三个座位构成的一个基因复合体所控制，每个座位上有一对等位基因，称为*C*和*c*、*D*和*d*、*E*和*e*，一共可以构成八种Rh基因复合体*CDE*、*CDe*、*CdE*、*Cde*、*cDE*、*cDe*、*cdE*和*cde*。这八种Rh基因复合体构成36种基因型和18种表型。从理论上推断，3对等位基因*C*和*c*、*D*和*d*、*E*和*e*控制着6个抗原。但实际上未发现单一的抗*d*血清，因而认为*d*是“静止基因”，在红细胞表面不表达*d*抗原。在5个抗原中，*D*抗原的抗原性最强。因此通常将红细胞上含有*D*抗原的，称为Rh阳性（Rh^+）；而红细胞上缺乏*D*抗原的，称为Rh阴性（Rh^-）。Fisher-Race学说简单易懂，虽然不能解析所有观察到的现象，但能恰当地解释绝大多数与Rh系统有关的临床问题，因此普遍被大家接受。

威纳学说认为Rh血型系统由单一座位上的八个复等位基因所控制，每个等位基因决定一种Rh抗原，而每个抗原又包含若干抗原因子（抗原决定簇）；由这八个复等位基因同样构成36种基因型和18种表型。威纳学说中的抗原因子相当于费希尔-雷斯学说中的抗原，威纳学说中的复等位基因相当于费希尔-雷斯学说中的基因复合体。

汉族99.7%左右为Rh阳性，0.3%左右为Rh阴性。维吾尔族Rh阴性占4.9%，贵州的侗族和苗族的比例略高些。Rh血型的临床意义主要与输血跟妊娠有关。

8.3.2 Rh血型的新生儿溶血症

与ABO血型系统自带抗体不同，无论是Rh阳性或阴性，血清中均没有先天性抗体，故第一次输血时不会发现Rh血型不合。但Rh阴性的受血者接受了Rh阳性血液后，可产生免疫性抗Rh抗体，如再次输受Rh阳性血液时，即可发生溶血性输血反应。

新生儿溶血症（黄疸病）是由Rh血型母子间不亲和引起的。当一个Rh^-女子与一个Rh^+男子结婚后怀有一个Rh^+的胎儿，当胎儿红细胞因某种原因进入母体后，导致母体产生Rh抗体。当该女子第二次怀孕Rh^+胎儿时，由于Rh抗体比较小，可以透过胎盘屏障进入胎儿血液，导致新生儿产生溶血性贫血而死亡（图8.2）。如果Rh^-女子事先曾接受过Rh^+的血液，则孕育的第一胎Rh^+胎儿也会发生溶血现象。以前多数会以换血的方式救治刚出生的新生溶血症婴儿。现在一般会在Rh^-母亲第一胎分娩48 ～ 72h内，给母亲注射Rh阳性的γ免疫球蛋白，即给母亲注射一种抗体，使得进入母亲体内的胎儿细胞在尚未刺激母体产生抗体之前，就同注入的抗体发生反应，从而扫除Rh抗原，使母体不产生抗体，这样就保证第二胎孩子免受危害。

同样的原因，ABO血型系统中孕妇和胎儿之间的血型不合也可以引起新生儿溶血症。如果胎儿是A型血，当红细胞通过不同原因进入母体后，O型血母亲

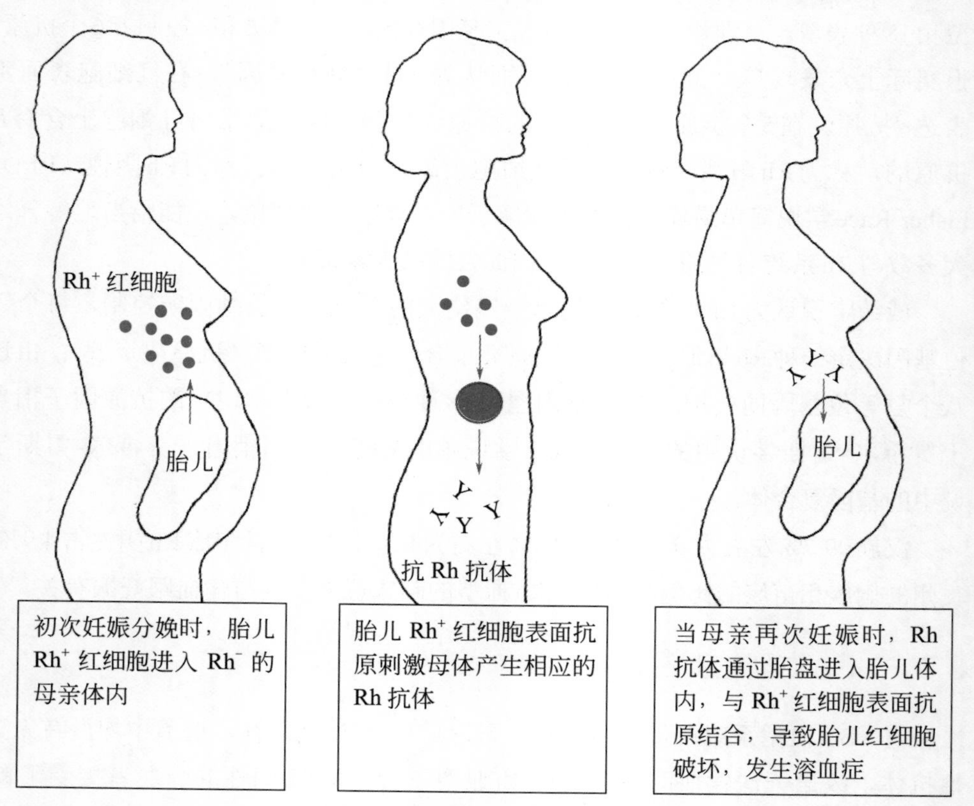

图8.2　新生儿溶血症发生过程示意图

就产生抗A型红细胞的抗体；当母亲第二胎是A型血或AB型血时，就会与胎儿血细胞结合，使红细胞破坏而发生溶血。ABO血型不合引起新生儿溶血多见于母亲O型，胎儿为A型、B型或AB型。O型女性与A、B、AB型男性婚配，都有产生新生儿溶血的可能。但ABO血型引起的新生儿溶血症的症状很轻，临床上一般会忽略。

其他血型系统的遗传

除了ABO血型系统和Rh血型系统具有重要的临床意义外，供受者间在其它血型上的差别，也可能产生免疫反应。不少血型抗体也可引起输血反应和新生儿溶血症。了解其它血型抗原抗体特征，有助于血液选择和抗体鉴定。本节只简单介绍几种。

8.4.1 MN血型系统

人类的MN血型是继ABO血型后被检出的第二种独立遗传的红细胞血型。通常和Rh血型、ABO血型在临床医学、法医学鉴定和判别亲子关系等方面都具有十分重要的意义。M血型个体的红细胞表面有M 抗原，由L^M基因决定；N血型个体的红细胞表面有N抗原，由L^N基因所决定；MN血型个体的红细胞表面既有M抗原又有N抗原，L^M与L^N基因并存。

如果用神经氨酸酶将M抗原切去1个唾液酸（*N*-乙酰神经氨酸），则为N抗原，如再切去一个唾液酸则抗原性完全失去。MN抗原的抗原性还和肽链上的氨基有关，若将氨基用乙酰基保护后即失去抗原性。

M抗原和N抗原在遗传上分别受L^M基因和L^N基因控制，它们在杂合体中同时表现，因而称为等显性。当M血型（L^ML^M）个体与N血型（L^NL^N）个体结婚，子女均为MN血型（L^ML^N）；MN血型（L^ML^N）个体与MN血型（L^ML^N）个体间婚配，后代M血型、MN血型和N血型个体比率为1∶2∶1。

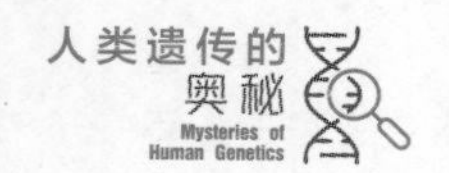

8.4.2 Lewis血型系统

1946年Mourant在一个名叫Lewis的患者血清中首先发现一种天然抗体，大约与22%的英国人红细胞发生反应，被称为抗-Le^a，该抗体能够凝集带有Le^a抗原的红细胞。1946年Andresen发现了与Le^a抗原有对偶关系的Le^b抗原。

Lewis血型系统不同于其他大多数人的血型系统，主要有几个方面：① Le^a和Le^b抗原不是由红细胞合成的，而是一种存在于唾液与血浆中的可溶性抗原，红细胞获得Lewis表型是通过从血浆吸附Lewis物质于红细胞上。② Lewis物质的产生受控于一个独立的Lewis座位（Le基因，表达产生岩藻糖基转移酶），该座位和ABH分泌座位Se/se不连锁，但红细胞Lewis表型受ABH分泌状态影响（表8.4）。带有Le基因的人，如果为H非分泌型，则红细胞表型为Le（a+b–）；如果为H分泌型，则表型为Le（a–b+）（图8.4）。③ Lewis物质和ABH起源于一个共同的前体物（图8.3），Le基因合成的酶使前体物质转变为Le^a抗原，使H物质转变为Le^b抗原（图8.4）。

表8.4 Lewis血型系统红细胞上抗原分布

基因型	分泌型基因型 SE/SE或SE/se	弱分泌型基因型 sew/sew或sew/se	非分泌型基因型 se/se
LE/LE或LE/le	Le（a–b+）	Le（a+b+）	Le（a+b–）
le/le	Le（a–b–）	Le（a–b–）	Le（a–b–）

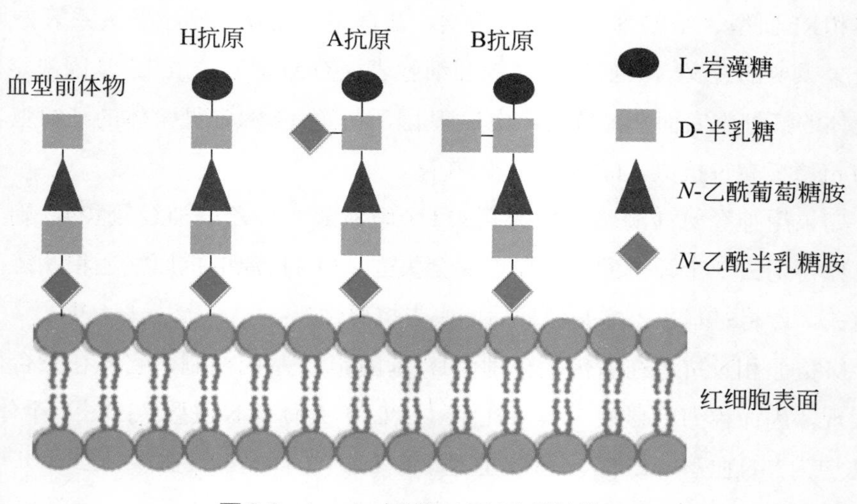

图8.3 Lewis血型和ABH血型的抗原

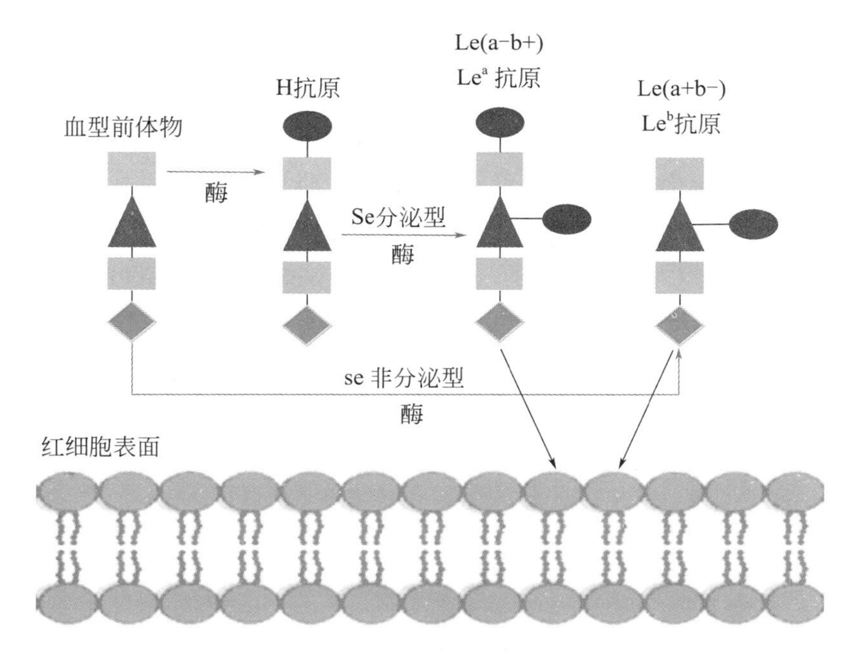

图8.4　Lewis物质（抗原）的形成过程

抗-Le^{a}在人血清中并不少见，抗-Le^{b}是一种相对罕见的抗体。但仅有少数溶血性输血反应是由抗-Le^{a}所导致的，由抗-Le^{b}引起的更加罕见。因为多数Lewis抗体在37℃没有活性；供者Lewis抗原可能中和受者体内的Lewis抗体；Lewis抗原从红细胞表面放散下来后再输给Le（a–b–）受体内，不会刺激抗体产生。Lewis抗体不造成严重的新生儿溶血病，可能是由于Lewis抗原出现在胎儿分泌液中，而通常不出现在胎儿红细胞中。

8.4.3　HLA血型系统

HLA是人类白细胞抗原（human leukocyte antigen）中最重要的一类。与红细胞血型相比，人们对白细胞抗原的了解较晚，人体第一个白细胞抗原Mac是1958年法国科学家Dausset发现的。HLA是人体白细胞抗原的英文缩写，已发现HLA抗原有144种以上，这些抗原分为A、B、C、D、DR、DQ和DP七个系列，而且HLA在其他细胞表面上也存在。

HLA抗原是一种糖蛋白（含糖为9%），其分子结构与免疫球蛋白极相似，与人类的免疫系统功能密切相关。HLA基因位于6号染色体的短臂上，全长3600 kb，包含128个功能基因和96个假基因，等位基因总数超过500多个，是人类基因组中最复杂、多态性最高的遗传体系。由于HLA基因的高度多态化，存在许多不同的等位基因，能够细致调控后天免疫系统。

HLA和红细胞血型一样都受遗传规律的控制。每个人分别可从父母获得一套染色体，所以一个人可以同时查出A、B、C、D和DR五个系列中的5～10种白细胞型，由此表现出来的各种白细胞型有上亿种之多。在无血缘关系的人间找出两个HLA相同的人是很困难的，但同胞兄弟姊妹之间总是有1/4机会HLA完全相同，因此法医鉴定亲缘关系时，HLA测定是最有力的工具。

同时，由于HLA基因的高度多态化，使其成为每个人的细胞不可混淆的“特征”。在进行移植手术时人类白细胞抗原决定组织相容性。捐献者和接受者的人类白细胞抗原越相似，排异反应就越小。只有同卵双胞胎的人类白细胞抗原是完全一样的。

参考文献

曹雪涛，2018. 医学免疫学[M]. 7版. 北京：人民卫生出版社.

吕爱新，2008. 浅谈血型系统[J]. 中学生物学，24（4）：3-4.

王庭槐，2018. 生理学[M]. 9版. 北京：人民卫生出版社.

王正询，2003. 简明人类遗传学[M]. 北京：高等教育出版社.

张莉尼，陈忠，2000. Lewis血型系统[J]. Journal of Clinical Laboratory Science，18（4）：256.

周光炎，2018. 免疫学原理[M]. 4版. 北京：科学出版社.

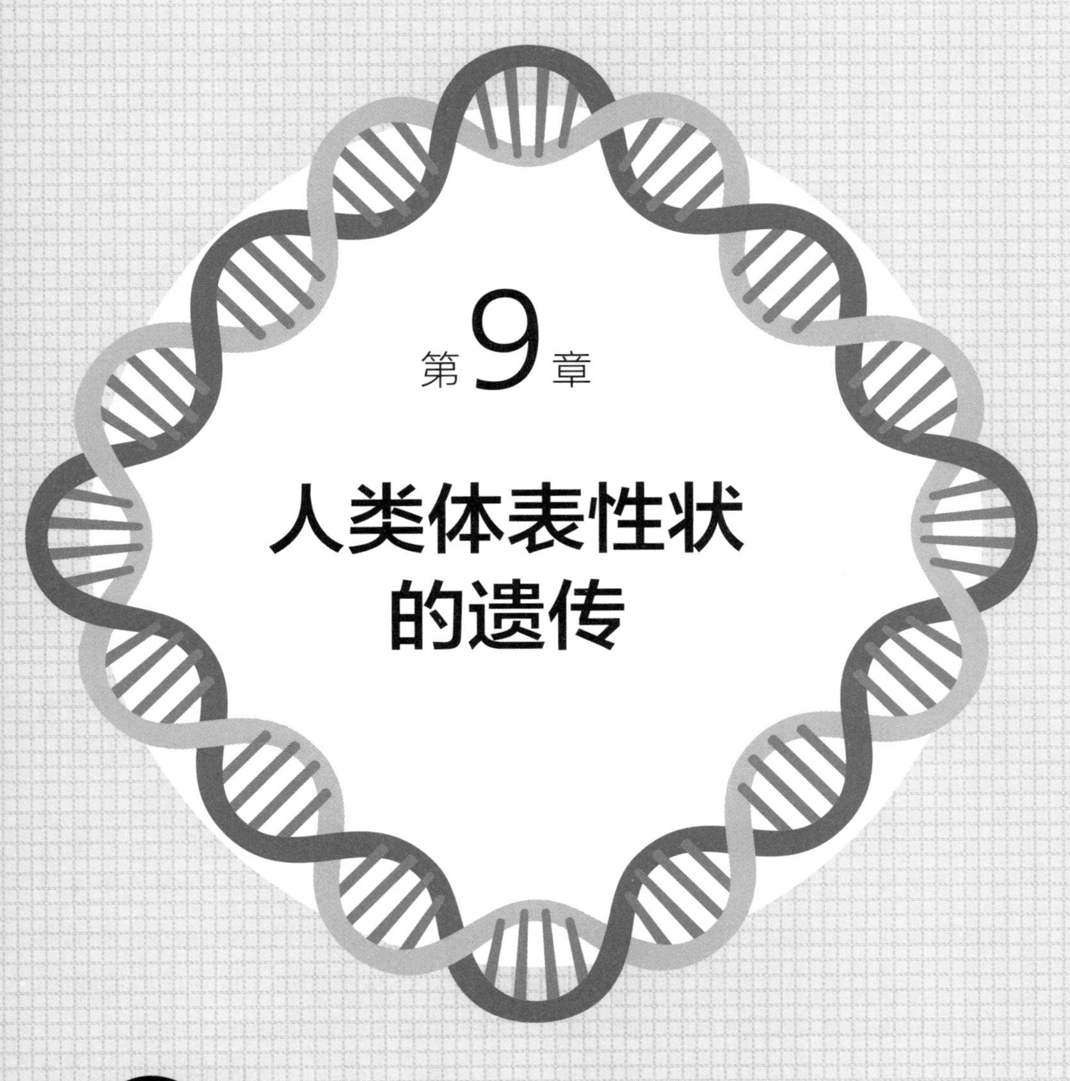

第9章 人类体表性状的遗传

本章知识点

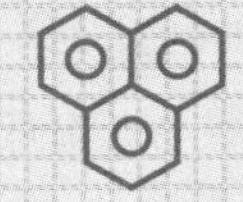

★ 面部特征的遗传

★ 身高与体型的遗传

★ 藏在指尖的秘密

孩子会与父母有许多相似之处，如身材高矮、体形胖瘦、肤色深浅、眼睛大小、鼻子高低、头发多少等都与父母的遗传有关。

人体正常性状的遗传包括体表性状、生理和生化特征、身体素质、行为和智力等方面的遗传性状。体表性状的遗传主要包括身高、体型、肤色、眼睛、鼻子、耳朵、舌头、毛发、手脚等，这些性状可以是单基因决定的质量性状，也可以是多基因决定的数量性状。本章主要介绍人体体表性状的特点及其遗传规律。

面部特征的遗传

当孩子还是胎儿时，年轻的爸爸妈妈就在憧憬孩子出生后会像谁。或许宝宝刚出生时看不出长得像谁，但随着一天天长大，父母的长相和特征便开始在孩子身上显现出来。的确，人的相貌存在一定程度的遗传效应，同时也受环境的影响。

9.1.1 肤色的遗传

人类肤色基本有三种类型：白色、黑色和黄色。人的肤色不同是由黑色素分泌量的多少和分布状态的不一致所形成的。白种人皮肤的黑色素量最少，而黄种人会产生黄色素给予补充。深肤色对人体有一定的保护作用，特别在热带地区，可使人们更好地忍受紫外线的强烈照射，保护深层的血管等组织免受伤害。

但要注意，白化病也是皮肤变白，但是不属于白色皮肤，而是一种常染色体隐性遗传病，酪氨酸无法正常代谢产生黑色素所致。

一般认为肤色由两对或三对基因控制，且不同的基因对后代的作用是相同的，不存在显隐性区别。例如，假设肤色的深浅受A/a、B/b、C/c三对基因控制，A、B、C间以及a、b、c间均为同等程度的控制皮肤深浅的基因，基因型中A、B、C越多，肤色越深；反之，a、b、c越多，肤色越浅（图9.1）。黑种人和白种人结婚，子一代是混血儿，其肤色介于两者之间；如果两个混血儿婚配，子二代变化更大。白种人和白种人结婚、黑种人和黑种人结婚，子代也有超亲现象（图9.2），即比深颜色肤色的亲本更深或比浅颜色肤色的亲本更浅。

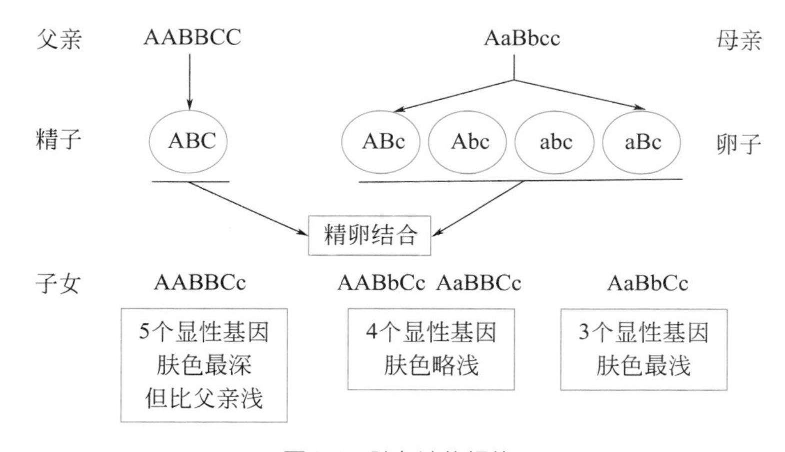

图9.1 肤色遗传规律

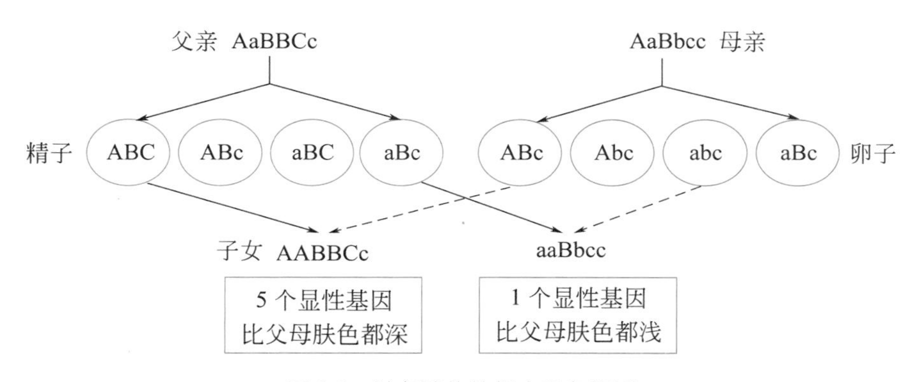

图9.2 肤色遗传的超亲现象解析

9.1.2 毛发的遗传

（1）颜色的遗传

毛发的颜色取决于黑色素的含量、发色的构造以及毛发中所含空气的数量。黑发对其他所有颜色（如褐发、金发、红发等）都为显性，由单基因决定。

红发是由一个隐性补充基因控制产生分散的红色素决定的，它与黑色素基因同时存在于一个个体内。如果黑色素基因活动很强，红色素基因的效应就被其掩盖，发色就呈现黑色或者褐色；如果黑色素基因的活动较弱，则呈褐色或栗色；黑色素基因不活动或不存在，则为红头发。

毛发的颜色除了遗传因素外，还受到年龄、疾病、精神状态等环境因素的影响。例如随着年龄的增加，白发增多；春秋战国时期被楚王追杀的伍子胥，在极度的焦虑下，一夜白头。白化病患者的头发也是白色的，但是一种常染色体隐性遗传病。

（2）发式的遗传

发式是肉眼可见的头发的形状。发式是由毛囊着生的方式决定的，毛囊的形成受基因控制。毛发从毛囊向上生长，加上微小的结构差异和环境的影响造成发式的区别。发式一般分为羊毛、扭曲、卷曲、波浪和直发5种类型。羊毛发式对其他4种发式都是显性，扭曲发式对卷曲发式是显性，卷曲发式对波浪发式是显性，波浪发式对直发是显性。但要注意，东方人直发是显性。

（3）发旋的遗传

发旋，指的是毛流在头顶形成的一个中心向外，周围头发呈旋涡状排列的形状。许多毛发的倾斜方向是一致的，称毛流。发旋多位于头顶部，偏左或偏右，少数人有两个或三个发旋。顺时针发旋基因对逆时针发旋基因是显性（图9.3）。

（4）毛发其他特征的遗传

发际是头部皮肤上生长头发的边缘部。额部上方的头发边缘称前发际；项部上方的头发边缘称后发际。“V”字形发际对“一”字形发际是显性（图9.4）。

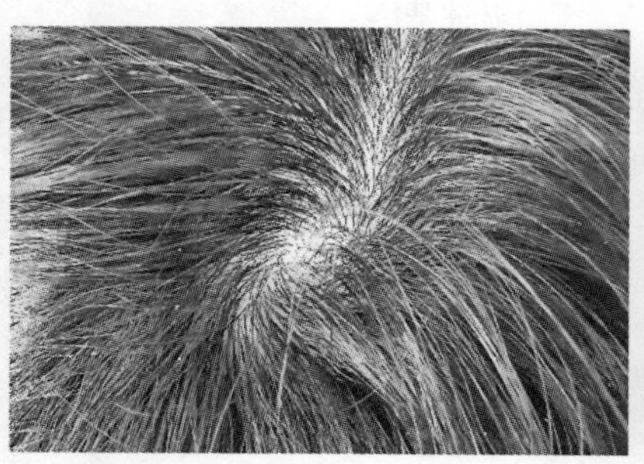
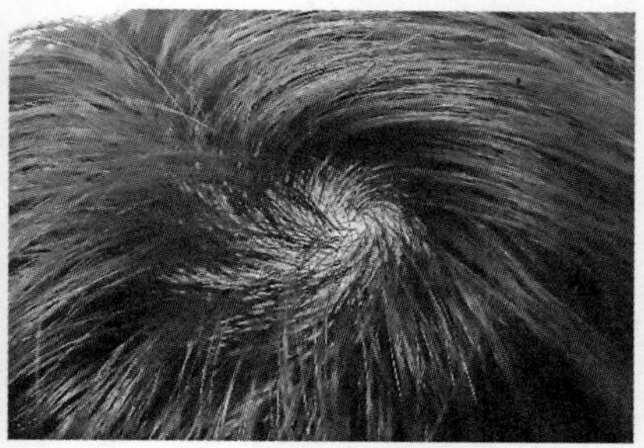

图9.3　逆时针发旋（左）和顺时针发旋（右）

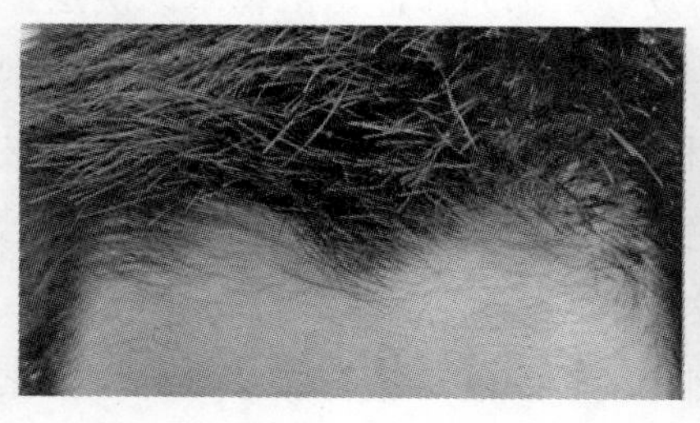

图9.4　“V”字形发际（左）和“一”字形发际（右）

还有一个特殊的决定毛发硬度的基因，中国人硬发基因对软发基因是显性。此外，多发基因对少发基因为显性。

9.1.3 眼睛的遗传

（1）眼睑的遗传

眼睑即眼皮，有单层和双层之分（图9.5）。白种人多是双眼皮，黄种人两种眼皮皆有。双眼皮对单眼皮是显性。但是，单双眼皮的出现率随着人的年龄而变化。5岁时，人群中双眼皮约占20%，45岁时约占80%。

上睑下垂症是一种眼部疾病，是提上睑肌和Müller平滑肌的功能不全或丧失，以致上睑呈现部分或全部下垂，轻者遮盖部分瞳孔，严重者瞳孔全部被遮盖。先天性上睑下垂症绝大多数是因为提上睑肌发育不全或缺损，或由支配提上睑肌神经缺损而引起的。多为双侧，有时为单侧，多为常染色体显性遗传。先天性上睑下垂症还可造成弱视。为了克服视力障碍，双侧下垂者，因需仰首视物，形成一种仰头皱额的特殊姿态。后天性上睑下垂症形成原因有外伤性、神经源性、肌源性及机械性等四种，其中肌源性者以重症肌无力引起者多见。上睑下垂症可通过手术治疗。

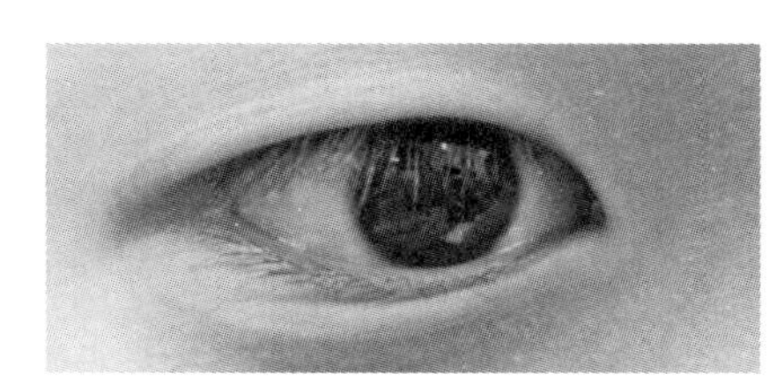
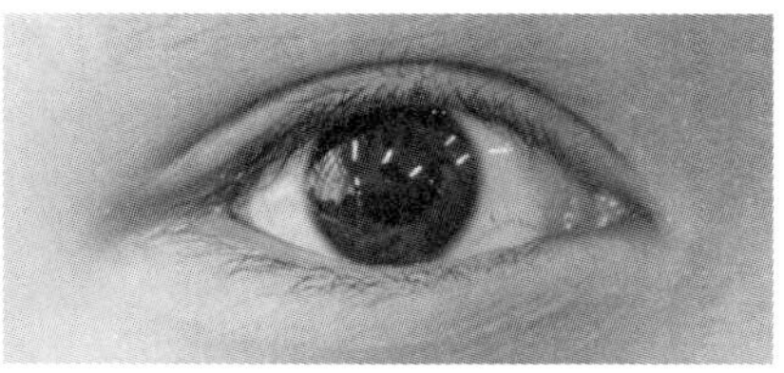

图9.5　单眼皮（左）和双眼皮（右）

（2）眼色的遗传

人的眼睛颜色是光线在眼球的不同物质上反射的结果。人的眼色有黄色、褐色、灰色、黑色、蓝色、青色等，从黄色到黑色间会出现不同程度的变异。眼色的遗传遵循着“黑色等深颜色相对浅颜色是显性遗传”的原则，即黑色对其他所有颜色为显性，褐色、灰色、绿色对蓝色是显性。所以爸爸是黑眼睛，妈妈是蓝眼睛，生出蓝眼睛宝宝的概率非常低。

国外资料，蓝眼男性同蓝眼女性结婚，孩子中男孩多为蓝眼，女孩多为褐眼，似乎与性激素有关。

有些学者认为在眼睛色素形成过程中有多个基因参与，但其中只有一个主要基因起决定性作用。

在眼色方面还有一种特殊性状，即有的人左右眼色不一，常见的是一个蓝色一个褐色。这是因为从亲代得到褐色基因和蓝色基因形成嵌合体的结果，或是发育早期的原始细胞中，某一基因发生突变造成的。

（3）视力的遗传

眼睛的视力很容易受到后天环境的影响，但是近视眼也有一定的遗传基础，尤其是高度近似（超过600度）遗传率高达80%，表现出极明显的家族倾向性。有人认为高度近视是一种单基因隐性遗传，也有人认为是一种多基因遗传。中度近视（300度到600度）虽与遗传有关，但后天影响较为重要。另外，近视中男性多于女性，表现出与性别有一定的关系。

此外，大眼睛对小眼睛是显性；长睫毛对短睫毛是显性。

9.1.4 耳朵的遗传

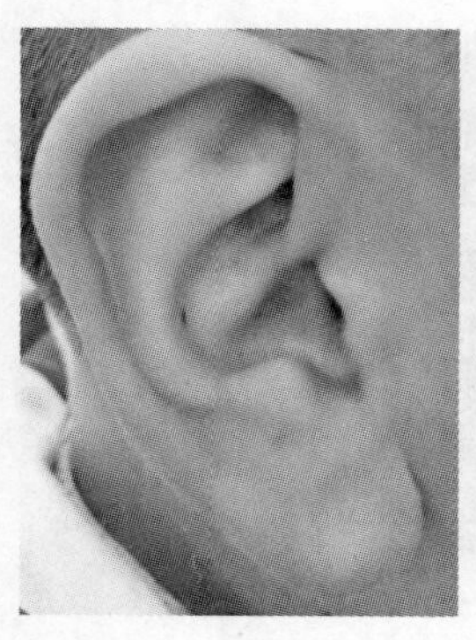

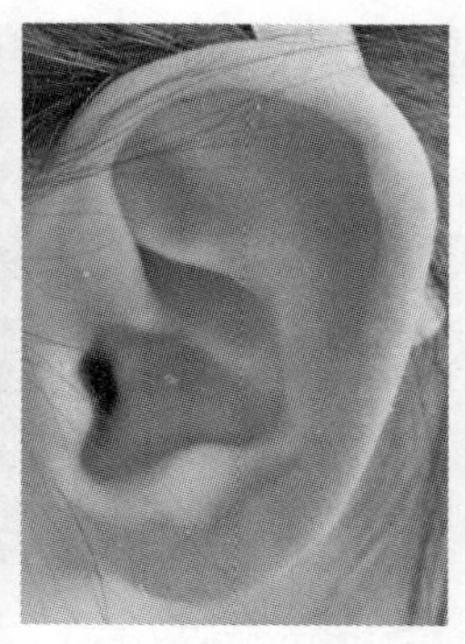

图9.6 有耳垂（左）和无耳垂（右）

耳垂在耳廓的最底部，由脂肪和纤维组织构成，无软骨。有耳垂对无耳垂是显性（图9.6）。

耳垢为外耳道软骨部皮肤内腺体的分泌物，具有保护外耳道皮肤及黏附灰尘、昆虫等作用。黄种人的耳垢是黄灰色、干燥、无臭的；白种人和黑种人的耳垢是褐色、潮湿、有臭味的。干耳垢对湿耳垢是显性。耳垢的分泌和腋腺相关，腋腺分泌旺盛有腋臭者，往往耳垢多而黏，这种性状在欧洲人中占70%，日本人仅占10%，中国人约为3%。

此外，耳朵的外形也各种各样，大体上可分为长耳、宽耳、狭耳、猫耳等。长耳、宽耳对短耳、狭耳是显性。猫耳是一种特殊性状，猫耳的耳郭后部卷曲向前，也是显性的。

9.1.5 鼻子的遗传

鼻子的形态特征由3～4对基因控制。鼻梁、鼻孔和鼻根都分别由一对基因决定，其中弓鼻梁对直鼻梁为显性，宽鼻孔对窄鼻孔为显性，钩鼻尖对直鼻尖为显性。但要注意，鼻子是作为一个完整的单位从双亲的一方遗传来的，有关的基因联合在一起传递给下一代，而且一个亲本的所有关于鼻子的基因对于另一方来说，都是显性的。

9.1.6 舌的遗传

舌的表面分布有味蕾，能尝出不同的味道。舌尖对甜味道的敏感度比较大，舌根对苦味道的敏感度比较大，对酸味敏感的味蕾主要位于舌头两侧。

苯硫脲是一种极苦的化学药品。有的人在极低浓度下就能够尝出苦味，这种人称为知味者；有的人用高浓度也难尝出苦味，这种人称为味盲。中国人对苯硫脲的味盲率约为10%。尝味能力由一对基因控制的，知味者为显性，味盲为隐性，但呈现不完全显性。人类味盲较容易检测。取1.3g苯硫脲，用1000mL水溶解，即为1/750mol/L浓度的苯硫脲溶液。用二倍稀释法配制1/6000000mol/L到1/750mol/L之间的不同浓度溶液。用吸管滴3～5滴溶液到舌根，从低浓度开始尝味，一直尝味到某一浓度能尝出苦味为止，此时的浓度即为能尝出的苯硫脲浓度。若能尝出的苦味浓度在1/24000～1/750mol/L之间，则为味盲患者，基因型为隐性纯合体*tt*；若能尝出的苦味浓度在1/48000～1/380000mol/L之间，基因型为杂合体*Tt*；尝味浓度在1/750000mol/L以下，则基因型为显性纯合体*TT*。

舌头的形状也受遗传的影响，舌头能纵卷成槽状或桶状对不能的为显性（图9.7）。

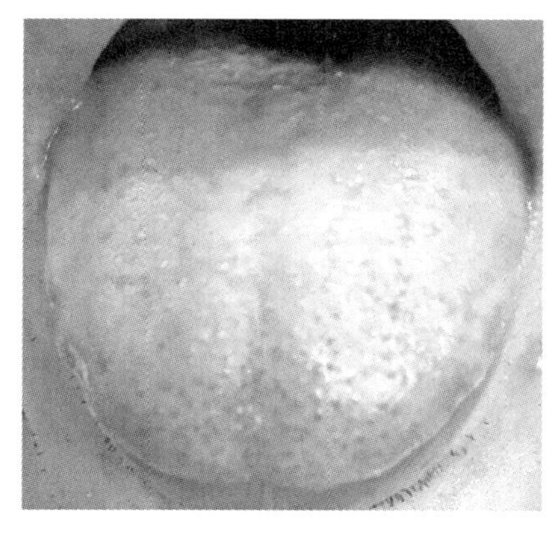
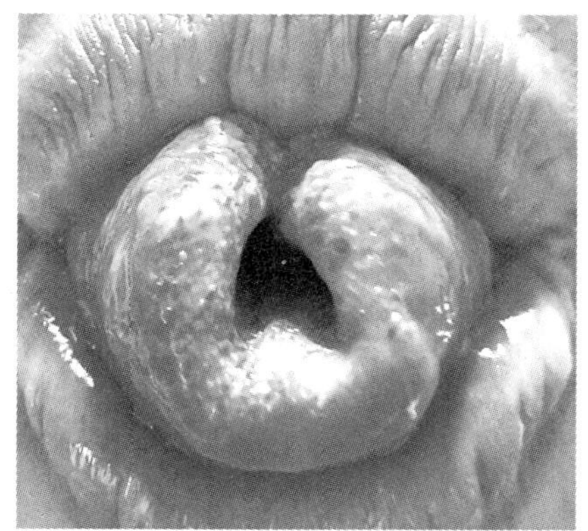

图9.7　不能卷舌（左）和能卷舌（右）

身高与体型的遗传

“亭亭玉立”“身材高挑”“身材苗条”等常被用来赞美女性身形柔美，“身材修长”“身躯高大”“体态健美”等常被用来形容男性身姿健壮。一个人在初次见面时，身高和体型是留给他人的第一印象。身高和体型受父母遗传的影响，且属于多基因遗传。

9.2.1 身高的遗传

对于孩子的身高，民间一直有着这样一个说法“爹矮矮一个，娘矮矮一窝”，意思就是说，如果母亲的身高不高，子女的身高肯定也不会高。这种说法让那些矮个妈妈忧心忡忡。其实这是一种误传。

身高受父母的遗传影响较大，受多基因控制，有数量性状的特点，同时也受到环境（如营养、体育运动、生活习惯、种族、内分泌、性成熟早晚等）的影响。在遗传和环境双重因素的作用下，子二代出现更广泛的变异。身高的遗传力约为75% ～ 80%，遗传对身高的作用大于环境。可以根据父母的身高预测子女的身高，公式为：儿子身高=（父亲身高＋母亲身高）×1.08/2；女儿身高=（父亲身高 ×0.923 ＋母亲身高）/2。

身体质量指数（body mass index，BMI）也称为体重指数，是指体重（千克）除以身高（米）的平方。BMI是国际上常用的衡量人体胖瘦程度以及是否健康的一个标准，健康标准是BMI在18.5 ～ 23.9之间。如果小于18.5，则为体重过低；大于等于24，为超重；大于等于30小于35，为一度肥胖；大于等于35小于40，为二度肥胖；大于等于40为三度肥胖。

9.2.2 体型的遗传

体型是对人体形状的总体描述和评定。体型与人体的运动能力和其他机能、对疾病的易染性及其治疗的反应均有一定的关系，因此，在人类生物学、体质人类学、医学和运动科学中受到注意。

人的体型大致分为三种类型：① 瘦长型（无力型或外胚层型）：身体高而细瘦，颈长，肩狭而下垂，胸廓呈轻度扁平。② 健壮型（正力型或中胚层型）：身体匀称，肩宽而方，肌肉发达，四肢健美，大手脚。③ 矮胖型（超力型或内胚层型）：个子矮小，体态肥胖，颈粗短，胸廓近似桶状，腹部突出。

体型主要由遗传决定，属于多基因遗传。父母是瘦长型的，子女肥胖率只有7%；父母均肥胖型，子女肥胖率为一般孩子的10倍，约有80%的子女会成为胖子；若只有一方肥胖，则子女肥胖的可能性约为40%。环境因素对体型的影响也很大，出生后的生活条件、营养情况、运动情况、工作性质等均对体型有作用。

藏在指尖的秘密

手是人类在长期的劳动过程中进化而成的，是区别于其他哺乳动物的显著标志之一。除了可以感受到三维空间的眼睛和能够处理手眼传来的信息的大脑外，手是使人能够具有高度智慧的三大重要器官之一。手的形成既与遗传有关，又与环境紧密相关，如狼孩离开了人的生活环境，与兽类生活在一起，结果手失去了抓握东西的能力，成了相似于动物的前肢。

9.3.1 惯用手的遗传

人类惯用右手（右利手）对惯用左手（左利手）为显性，由单基因决定。若双亲之一为左利手，孩子惯用左手的概率为17%；若双亲均惯用左手，孩子惯用左手的概率为50%；若双亲均惯用右手，孩子惯用左手的概率仅为6%。

实际上，大约有90%以上的人习惯使用右手，这是为什么呢？从生理角度上分析，人的大脑分左右两半球，左半球控制人的右侧，右半球控制人的左侧。左半球管理语言思维功能，具有从事文字符号分析方面的优势；右半球管理非语言，如对空间的辨认、深度知觉和触觉、音乐欣赏等功能。70%的人左脑占优势，按左脑支配右侧，故习惯使用右手就成了大多数。

惯用手虽然受遗传的影响，但与后天的训练有着很大的关系。我们传统上习惯用右手写字、拿工具，小时候若用左手常被父母纠正。而有些习惯用右手的财会人员，为了工作的方便，常练习用左手打算盘，这样左边计算、右边写字，大大节省了时间，提高了工作效率。

9.3.2 多指的遗传

多指是指五指以上的畸形。多指具有遗传性，由一个显性基因控制，这一基因导致胚胎发育时期手的胚芽数目增多。

多指性状为不规则显性，在某些遗传背景下和某些环境影响下，杂合子Aa表现为显性；而在另一些情况下，则表现为隐性。

遗传是导致多指的一个主要因素，但环境污染、辐射等也会导致新生儿多指。在母体孕育胎儿前两个月，如果母体受到了病毒感染、药物或者辐射的干扰，胎儿肢芽分化受到影响，就会导致多指的产生。怀孕8周以后，胎儿肢体已经形成，此时环境因素的影响就非常微小了。

9.3.3 皮纹的遗传

皮纹又称肤纹，是皮纹纹理的简称，通常指人体手指和手掌、脚趾和脚掌等特定部位皮肤上的纹理图形，包括指纹、掌纹、脚纹等。目前研究比较多的是指纹和掌纹。皮纹是人类重要的遗传特征，被一些科学家生动地称为“暴露在体表的遗传因子”。我国从唐代开始，就用指纹作为个人识别的方法，在单据、契约上按指印作为凭证。

皮纹具有高度稳定性、个体差异性和家族遗传性的特点。高度稳定性是指皮纹在胚胎13周左右开始发育，至19周形成，除特殊原因外终生不变。每一个指纹都具有可与其它指纹相区别的独特性，世界上没有两个指纹完全相同的人，故可作为个人的凭证。皮纹属于多基因遗传性状，如指纹类型、总指嵴数等。

皮纹可增加摩擦力，拿物不易滑落，走路不易跌倒；同时表皮是神经末梢的终点，对外界环境变化较敏感。

（1）指纹

指纹主要有斗形纹、箕形纹和弓形纹三种类型。

斗形纹有中心，两个以上三叉点，无开口，包括环型斗、螺型斗、囊型斗、绞型斗、偏型斗和变型斗等（图9.8）。三叉点就是指纹上三组纹线交会的点。环

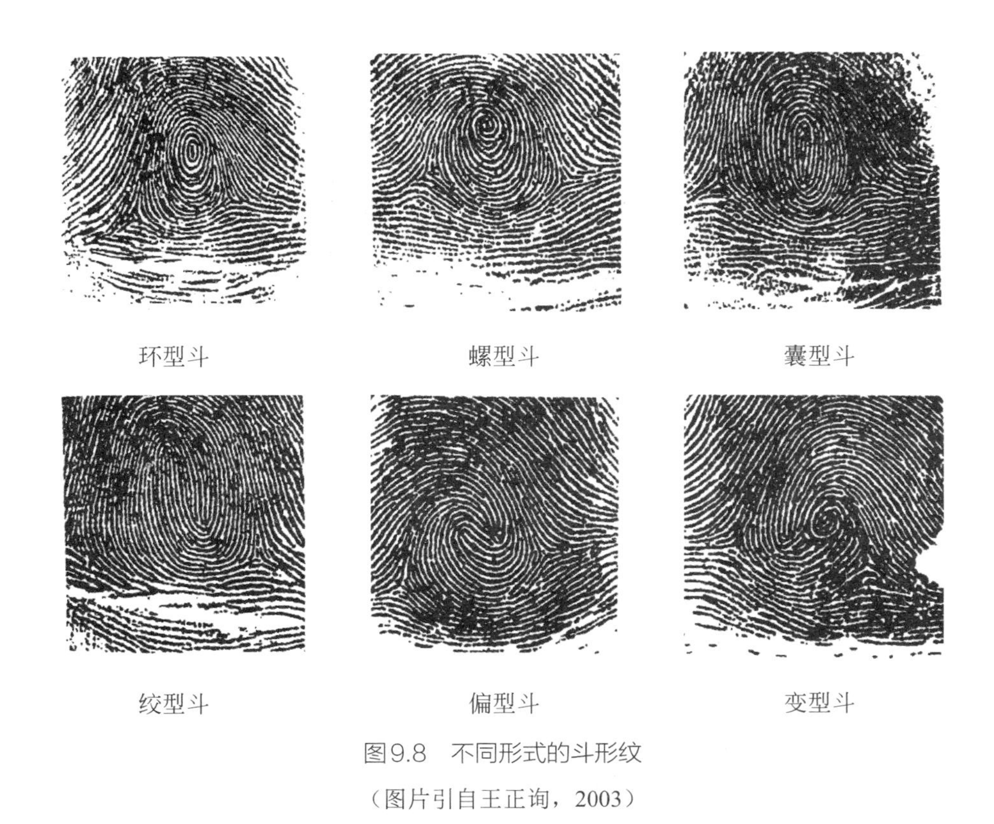

图9.8　不同形式的斗形纹
（图片引自王正询，2003）

型斗中心有多数环线，左右各有一个三叉点。螺型斗中心部位有螺旋形纹线，向外旋转延长，左右各有一个三叉点。囊型斗整个形态近似箕形，有两个三叉点，且其中心部出现环形、螺形纹。绞型斗两个箕形纹的箕头相互绞着，两箕纹线向相反方向走行，各箕都有一个三叉点。偏型斗两箕头重叠、倒装，两箕纹线向同一方向伸出，也有两个三叉点。变型斗由两种指纹混合而成，或纹线结构奇特，具有两个、三个或三个以上的三叉点。

箕形纹在我国俗称簸箕，其纹线自一侧起始，斜向上弯曲后，再回归原侧，形似簸箕。箕形纹有一个中心，一个三叉点，一开口。根据箕形纹开口方位的不同，又可分为正箕（尺箕）和反箕（桡箕）两种。正箕的开口对着小臂的尺骨（内侧），即对向小指；反箕的开口对着小臂的桡骨（外侧），即对向拇指（图9.9）。

弓形纹是一种最简单的指纹图形，全部由弓形的平行纹理组成，纹线自一侧走向另一侧，中部隆起如弓形，没有中心和三叉点（图9.10）。

三种指纹类型在不同种族人群中所占的比例不同，在我国正常人出现的指纹频率分别为弓形纹2.24%，尺箕纹48.90%，桡箕纹2.19%，斗形纹46.67%。

尺箕（右手）　　　　桡箕（右手）

图9.9　不同形式的箕形纹

（图片引自王正询，2003）

简单弓形纹　　　　帐幕弓形纹

图9.10　不同形式的弓形纹

（图片引自王正询，2003）

三叉点与指纹中心的连线上的纹嵴数即为一个手指的纹嵴数（图9.11）。十指纹嵴数总和即为总指嵴数（TFRC）。弓形纹没有三叉点和中心，纹嵴数为零。箕形纹有一个三叉点和一个中心，有一个纹嵴数。普通斗形纹有一个中心和两个三叉点，则取数值较大的一个作为其纹嵴数；双箕斗纹嵴数计数时，分别将两中心与各自一侧的三叉点连线，计算出各自的纹嵴数，两条纹嵴数之和除以2，得数为该指纹的嵴线数。双箕斗纹嵴数还有另一种计算方法，即两侧纹嵴数再加上两中心连线之间的纹嵴数，三者之和除以2，即为该指纹的纹嵴数。总指嵴数在男性为148.80±42.53，女性为138.46±41.59，平均143.63±42.36，两性别间有显著差别。

图9.11　纹嵴数的计算

（图片修改自王正询，2003）

总指嵴数是一种由多基因控制的数量性状，遗传基因具加性效应。同卵双生子与异卵双生子间的相关系数分别为0.95±0.07（理论相关1.00）、0.49±0.08（理论相关0.50），这个结果为鉴定双生子究竟是同卵还是异卵提供了一种方法。父母与子女间的相关系数为0.48±0.03（理论相关0.50）。

（2）掌纹

掌纹可分为三区、两三叉和一角（图9.12）。

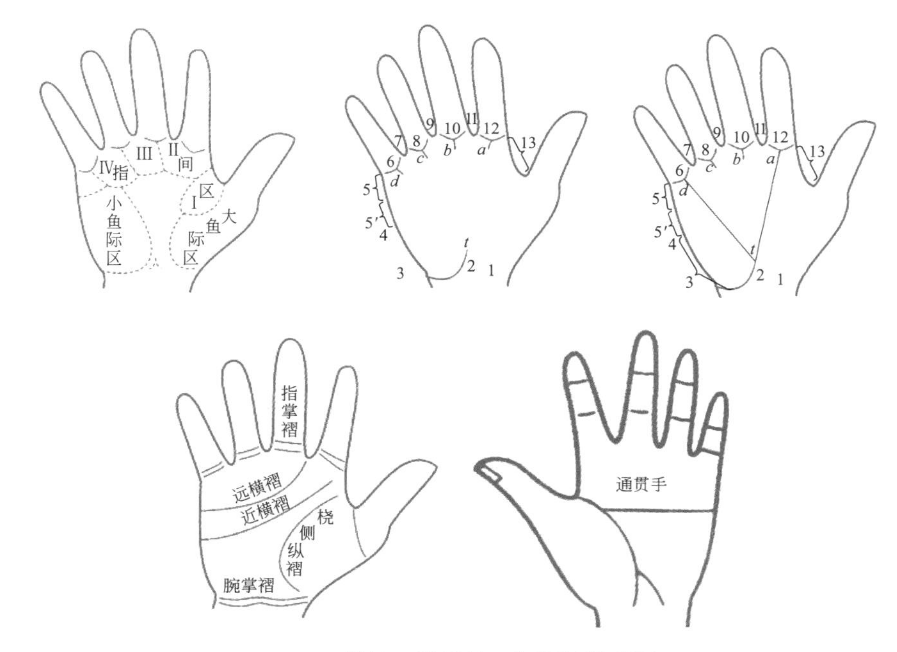

图9.12　掌纹和掌褶纹及指褶纹模式图

（图片修改自王正询，2003）

三区分别为大鱼际区、小鱼际区和指间区。大鱼际区位于拇指下方，小鱼际区位于小指下方，指间区指五个手指根部间的区域（Ⅰ～Ⅳ区）。

在二、三、四、五指的基部，各有一个三叉点，分别以*a*、*b*、*c*、*d*表示，称为指三叉。手掌基部、大小鱼际之间，有一个三叉点，称为掌三叉，用*t*表示。

指三叉*a*与*d*和掌三叉*t*之间的夹角称为*atd*角。正常人的*atd*角约为41°，过大或过小都不正常。

（3）掌褶纹和指褶纹

手掌中一般有三条大的褶纹，分别为远端横褶、近端横褶和桡侧纵褶（大鱼际褶纹），即相命术中所谓的爱情线、智慧线和生命线。各条褶纹有一定的走向，而且每个个体不一定相同。通贯手俗称断掌，特征为三褶线的起点相互交接，远侧横褶纹和近侧横褶纹连成一条横贯掌心的掌褶纹，国外称为猿线（图9.12）。

正常人除拇指只有一条指褶纹外，其余四指都有2条指褶纹与各指关节相对应（图9.12）。

9.3.4 手部其他性状的遗传

手部除了上述性状外，还有其他的性状也遵循一定的遗传规律。例如，有指毛对无指毛是显性；小指末节向无名指弯曲对不弯曲是显性；中指比食指长为显性，食指比中指长为隐性；大拇指末节不能外翻对能外翻为显性（图9.13）；食指比无名指长为显性，食指比无名指短为隐性（图9.14）；双手手指嵌合时，左手指在上为显性，右手指在上为隐性（图9.15）。

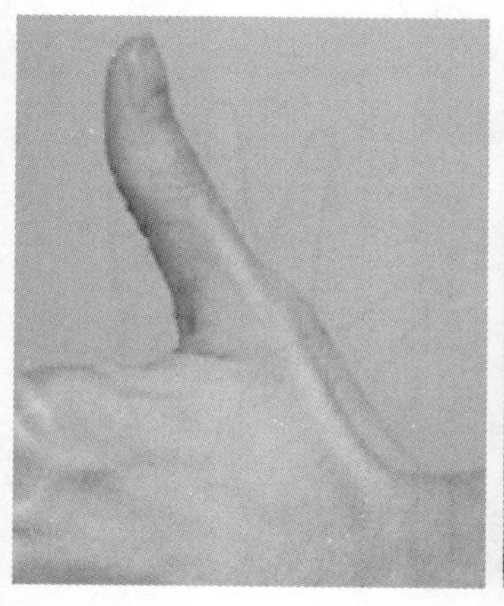
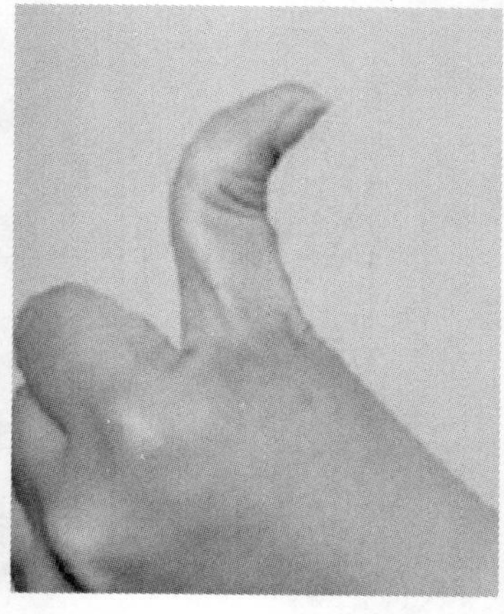

图9.13 大拇指末节不能外翻（左）和能外翻（右）

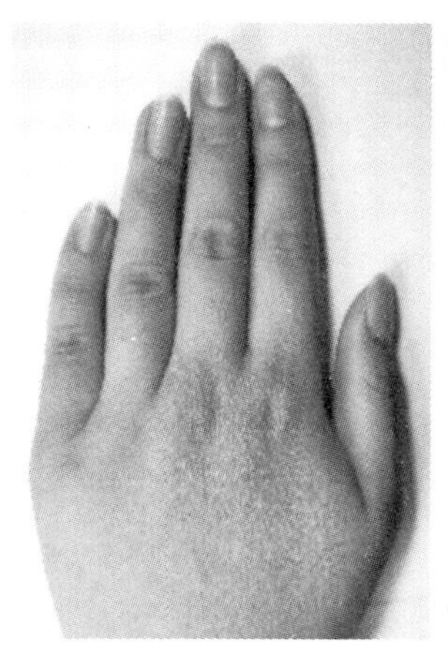
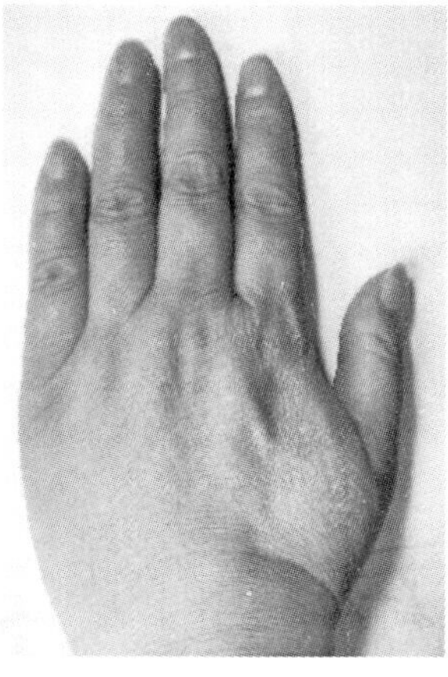

图9.14　食指比无名指长（左）和食指比无名指短（右）

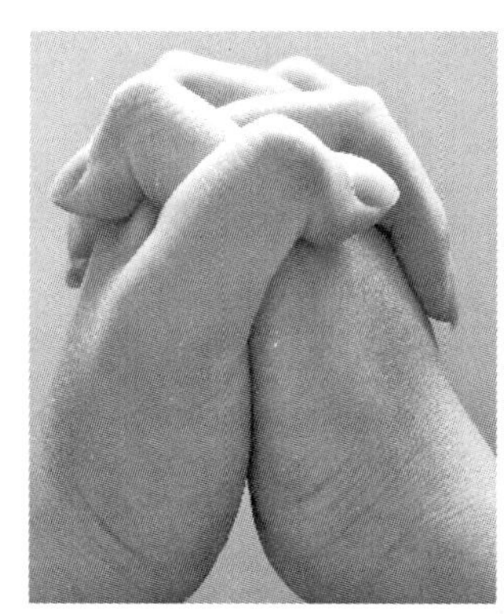

图9.15　左手指在上（左）和右手指在上（右）

参考文献

常宝林，傅家珏，应福其，1986. 中国人手指指毛的分布[J]. 解剖学报，17（3）：255-257.

王小荣，2008. 医学遗传学基础[M]. 北京：化学工业出版社.

王正询，2003. 简明人类遗传学[M]. 北京：高等教育出版社.

张海国，沈若茴，陈仁彪，等，1988. 双箕斗指嵴数的计算法[J]. 上海第二医科大学学报，8（1）：54-56.

张海国，王伟成，许玲娣，等，1982. 中国人肤纹研究Ⅱ.1040例总指纹嵴数和a-b纹嵴数正常值的测定[J]. 遗传学报，9（3）：220-227.

张秀珍，2002. 对《手部皮纹与遗传病》一文的几点补充[J]. 生物学教学，27（2）：45-46.

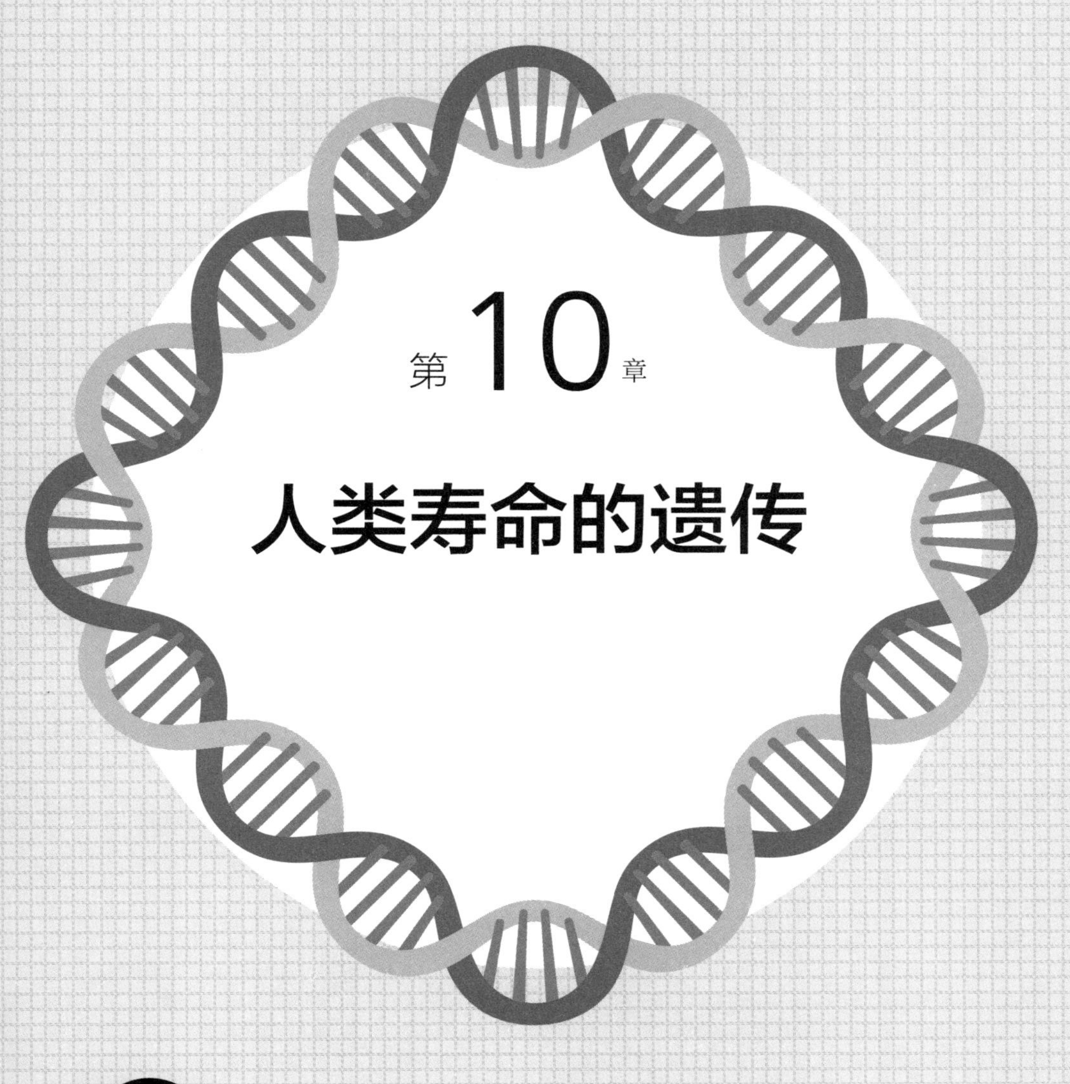

第10章 人类寿命的遗传

本章知识点

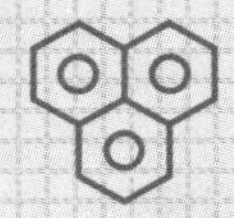

★ 细胞的生命历程

★ 细胞的衰老

★ 长寿与遗传

★ 常见老年人疾病

据史料记载，在原始时代，人的平均寿命只有15岁。以后随着人类文明的发展，人的平均寿命也越来越长。实际上，寿命的长短有一定的遗传基础。最有说服力的是对同卵双生子的调查，资料统计，60 ~ 75岁死去的双胞胎，男性双胞胎死亡的时间平均相差4年，女性双胞胎仅差2年。饮食习惯、生活环境、工作环境等环境因素也在不同程度上左右着人的寿命。

细胞的生命历程

细胞是人体结构和生理功能的基本单位。人体细胞约有40万亿～60万亿个，平均直径在10～20微米之间。

细胞的生命历程都会经历分裂、生长、分化、衰老和死亡几个阶段（图10.1）。不同的细胞，完成生命历程所需的时间不同。

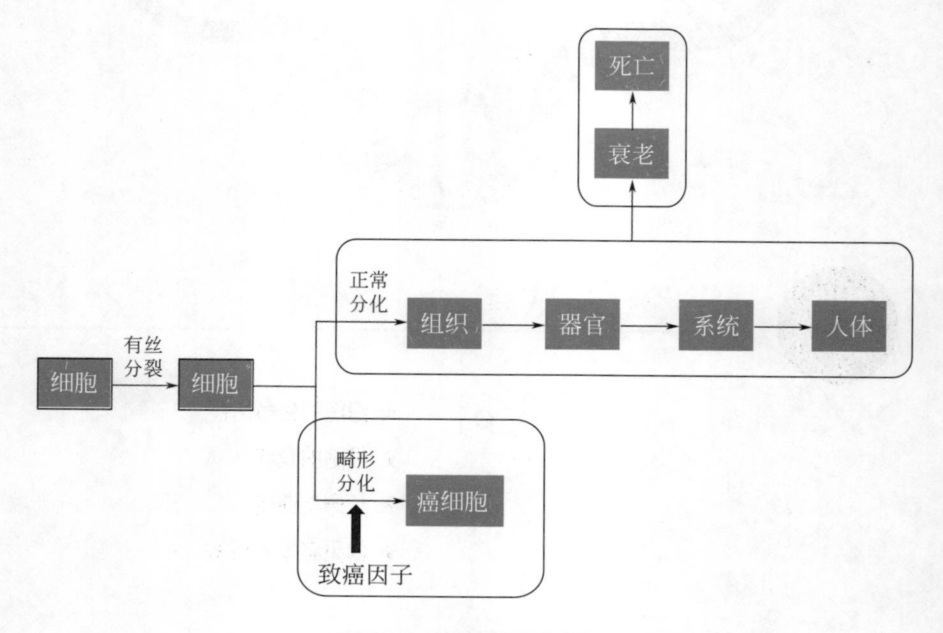

图10.1　细胞的生命历程

细胞分裂是细胞繁衍、增殖的重要方式。细胞通过分裂和生长使细胞数目增加，体积增大，是细胞生命活动的重要体现。

多细胞生物由多种类型的细胞构成，人体的细胞约有200多种。随着人体发育的进行，绝大多数细胞的分裂能力逐渐受到限制，并失去了发育成个体的能力，仅有少数细胞仍具有这种潜能，这些细胞称为干细胞（stem cell）。细胞正常分化为人体的上皮组织、肌肉组织、结缔组织和神经组织。四大类组织以不同的比例互相联系、相互依存，形成人体的各种器官和系统，以完成各种生理活动。

细胞在执行生命活动过程中，随着时间的推移，细胞的增殖与分化能力以及生理功能逐渐发生衰退，细胞衰老，直至死亡。衰老死亡的细胞被机体的免疫系统清除，同时新生的细胞也不断从相应的组织器官生成，以弥补衰老死亡的细胞。细胞衰老死亡与新生细胞生长的动态平衡是维持机体正常生命活动的基础。

大部分细胞会遵循正常的生命历程走完一生，少数细胞由于受某些因素的干扰，会脱离正常的生命轨道，发生癌变，导致癌症的发生。

细胞的衰老

细胞衰老（cellular aging/cell senescence）是指细胞在正常环境条件下发生的细胞生理功能和增殖力减弱及细胞形态发生变化并趋向死亡的现象。衰老和死亡是细胞和生物体无法避免的生命规律。

10.2.1 个体衰老与细胞衰老之间的关系

个体衰老指一个生命的衰老，细胞衰老只是一个或一些细胞的衰老。细胞衰老不包含个体衰老，个体衰老相对（不是绝对的）包含细胞衰老。

对于单细胞生物而言，个体衰老与死亡等同于细胞衰老与死亡；对于多细胞生物体来说，个体衰老与死亡不等同于细胞衰老与死亡。人身体里面时时刻刻有细胞衰老，即使是婴儿期体内也有细胞衰老现象，但衰老细胞比例小。年轻个体中有衰老、走向死亡的细胞，老年个体中也有新生的细胞。

10.2.2 细胞的寿命

机体内总有细胞在不断地衰老与死亡，同时又有细胞增殖产生新生细胞进行补偿，不同类型细胞的寿命不同。比如白细胞寿命为10～15天；红细胞寿命为120天；神经细胞是人体内寿命最长的细胞，和人的寿命一样长。

人体细胞基本上可分为长寿细胞、中等寿命细胞和短命细胞三类。长寿细胞的寿命接近于人体的整体寿命，如神经元细胞、脂肪细胞和骨细胞等。中等寿命细胞更新缓慢，寿命比人体寿命短，但一般长于30天，如干细胞、软骨细胞等。短命细胞更新快速，寿命一般短于30天，如上皮增生细胞、骨髓细胞等。

10.2.3 衰老细胞的特征

衰老细胞会发生形态、生理和分子水平上的变化。

衰老细胞形态上的变化主要体现在：① 细胞核体积增大，染色深，核内有包含物，核膜内陷。② 染色质凝聚、固缩、碎裂或溶解。③ 细胞膜黏度增加，流动性降低。④ 细胞质内色素积聚，有空泡形成。⑤ 线粒体数量减少，体积增大。⑥ 高尔基体碎裂。

衰老细胞生理上的变化与老年人表现出来的某些特征相对应。细胞内水分减少，体积相应变小，表现在脸部出现皱纹；细胞内色素积累，导致老年人身上长出老年斑；细胞内大多数酶的活性降低，表现为头发变白，新陈代谢速度减慢；细胞呼吸速度减慢，老年人怕冷、行动迟缓；细胞膜通透性功能改变，使物质运输功能降低，导致肠道功能减弱。

总体上DNA复制与转录在细胞衰老时均受抑制，但也有个别基因会异常激活；端粒DNA丢失，线粒体DNA特异性缺失，DNA氧化、断裂、缺失和交联，甲基化程度降低。mRNA和tRNA含量降低。蛋白质合成下降，细胞内蛋白质发生糖基化、氨甲酰化、脱氨基等修饰反应，导致蛋白质稳定性、抗原性、可消化性下降，自由基使蛋白质肽链断裂、交联而变性。酶分子活性中心被氧化，所含的金属离子Ca^{2+}、Zn^{2+}、Mg^{2+}、Fe^{2+}等丢失，酶分子的二级结构、溶解度、等电点发生改变，酶活性消失。细胞膜上的不饱和脂肪酸被氧化，膜脂之间或膜脂与脂蛋白之间交联，膜的流动性降低。

10.2.4 细胞衰老的原因

细胞衰老的原因，许多学者提出了各种假说，企图来解释衰老的本质和机理，目前假说有300多种，彼此间相互补充和重叠，但这些假说尚不能圆满解答。本节主要介绍几种比较被接受的假说或理论。

（1）遗传决定学说

本学说认为衰老是遗传上的程序化过程，其推动力和决定因素是基因组。控制生长发育和衰老的基因都在特定时期有序地开启或关闭。长寿者、早老症患者往往具有明显的家族性，这促使人们推测，衰老在一定程度上是由遗传决定的。

（2）衰老因子积累学说

由于细胞功能下降，细胞一方面不能将代谢废物（脂褐质、老年色素、类蜡体、残余体等）及时排出细胞，另一方面又不能将这些代谢废物降解消化，导致代谢废物越积越多，在细胞中占据的空间越来越大，阻碍了细胞的正常生理功能，最终引起细胞的衰老。

（3）自由基学说

早在20世纪50年代，就有科学家提出衰老的自由基理论，以后该理论又不断发展。自由基是生物氧化过程中产生的、氧化活性极高的含不成对电子的原子或功能基团，普遍存在于生物系统。自由基的化学性质活泼，可攻击生物体内的DNA、蛋白质和脂质等大分子物质，造成氧化性损伤，导致DNA断裂、交联、碱基羟基化，蛋白质变性失活，膜脂中不饱和脂肪酸被氧化使膜流动性降低，最终导致细胞结构和功能的改变。

自由基常见的种类主要有过氧化氢（H_2O_2）、羟自由基（·OH）、超氧阴离子自由基（$·O^{2-}$）、脂质过氧化物和单线态氧等。细胞内存在清除自由基的防御系统，如超氧化物歧化酶（SOD）、过氧化氢酶（CAT）和谷胱甘肽过氧化物酶、维生素E、醌类物质等。实验证明，SOD与CAT的活性升高能延缓机体的衰老。正常细胞内自由基的产生量和清除量处于动态平衡，当细胞趋于衰老时，清除量下降，自由基积累。

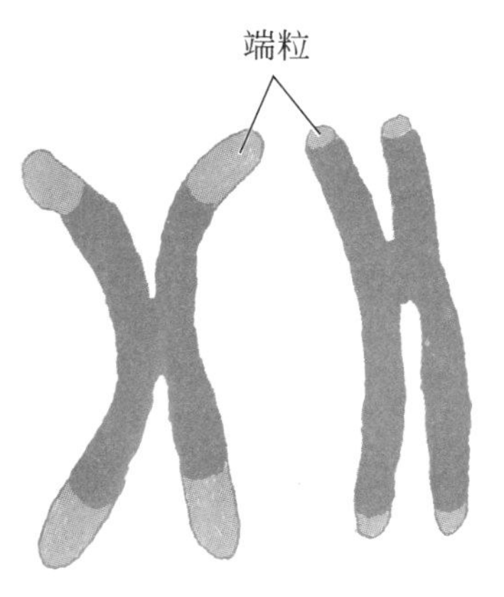

图10.2　染色体末端端粒示意图

（4）端粒假说

端粒是染色体末端的一种特殊结构（如10.2），其DNA由简单的重复序列组成。端粒在细胞分裂过程中不能完全复制，随着细胞分裂的不断进行逐渐缩短，当端粒长度缩短到一定阈值时，细胞就进入衰老过程。

无限增殖是癌细胞的典型特征，原因之一是其端粒不会随癌细胞的分裂变短。

（5）衰老相关基因的程序表达学说

正常情况下，控制生长发育的基因在各个发育时期有序开启和关闭。衰老相关基因仅在生命后期开启，引起机体一系列结构、功能的改变，从而引起机体的衰老。

长寿与遗传

自从文明出现以来，人们都在寻找长寿的线索，并试图延长自身的寿命。仅在过去的20年里，随着基因测序、表观遗传学分析的进步以及政府投入的增加，这个领域经历了快速的知识扩张。

人类寿命的影响因素非常复杂，是遗传因素和环境因素共同作用的结果。有人认为，通常在人们40岁以前，遗传对寿命的影响约占15% ～ 25%，此时生活习惯因素（即环境）占有非常大的比重。到了40岁以后，遗传的作用开始越来越凸显，并且随着年龄的增长，遗传因素的比重也越来越大。

10.3.1 人类寿命的演变

从170万年前的元谋人一直到公元前21世纪的夏朝，对早期人类遗骨的分析，平均寿命约在15岁。

进入新石器时代，从1.8万年前开始，到距今5000多年结束，由于生产力水平大幅度提高，人的平均寿命增长到35岁左右，延长了20岁。

18世纪中叶，工业革命和技术革命发生以后，到20世纪上半叶，人类平均寿命两百年间大致增加10岁，延长到45岁左右。

18世纪末，英国医生琴纳（Edward Jenner）发明牛痘接种，使消灭天花成为可能。1928年，英国细菌学家亚历山大·弗莱明（Alexander Fleming）发现了青霉素。疫苗和抗生素的持续不断发明和应用，使人类进一步征服了感染性疾病，人类平均寿命激增到65岁。

从20世纪40年代起，开始了以电子计算机、原子能、航天空间技术为标志的新技术革命以及医学新技术发展，使人类平均寿命又进一步增长。

经过努力，我国人民健康水平不断提高。2015年至2020年，人均预期寿命从76.34岁提高到77.93岁。2022年5月20日公布的《"十四五"国民健康规划》明确提出，到2025年，我国人均预期寿命在2020年基础上持续提高1岁左右；到2035年，人均预期寿命达到80岁以上。

10.3.2 人的自然寿命

科学家们在不断预测人类的寿命极限：120岁、150岁……，甚至有美国科学家预测21世纪末我们能活到200岁。这些预测，让很多人产生了这样的疑问：到底人能活多久？怎样才能长寿？

自然寿命是指在没有遭遇意外伤亡的情况下，可以活到的最大年限。《尚书·洪范》载"一曰寿，百二十岁也"，认为人的自然寿命应是120岁。《困学纪闻》中"上寿百二十，中寿百岁，下寿八十"，认为人的自然寿命当在百岁以上。

人的自然寿命究竟有多长，一般有性成熟期、生长期以及细胞分裂次数和周期的乘积三种比较科学的测算方法。据研究，哺乳动物的寿命相当于性成熟期的8～10倍，生长期的5～7倍，而人类的性成熟期为14～15年，生长期为20～25年，故此预测人的自然寿命可达到110～150岁或100～175岁。亦有研究指出，动物的自然寿命为其细胞分裂次数和分裂周期的乘积，人体细胞分裂次数约50次，每次分裂周期平均为2.4年，故人的自然寿命应为120岁左右。以上三种测算方法，认为人的自然寿命都应该达到100岁以上。

但是，在实际生活过程中，超过100岁的人并不多，这主要是由于遗传、环境、生活水平、生活方式等因素，导致疾病的发生和衰老的早到，有的直接引起死亡，因此人的实际寿命远远低于自然寿命。

10.3.3 长寿基因与寿命

长寿基因（longevity genes）指那些特殊的可以导致人类寿命延长的一类变异基因。通常所说的长寿基因是一个广义概念，并不是指的某个基因，而是泛指那些具有延长寿命或延缓衰老的基因。对于长寿基因，在不同的生物体内有诸多的发现。

德国基尔大学医学院的一项调查表明，人体DNA中存在一种名为*foxo3a*的基因能够助人长寿，这是最先指出的长寿基因，普遍存在于百岁老人体内。*foxo3a*基因的作用不受地区、性别和人种的控制。实验分析时，在组成DNA的4种碱基（A、T、C、G）中，大多数受试者在一对染色体的*foxo3a*基因位置上拥有的是胸腺嘧啶（T）。但是，鸟嘌呤（G）取代了胸腺嘧啶（T）的受试者的健康状况更好，且高龄人群中鸟嘌呤出现的频率更高。这种碱基取代导致的基因变异使人类的寿命增加。*foxo3a*基因与蠕虫和果蝇的衰老过程也有密切关系。

*sir2*基因被认为是一种重要的长寿基因。研究发现如果提高果蝇和蠕虫体内的*sir2*基因活性，果蝇和蠕虫的寿命都可延长30%～50%。而且整个*sir2*基因家族都参与了控制延长寿命的过程。

蛋白质生物合成延长因子（EF-1α）基因转化果蝇生殖细胞，可使培育所得的新品种比其他果蝇寿命延长40%，因此EF-1α基因也被认为是“长寿基因”。

线虫内存在*sir2.1*基因，如果增加一个同样的基因，使原来只能生存二周的线虫增加到三周，而缺失*sir2.1*基因的线虫寿命则缩短。

载脂蛋白E（apolipoprotein E，ApoE）是一种多态性蛋白，参与脂蛋白的转化与代谢过程，其基因可以调节许多生物学功能。该基因分为2、3、4三种亚型，其中2型和3型均能延迟发病年龄，降低发病率，促进寿命增长。法国和意大利等国的科学家普遍认为，主要是载脂蛋白E2基因对人的寿命起延长作用。在中国，杨泽教授等科学家通过研究发现，长寿老人体内的载脂蛋白E3比较多，占到了80%～90%的比例，这也是“长寿村”——广西巴马村长寿老人的遗传标志。

人类细胞衰老的主导基因*p16*是细胞衰老遗传控制程序中的重要环节，可影响细胞寿命与端粒长度。抑制*p16*表达，则细胞寿命延长，端粒长度缩短减慢；增加*p16*表达，细胞寿命缩短，端粒长度缩短加快。

线虫体内存在*daf-2*“衰老基因”，在线虫生命周期中适时抑制*daf-2*基因，可使线虫的寿命延长至原来的两倍。

小鼠身上发现的*Klotho*基因缺失，表现出类似人类的衰老症状，如寿命缩短、动脉硬化、皮肤肌肉萎缩、认知障碍、运动神经元受损、软组织钙化、听力下降、骨质疏松等；反之，*Klotho*基因高表达可延长实验动物的寿命。说明*Klotho*基因是一个衰老抑制基因。

据报道目前已发现了 60 余种与衰老有关的基因。

常见老年人疾病

老年病是指老年人易患的疾病以及和衰老有关的疾病。老年人随着年龄的增长，各器官各系统功能逐渐衰退，出现功能障碍，抵抗力下降，生活能力下降，所以老年病有自身的一些特点。

老年人常见病，涉及各系统、各部位，主要有以下几类：代谢疾病（高血压、高血糖、高血脂等）、心脑血管疾病（冠心病、脑梗死、脑萎缩、脑出血等）、精神系统疾病（老年痴呆症等）、消化系统疾病（慢性胃炎、胃癌等）、呼吸系统疾病（慢性支气管炎、肺癌等）以及其他疾病（白内障、青光眼、耳鸣、耳聋、类风湿关节炎、痛风等）。其中阿尔茨海默病、帕金森综合征、动脉硬化、老年性精神障碍等是具有老年特点的疾病。本节主要介绍阿尔茨海默病和帕金森综合征两种神经系统衰退性疾病。

10.4.1 阿尔茨海默病

1906年，德国神经病理学家阿洛伊斯·阿尔茨海默（Alois Alzheimer）在检查一位叫奥卡斯特德的55岁死亡女性患者的大脑切片时发现有异常“沉淀物”沉积在脑组织，该患者死于精神病院。对于这一新发现的、不知原因的病例，1910年，医学界命名为阿尔茨海默病（Alzheimer disease，AD）。

世界范围内有四千万阿尔茨海默病患者，绝大多数是发生在65岁～90岁的老人，是威胁老人健康的“四大杀手”之一，目前中国大约有1000万患者。每年9月21日为世界阿尔茨海默病日，9月17日为中华老年痴呆防治日。

（1）阿尔茨海默病的临床症状

阿尔茨海默病，又称老年性痴呆，是一种与衰老相关，以认知功能下降为特征的渐进性脑退行性疾病。临床特征主要是记忆力和智力的逐渐衰退以及认知能力和判断力的丧失，并且伴有行为失常和意识模糊等，直至最后失去基本生活能力。根据认知能力和身体机能的恶化程度，病程可分成三个阶段。

第一阶段：病程1～3年，为轻度痴呆期。表现为记忆减退，对近期记忆遗忘突出；语言能力下降；空间定向不良，易于迷路；抽象思维和恰当判断能力受损；情绪不稳；人格改变。

第二阶段：病程多在起病后的2～10年，为中度痴呆期。表现为远近记忆严重受损，简单结构的视觉空间能力下降，时间、地点定向障碍；日常生活能力下降；出现各种神经症状，可见失语、失用和失认；情感由淡漠变为急躁不安，常走动不停，可见尿失禁。

第三阶段：病程在发病后的8～12年，为重度痴呆期。患者已经完全依赖照护，记忆力严重丧失，仅存片段的记忆；生活能力完全不能自理，两便失禁；智能趋于丧失；无自主运动，缄默不语，成为植物人状态。常因吸入性肺炎、压疮、泌尿系统感染等并发症而死亡。

（2）阿尔茨海默病的引发因素

阿尔茨海默病的病因迄今不明，一般认为是复杂的异质性疾病，多种因素可能参与致病，如遗传因素、神经递质、免疫因素和环境因素等。

① 遗传因素和基因突变

10%的AD患者有明确的家族史，尤其65岁前发病患者，故家族史是重要的危险因素。有人认为AD患者一级亲属80～90岁时约50%发病，风险为无家族史AD的2～4倍。目前已发现至少4种基因突变与AD有关，即淀粉样蛋白前体（APP）基因、跨膜蛋白早老素1（PS1）基因、跨膜蛋白早老素2（PS2）基因和载脂蛋白Eε-4（Apo E4）基因，分别位于21、14、1和19号染色体上。

② 神经递质

皮质胆碱能神经元递质功能紊乱被认为是记忆障碍以及其他认知功能障碍的原因之一。AD患者海马和新皮质的乙酰胆碱（acetylcholine，Ach）和胆碱乙酰转移酶（choline acetyltransferase，ChAT）显著减少。Ach由ChAT催化合成。Meynert基底核是新皮质胆碱能纤维的主要来源，AD早期此区胆碱能神经元减少，是AD早期损害的主要部位，出现明显持续的Ach合成不足。ChAT减少也与痴呆的严重性、杏仁核和脑皮质神经原纤维缠结的数量等有关。

③ 环境因素

流行病学研究提示，AD的发生亦受环境因素影响。吸烟、脑外伤、重金属接触史、母亲怀孕时年龄小和一级亲属患唐氏综合征等可增加患病风险。

④ 年龄老化

60岁后患病率每5年增长1倍，60～64岁患病率约1%，65～69岁增至约2%，70～74岁约4%，75～79岁约8%，80～84岁约为16%，85岁以上约35%～40%。

（3）阿尔茨海默病的发病机制

发病机制有很多学说，如胆碱能学说、β-淀粉样蛋白学说、Tau蛋白学说、氧化应激学说、神经血管学说等。

① 胆碱能学说

在衰老过程中，胆碱能神经系统中的酶如胆碱乙酰基转移酶（ChAT）以及受体（毒蕈碱受体、烟碱受体）及转运体（高亲和性胆碱摄取系统）的功能逐渐减弱，ChAT减少，催化活性不足，导致胆碱能神经化学递质乙酰胆碱（Ach）合成量减少。当神经冲动到达神经末梢时，突触囊泡中Ach不够充盈，致使中枢及周边整个胆碱能系统功能低下，造成大脑第二信号系统、内脏及肢体神经的技能障碍。

② β-淀粉样蛋白学说

β-淀粉样蛋白（Aβ）是β-淀粉样蛋白前体（APP）的酶解产物。在正常生理条件下，APP由α-分泌酶裂解成可溶性的α-APPs蛋白，不产生Aβ；极少部分APP可经β-分泌酶和γ-分泌酶相继作用裂解成β-淀粉样蛋白。人体内存在Aβ清除系统，正常情况下，脑内蛋白水解酶在脑内直接将Aβ水解代谢，或者将其转运到脑脊液、血液中进一步降解清除，从而保持人体内Aβ水平处于相对低的健康水平。AD发病源于Aβ的生成与清除失调，异常分泌和积累的Aβ聚集沉淀于神经胞质中，进而通过激活蛋白激酶，促进Tau蛋白异常磷酸化，引发慢性炎症，激活细胞凋亡，产生自由基，发生氧化应激，最终引起神经细胞死亡。这些病理过程又进一步促进Aβ沉积，最终引发疾病。

③ Tau蛋白学说

神经纤维缠结（NFT）是AD的另一个病理特征，它是由对称螺旋丝在神经元内互相缠结而成，是由高度磷酸化Tau蛋白（PHF-Tau）组成。Tau蛋白是一种微管蛋白相关蛋白，在细胞中促进微管形成和维持微管的稳定性。但在NFT中，Tau蛋白被异常磷酸化，失去了结合微管蛋白的能力，使微管的形成和稳定性发生障碍，导致神经纤维缠结的产生。Tau蛋白的过度磷酸化与Aβ有密切的关系，

Aβ的生成和沉积可以对线粒体产生毒性作用和损伤，造成Ca^{2+}超载，而Ca^{2+}可以激活AaMK-Ⅱ进一步导致Tau过度磷酸化。

④ 氧化应激学说

活性氧（reactive oxygen species，ROS）可使蛋白质、核酸发生氧化，造成基因突变、出现翻译错误，进而影响蛋白质正常功能的发挥。目前认为ROS损伤是引起AD患者脑损害的重要机制之一。AD病变过程中，Aβ通过与线粒体中乙醇脱氢酶结合使得该酶与受体的结合发生异常，促进了氧自由基的生成。ROS水平升高，导致蛋白质被氧化修饰、多肽链折叠异常、DNA突变、糖类被氧化修饰、膜破坏等，促使Aβ和Tau蛋白积聚、神经元细胞凋亡、神经组织损伤，随后引发一系列下游事件，最终导致AD的发生。

⑤ 免疫异常学说

AD的发病机制可能是由于脑内过度激活了炎性反应，过强的免疫反应错误地攻击了自身的神经元，致其损伤和死亡。激活的星形胶质细胞、小胶质细胞以及炎性反应分子及相关信号通路主要驱动了这一免疫炎性反应过程，而受损的突触和神经元可进一步活化炎性反应细胞，造成恶性循环。小胶质细胞最初可通过吞噬作用降低Aβ水平，但其活性增强后，释放的趋化因子可导致炎性反应细胞因子大量释放，导致神经元损伤。

(4) 阿尔茨海默病的治疗

阿尔茨海默病的发病机制复杂，现在有许多科研机构、团队及研究人员针对其发病机制探索出多种治疗手段及相关药物。目前治疗主要依靠药物治疗、细胞治疗、基因治疗、运动治疗及食疗等方法。

药物治疗有西药和中药两种。西药主要有乙酰胆碱酯酶（AchE）抑制剂（如他克林、多奈哌齐、卡巴拉汀、加兰他敏等）、减少Aβ产生和沉淀的药物（如α-分泌酶激动剂、β-分泌酶抑制剂等）、抗氧化剂（如维生素E等）、非甾体抗炎药（如吲哚美辛、替尼达普、阿司匹林等）、激素（如雌激素、褪黑素、胰岛素等）和神经生长因子。中医治疗以补肾药物居于首位，其次为活血化瘀药，第三位的是化痰止咳平喘药。

基因治疗是向靶细胞或组织引入外源基因片段，以其表达产物关闭或抑制异常表达的基因，改变疾病的自然进程，从而达到治疗目的的一种生物医学技术。AD的基因治疗有两种方案：为胆碱能神经元提供营养和降低有神经毒性Aβ

的水平。神经生长因子（NGF）能够阻止神经元死亡，是各类神经元的营养因子。基因治疗时可将NGF基因通过载体转入宿主细胞使其表达，然后再把该细胞回植入患者脑内，或者直接通过载体把NGF基因转入患者脑内。降低有神经毒性的Aβ水平的基因治疗包括免疫治疗、表达特异Aβ蛋白酶和抑制APP水解酶三种方法。基于病毒载体的重组疫苗，用于主动或被动基因免疫，能成功组织或减少AD模型小鼠Aβ的沉积，改善其认知行为。脑啡肽酶是脑中主要的Aβ蛋白酶，由慢病毒、疱疹单一病毒或者CD11b阳性细胞介导脑啡肽酶基因转入脑中，可有效降低Aβ的沉积。APP首先由β-分泌酶切割，再由γ-分泌酶切割生成Aβ，LV介导的β-分泌酶小RNA能明显减少转基因鼠的APP的酶切和Aβ的沉积，改善神经退行性病变和行为缺陷。直接抑制APP基因也可取得同样的效果。

干细胞疗法是治疗阿尔茨海默病的独特方法。干细胞是一类具有增殖和分化潜能的细胞，具有自我更新复制的能力，能够产生高度分化的功能细胞。最常用的干细胞类型是间充质干细胞（MSC）和神经干细胞（NSC）。干细胞移植进入患者体内，通过诱导内源性干细胞活化或者再生受损的细胞或组织，起到治疗的作用。

非药物干预，如进行针刺治疗、适度运动等方式可以减缓AD病情或预防AD发生。除此之外，人们应该避免生活在受污染的环境，做好职业保护，保持良好的生活习惯以及良好心态，以此来预防AD的发病。

10.4.2 帕金森综合征

帕金森综合征（Parkinson disease，PD），又名震颤麻痹，由Parkinson在1817年首先描述。2018年5月11日，卫生健康委、科技部、工业和信息化部、药监局、中医药局五部门联合下发《关于公布第一批罕见病目录的通知》，帕金森病（青年型、早发型）已纳入首批国家版罕见病目录。

（1）帕金森综合征的类型

帕金森综合征是一个大的范畴，包括原发性帕金森病、帕金森叠加综合征、继发性帕金森综合征和遗传变性帕金森综合征。

① 原发性帕金森病

最为常见的一种帕金森疾病类型，发病原因是患者的黑质纹状体的变性、脑内多巴胺含量的减少。患者大多出现的是震颤的症状表现，运动迟缓等症状并不是非常严重，而且该类疾病的病情发展起来也比较慢。

② 帕金森叠加综合征

包括多系统萎缩（MSA）、进行性核上性麻痹（PSP）和皮质基底节变性（CBD）等亚型。疾病早期即出现突出的语言和步态障碍，姿势不稳，中轴肌张力明显高于四肢，无静止性震颤、突出的自主神经功能障碍等症状。

③ 继发性帕金森综合征

由各种病因（脑血管病、中毒、外伤、药物等）造成的以运动迟缓为特征的综合征，各年龄段均可发生。

④ 遗传变性帕金森综合征

指在患者遗传变性疾病的基础上出现帕金森病临床症状的疾病，涉及的疾病主要有亨廷顿（Huntington）病、威尔森（Wilson）病、苍白球-黑质变性、遗传性橄榄-脑桥-小脑萎缩、脊髓小脑变性、家族性基底节钙化等。

（2）帕金森综合征的临床症状

① 静止性震颤

约60% ～ 70%的患者以震颤为首发症状，由一侧上肢远端（手指）开始，逐渐扩展到同侧下肢及对侧肢体，下颌、唇、舌及头部最后受累。静止时震颤明显，随意运动时减轻或停止，精神紧张时加剧，入睡后消失。患者典型的主诉为："我的一只手经常抖动，越是放着不动越抖得厉害，干活拿东西的时候反倒不抖了。遇到生人或激动的时候也抖得厉害，睡着了就不抖了。"

② 肌强直

促动肌与拮抗肌的肌张力增高，被动运动关节阻力始终增高，似弯曲软铅管，故称为"铅管样强直"。患者合并有肢体震颤时，查体感觉阻力有断续停顿，似转动齿轮，故称"齿轮样强直"，是肌强直与静止性震颤叠加所致。患者典型的主诉为"我的肢体发僵发硬"。

③ 运动迟缓

动作变慢，始动困难，主动运动丧失。患者的运动幅度会减小，尤其是重复运动时。根据受累部位的不同，运动迟缓可表现在多个方面。运动障碍发生在面部肌肉上时，表情呆板，眨眼减少，双眼凝视前方，称为面具脸。写字逐渐变得困难，越写越小，称为小写症。迈步困难，转身停止困难，流涎，吞咽困难，饮水呛咳，走路不甩臂等。早期患者的典型主诉为"我最近发现自己的右手（或左手）不得劲，不如以前利落，写字不像以前那么漂亮了，打鸡蛋的时候觉得右手不听使唤，不如另一只手灵活。走路的时候觉得右腿（或左腿）发沉，似乎有点拖拉。”

④ 姿势步态异常

姿势反射消失往往在疾病的中晚期出现，患者不易维持身体的平衡，稍不平整的路面即有可能跌倒。行走时常常会越走越快，不易止步，称为慌张步态。晚期帕金森病患者可出现冻结现象，表现为行走时突然出现短暂的不能迈步，双足似乎粘在地上，须停顿数秒钟后才能再继续前行或无法再次启动。

⑤ 非运动症状

帕金森病患者除了震颤和行动迟缓等运动症状外，还可出现情绪低落、焦虑、睡眠障碍、认知障碍等非运动症状。疲劳感也是帕金森病常见的非运动症状。

（3）帕金森综合征的引发因素

① 环境因素

20世纪80年代美国学者Langston等发现一些吸毒者会快速出现典型的帕金森病样症状，且对左旋多巴制剂有效。研究发现，吸毒者吸食的合成海洛因中含有一种1-甲基-4-苯基-1, 2, 3, 6-四氢吡啶（MPTP）的嗜神经毒性物质，MPTP在化学结构上与某些杀虫剂和除草剂相似，认为环境中与该神经毒结构类似的化学物质可能是帕金森的病因之一。但是在众多暴露于MPTP的吸毒者中仅少数发病，提示PD可能是多种因素共同作用的结果。

② 遗传因素

遗传因素在PD发病机制中的作用越来越受到学者们的重视。自20世纪90年代后期第一个帕金森病致病基因α-突触核蛋白（α-synuclein，PARK1）发现以来，至少发现10个单基因（Park1-10）与家族性帕金森病连锁的基因位点，已有6个与家族性帕金森病相关的致病基因被克隆。但帕金森病中仅5% ～ 10%有家族史，大部分还是散发病例。

③ 年龄老化

PD的发病率和患病率均随年龄的增高而增加。PD多在60岁以上发病，这提示发病与衰老有关。资料表明，随年龄增长，正常成年人脑内黑质多巴胺能神经元会渐进性减少。黑质多巴胺能神经元退行性变程度与发病有关。

④ 其他

除了年龄老化、遗传因素外，脑外伤、吸烟、饮咖啡等因素也可能增加或降低罹患PD的危险性。吸烟与PD的发生呈负相关，这在多项研究中均得到了一致的结论。咖啡因也具有类似的保护作用。严重的脑外伤则可能增加患PD的风险。

总之，帕金森病可能是多个基因和环境因素相互作用的结果。

（4）帕金森综合征的病理生理

帕金森病突出的病理改变是中脑黑质多巴胺（dopamine，DA）能神经元的变性死亡、纹状体DA含量显著性减少以及黑质残存神经元胞质内出现嗜酸性包涵体，即路易小体（Lewy body）。正常时多巴胺能神经递质与胆碱能神经递质处于平衡状态，共同调节运动功能。当多巴胺能神经功能减弱时，胆碱能神经功能相对占优势，平衡状态被打破，进而导致帕金森病发生。

（5）帕金森综合征的治疗

原则上，帕金森病一旦确诊就应及早予以保护性治疗。目前应用的治疗手段主要是改善症状，但尚不能阻止病情的进展。

药物治疗是帕金森病最主要的治疗手段，左旋多巴制剂仍是目前最有效的药物。早期治疗药物主要有非麦角类多巴胺受体（DR）激动剂、单胺氧化酶B型（MAO-B）抑制剂、金刚烷胺/抗胆碱能药物、复方左旋多巴+儿茶酚-氧位-甲基转移酶（COMT）抑制剂、复方左旋多巴等。早期首选DR激动剂、MAO-B抑制剂或金刚烷胺/抗胆碱能药物治疗的患者，发展至中期阶段，原有的药物不能很好地控制症状时应添加复方左旋多巴治疗；早期即选用低剂量复方左旋多巴治疗的患者，至中期阶段症状控制不理想时应适当加大剂量或添加DR激动剂、MAO-B抑制剂、金刚烷胺或COMT抑制剂。晚期患者由于疾病本身的进展及运动并发症的出现治疗相对复杂，处理也较困难。因此，在治疗之初即应结合患者的实际情况制定合理的治疗方案，尽量延缓运动并发症的出现，延长患者有效治疗的时间窗。

手术治疗是药物治疗的一种有效补充。康复治疗、心理治疗及良好的护理也能在一定程度上改善症状。随着研究的深入，细胞治疗和基因治疗在一定程度上也取得了成功。

参考文献

陈生弟，2020. 中国帕金森病治疗指南（第四版）[J]. 中华神经科杂志，53（12）：973-986.

陈思，董培良，2016. 阿尔兹海默症与氧化应激反应的关系及抗氧化药物的研究进展[J]. 中国现代医药杂志，18（11）：98-100.

凡复，陈建国，任宏伟，2013. 帕金森病和阿尔茨海默氏病的基因治疗研究进展[J]. 中国生物工程杂志，33（4）：129-135.

封敏，侯天舒，于美玲，等，2014. 针刺对突触可塑性的影响及机制研究进展[J]. 时珍国医国药，25（1）：172-174.

郜茜. *Klotho* 基因功能研究进展[J]. 青海医学院学报，2010，31（2）：123-127.

葛亮，王桦，曾尔亢，等，2014. 衰老相关基因研究进展[J]. 中国老年学杂志，（22）：6529-6532.

侯艳，鲍秀琦，刘耕陶，2009. 生命基因在衰老和阿尔茨海默病中的作用及其药理学研究进展[J]. 药学学报，44（8）：825-832.

胡才友，2007. 长寿的遗传机制研究进展[J]. 广西医学，29：17-19.

胡作为，周燕萍，沈自尹，等，2004. *p16* 基因与细胞衰老关系的研究进展[J]. 国际遗传学杂志，（4）：200-202.

黄鑫，高旭东，梁剑平，等，2016. 阿尔兹海默病致病机制及环境对其发病影响[J]. 西北民族大学学报（自然科学版），37（2）：51-56，82.

黎湘娟，张志勇，覃健，等，2010. *FOXO3A* 基因多态性与广西巴马县长寿现象的相关性研究[J]. 环境与健康杂志，27（1）：54-56.

李韩，2015. 干细胞治疗神经性疾病的最新研究进展[J]. 医学综述，21（10）：1729-1732.

李响，梁杰，罗少军，2009. 遗传程序学说与衰老[J]. 医学综述，（2）：207-209.

毛玉琴，韩三峰，王立顺，等，2014. 秀丽隐杆线虫中与衰老相关的DAF-2/IGF-1信号通路研究进展[J]. 上海交通大学学报（医学版），（6）：929-933.

童坦君，张宗玉，2003. 衰老机制的现代学说[J]. 中国老年保健医学杂志，1（3）：3-6.

王刚，崔海伦，刘军，等，2018. 帕金森病发病机制及诊断与治疗转化研究进展[J]. 中国现代神经疾病杂志，18（1）：19-24.

王亚平，2009. 干细胞衰老与疾病[M]. 北京：科学出版社.

吴鑫苏，2007. 人类寿命学[M]. 北京：中国医药科技出版社.

吴平，2002. 衰老的遗传程序学说及其研究进展[J]. 中国检验医学与临床，3（1）：40-41.

吴振庚，荣永梅，1981. 衰老的自由基学说[J]. 中国老年学杂志，（1）：37-45.

于德红，魏朝良，包永明，2006. 阿尔兹海默病与氧化应激[J]. 生物医学工程学杂志，23（5）：1142-1144.

张琳琳，宋宛珊，王凯，等，2017. 阿尔茨海默病发病机制及药物治疗研究进展[J]. 世界中医药，12（5）：1200-1203，1208.

张敏，白睿，李沛删，等，2021. 平衡功能康复训练改善帕金森病患者步态障碍的疗效观察[J]. 中国使用神经疾病杂志，24（9）：781-786.

赵燕燕，刘新霞，陈春生，等，2010. 运动训练对老年痴呆小鼠的改善作用[J]. 中国老年学杂志，30（7）：931-934.

朱勤岚，2003. 衰老相关的基因及其表达的变化研究[J]. 中国检验医学与临床，4（1）：30-31.

朱振霞，于浩，谢文丽，2021. 阿尔茨海默症发病机制及治疗药物研究进展[J]. 武警后勤学院学报（医学版），30（5）：146-149.

Bradley J W，Timothy A D，He Q M，et al.，2008. *FOXO3A* genotype is strongly associated with human longevity[J]. PNAS，105（37）：13987-13992.

Cao N，Liao T L，Liu J J，et al.，2017. Clinical-grade human umbilical cord-derived mesenchymal stem cells reverse cognitive aging via improving synaptic plasticity and endogenous neurogenesis[J]. Cell Death and Disease，（8）：1-11.

Erika J W，Filomene G M，Danielle R S，et al.，2019. The goddess who spins the thread of life: Klotho，psychiatric stress，and accelerated aging[J]. Brain，Behavior，and Immunity，80：193-203.

Jia Y L，Cao N，Zhai J L，et al.，2020. HGF mediates clinical-grade humanumbilical cord-derived mesenchymal stem cells improved functional recovery in asenescence-accelerated mouse model of Alzheimer’s disease[J]. Advanced Science，DOI：10.1002/advs. 201903809.

Liu B，Larsson L，Franssens V，et al.，2011. Segregation of protein aggregates involves actin and the polarity machinery[J]. Cell，147（5）：959-961.

Zhao H K，Ji Q Z，Wu Z，et al.，2022. Destabilizing heterochromatin by APOE mediates senescence[J]. Nature Aging，2：303-316.

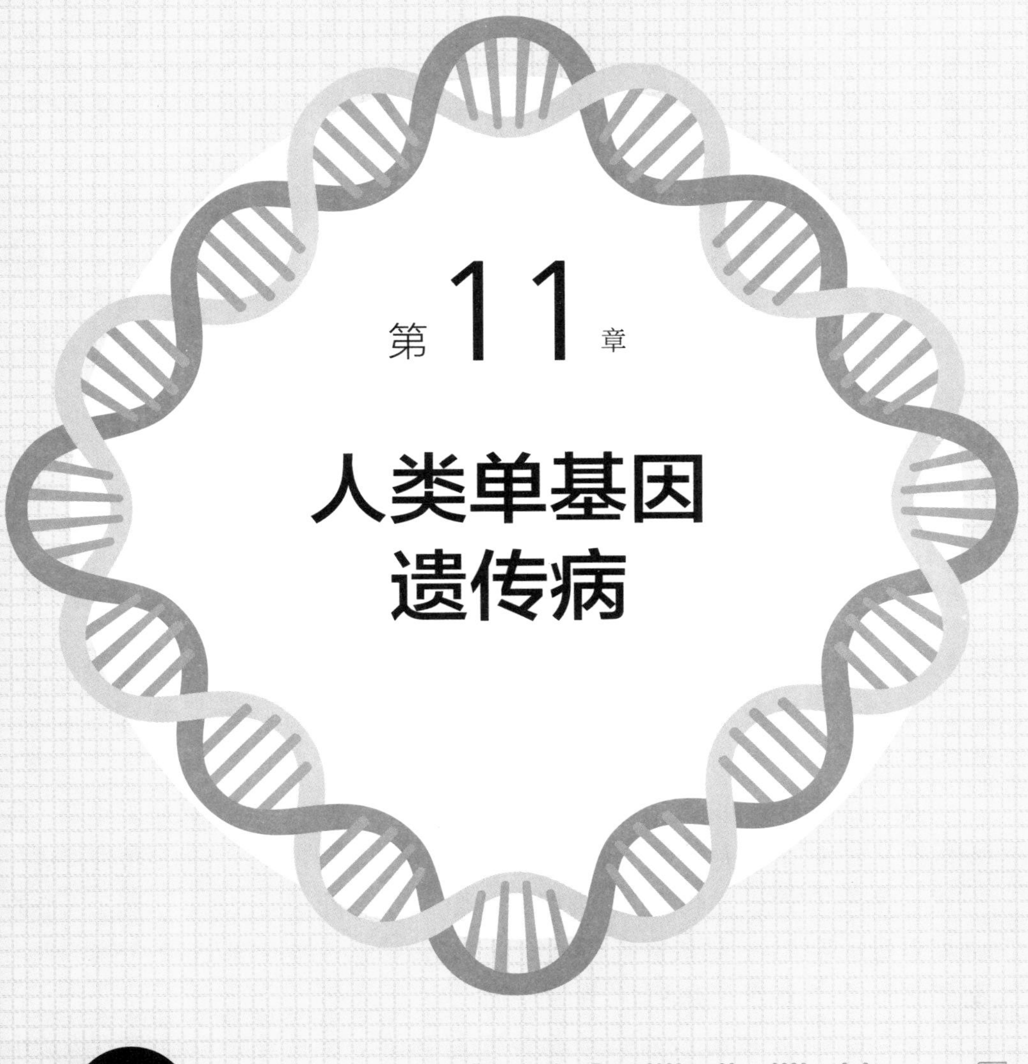

第11章

人类单基因遗传病

本章知识点

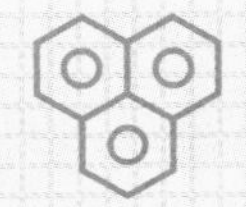

- ★ 人类遗传病概述
- ★ 常染色体显性遗传病的遗传
- ★ 常染色体隐性遗传病的遗传
- ★ X连锁隐性遗传病的遗传
- ★ X连锁显性遗传病的遗传
- ★ Y连锁遗传病的遗传

人类的疾病种类繁多，是机体遗传因素（内因）与环境因素（外因）相互作用的结果。根据与遗传的关系，人类疾病大致分为以下几种：① 发病完全取决于环境因素，与遗传无关，如外伤、传染病等。但是传染病，遗传因素有时也起十分重要的作用，例如有的个体易感某种传染病，有的却相反。② 完全由遗传因素决定而发病，如染色体病（唐氏综合征、杜纳氏综合征等）和某些单基因遗传病（白化病、血友病等）。③ 基本上由遗传决定，但是需要环境中的一定诱发因素才发病，如苯丙酮尿症、蚕豆病等。④ 遗传和环境对发病都有作用，遗传因素对发病作用的大小是不同的。遗传率在70%以上的，说明遗传因素比较重要，如糖尿病、精神分裂症等；遗传率在40%以下，说明环境因素是主要的，如十二指肠溃疡等。

人类遗传病概述

人类遗传病是指由遗传基础发生变化所引起的疾病且可以遗传。近年来，随着医疗卫生事业的发展，人类的传染病已逐渐得到控制，而人类的遗传性疾病却有逐年增高的趋势，遗传病已成为威胁人类健康的一个重要因素，引起了人们的高度重视。据统计，遗传病有6000多种，遗传病患者约占总人口的15%，平均每年增加100多种新探明的遗传性综合征。

遗传病在临床表现上往往与非遗传病是相似的，但是其发病机制和在家族中的表现方式与非遗传病有明显的区别。遗传病主要有四个特点：① 垂直传递性。遗传病的传递方式是垂直传递，即亲代传给子代，不会延伸到无亲缘关系的个体。② 家族性。遗传病常常表现出家族聚集现象，即在一个家族中有两个以上的患者。但要注意，显性遗传病家族现象最为明显，隐性遗传病和染色体病没有家族史，往往几代人中只出现个别患者。而有些非遗传性病，由于家族成员生活在相同的环境条件下而同患某种疾病，也表现出家族性特点，如缺乏维生素A引起的夜盲症。③ 先天性。遗传性疾病往往在个体未出生之前或生下来时即存在，但是先天性并不都是遗传疾病，如由母亲接触致畸物质而引起的胎儿先天性心脏病等发育缺陷性疾病就不是遗传病。当然也并不是所有的遗传病在出生时就表现出症状。如原发性血色病是一种铁代谢障碍疾病，只有当铁量积存到15g以上时才发病。④ 终生性。非遗传性疾病往往通过治疗可以痊愈，但是遗传病的表现往往是终生的。遗传病是由遗传物质的变异引起的，要治愈必须使变异的基因恢复到正常状态。随着技术的发展，基因治疗已经达到一定的水平，但是还没有办法精准有效地对特定部位的损坏或变异基因进行修复或校正。

现代医学遗传学将人类遗传病分为单基因遗传病、多基因遗传病、染色体病、体细胞遗传病和线粒体遗传病等五种类型。本章主要介绍单基因遗传病，第12章和第13章将介绍多基因遗传病和染色体病。

单基因遗传病是由单基因突变所导致的疾病，按照孟德尔遗传规律传递给后代。目前已发现3000多种单基因遗传病。根据基因所在的染色体和控制或主导基因的显隐性分为：常染色体显性遗传病、常染色体隐性遗传病、伴X显性遗传病、伴X隐性遗传病和伴Y遗传病。

常染色体显性遗传病的遗传

常染色体显性遗传病（autosomal dominant inheritance）的致病基因位于1～22号常染色体上，由显性致病基因控制疾病的发生。患者基因型为AA或Aa，正常基因型为aa，通常是结构或功能蛋白基因异常所致。

在生物界中显性性状是普遍存在的，但是显性性状有不同的表现形式。根据显性基因表达程度的不同，人类常染色体显性遗传可分为完全显性遗传、不完全显性遗传、共显性遗传、不规则显性遗传、延迟显性遗传等。

11.2.1 完全显性遗传

将相对性状具有差异的一对亲本进行杂交，F_1代只表现显性亲本的性状，即杂合体（Aa）和纯合体（AA）都表现显性性状的遗传方式，称为完全显性（complete dominantance）。只要带有显性致病基因，就表现出症状。完全显性遗传病的遗传特点为：F_1代是否患病与性别无关，男女发病的机会均等；患者的双亲中若有一人是显性基因携带者（Aa），子女中约有1/2患病概率；连续遗传的现象，即通常每代都有患者出现；父母均无病患，子女不会患此病。

家族性结肠息肉、短指（趾）症、并指（趾）症等是人类典型的完全显性遗传疾病。

（1）家族性结肠息肉

家族性结肠息肉又称家族性腺瘤样息肉病，结肠上长有大小不等的肉瘤，不属于癌症，但是可以发生癌变。主要症状包括腹部不适、腹痛、腹泻、疲劳、贫血等，严重者可发生结肠癌、肠梗阻等。家族性结肠息肉的基因*APC*已定位于5号染色体长臂21～22区域（5q21～q22），是一种抑癌基因。在*APC*基因有杂合性缺失的基础上，又经癌基因*K-ras-2*、抑癌基因*DCC*和*p53*的改变才形成结肠腺癌。家族性结肠息肉在群体中的发病率为1/10000～1/8000，可通过手术治疗。由家族性结肠息肉恶变导致的癌症，占所有结肠癌和直肠癌的1%。患有家族性结肠息肉的患者到40岁以后，几乎100%发生结肠癌。

（2）短指（趾）症

短指（趾）症是人类一种指（趾）畸形遗传病，不仅手、足的指（趾）短，指（趾）节数也减少，并且身材矮小。根据临床表现，短指（趾）症分为A、B、C、D、E五种类型，A型有A1、A2、A3、A4、A5和A6六种亚型，E型有E1、E2和E3三种亚型。可通过手术对短指（趾）症进行矫正。

（3）并指（趾）症

并指（趾）症是在肢体发育过程中，相邻的手指或脚趾没有分开造成的肢体畸形。具有显著的临床异质性，可以累及单侧或双侧，可以呈对称或不对称畸形。表型多变，可以部分并指或完全并指，皮肤融合性并指或骨性融合并指，可以仅涉及指骨，也可以进一步延伸至掌骨或跖骨，甚至到腕骨或跗骨水平。并指（趾）症根据临床症状的不同又分为Ⅰ～Ⅴ五种类型，可通过手术进行矫正。并指有时可以和多指同时发生。

11.2.2 不完全显性遗传

不完全显性遗传（incomplete dominant inheritance）是指单位性状具有相对差异的两个亲本杂交，F_1代性状表现为双亲性状的中间类型，即杂合体（Aa）

的表现型介于显性纯合体（AA）和隐性纯合体（aa）两种表现型之间，表现为中间性状，显性基因A和隐性基因a都有一定程度的表达。在不完全显性遗传病中，杂合体Aa常为轻型患者，纯合体AA常为重型患者。

人类不完全显性遗传病主要有：软骨发育不全症、β-地中海贫血症、苯硫脲（PTC）尝味能力、家族性高胆固醇血症等。

（1）软骨发育不全症

软骨发育不全症是由长骨骨骺端软骨细胞形成及骨化障碍，影响了骨的生长所致。显性纯合体患者病情严重，多在胎儿期或新生儿期死亡；杂合体患者四肢短粗，下肢向内弯曲，腰椎明显前突，腹部明显隆起，头大，身高1.3米左右。临床上常见的软骨发育不全症患者多为杂合体。基因定位在4号染色体短臂上。

（2）β-地中海贫血症

人类血红蛋白（Hb）是由血红素和珠蛋白组成的球形大分子化合物。每个Hb分子含有4条珠蛋白肽链，珠蛋白肽链有两大类，即α类链与非α类链，非α类链包括β、γ、δ、ε等。不同肽链构成的血红蛋白种类也有差异。正常成年人的Hb主要为HbA（α2β2），占90%以上，最有利于氧的结合与释放；其次为HbA2（α2δ2，2%～3%）和HbF（α2γ2，＜2%）。新生儿和婴儿的HbF水平显著高于成年人，新生儿HbF占Hb总量的70%左右，1岁后逐渐降至成人水平。根据不同类型珠蛋白基因缺失或缺陷，可将地中海贫血分为α-地中海贫血、β-地中海贫血、δ-地中海贫血、γ-地中海贫血以及少见的ε-地中海贫血，前两种类型常见。

β-地中海贫血症又称为β-珠蛋白生成障碍性贫血，是指珠蛋白β-链受到部分或完全抑制而引起的一种溶血性疾病。患儿出生时无症状，多在婴儿期发病，出生后3～6个月内发病者占50%，偶有新生儿期发病者。发病年龄愈早，病情愈重。

致病基因β^O纯合，即基因型为$\beta^O\beta^O$时，患者病情严重，严重溶血性贫血；杂合体$\beta^O\beta^A$时，病情较轻，轻度贫血；正常基因纯合子$\beta^A\beta^A$表现正常。从临床症状来看，杂合体$\beta^O\beta^A$病情较纯合子$\beta^O\beta^O$轻。

根据临床表现，将β-地中海贫血症分为重型、中间型和轻型三种类型。轻型地中海贫血可正常生活，但可能出现轻微的贫血，一般不需要治疗。中间型β-地中海贫血的β链减少，中度贫血，脾脏轻度或重度肿大，骨骼改变较轻；一般不输血，但遇感染、应激、手术等情况下，可适当给予浓缩红细胞输注。重型β-地中海贫血由于不能获得血红蛋白的β链而产生，贫血严重；高量输血联合除铁治疗是基本的治疗措施，造血干细胞移植（包括骨髓、外周血、脐血）是根治本病的唯一临床方法，基因治疗也取得了很大的进展。

（3）苯硫脲尝味能力

苯硫脲（PTC）是一种白色结晶状物质，因含有N—C═S基团而有苦涩味，可用于人类味觉测试。有人能尝出其苦味，称为PTC尝味者；有些人不能尝出其苦味，称为PTC味盲者。我国汉族居民中，味盲者约占1/10。

人类尝味基因*TAS2R38*位于7号染色体上。显性纯合体TT能尝出浓度在1/750000g/mL以下的PTC溶液苦味；隐性纯合体tt只能尝出浓度大于1/24000g/mL的PTC溶液的苦味；杂合体Tt介于两者之间，能尝出1/380000 ～ 1/48000g/mL左右的浓度。

（4）家族性高胆固醇血症

家族性高胆固醇血症（FH）又称家族性高β脂蛋白血症。临床特点是血浆高胆固醇、特征性黄色瘤、角膜弓和早发性冠心病，主要是由低密度脂蛋白受体（LDLR）基因突变导致的。

显性纯合子血浆胆固醇浓度约600 ～ 1200mg/dL，较正常人高6 ～ 8倍；杂合子血浆胆固醇浓度约300 ～ 400mg/dL，是正常人的2 ～ 3倍，但也有些杂合子患者血浆胆固醇浓度增高不明显。

血浆胆固醇浓度增高促使胆固醇在身体其他组织沉着。沉积在肌腱者称肌腱黄色瘤，以跟腱和手部伸肌腱多见，为FH的特有表现；在肘部和膝下也易形成结节状黄色瘤；眼睑处可形成扁平状黄色瘤。随着年龄的增长，肌腱黄色瘤更常见。

胆固醇在角膜浸润则形成角膜弓。纯合子在10岁以前即可出现，杂合子多在30岁后出现。

纯合子FH多在10岁左右就出现冠心病的症状和体征，降主动脉、腹主动脉、胸主动脉和肺动脉主干易发生严重的动脉粥样硬化，心瓣膜和心内膜表面也可形成黄色瘤斑块，多在30岁以前死于心血管疾病。男性杂合子30 ～ 40岁就可患冠心病，女性杂合子的发病年龄较男性晚10年左右。

11.2.3　共显性遗传

共显性遗传（codominant inheritance）是指单位性状具有相对差异的两个亲

本杂交，F_1代同时表现双亲的性状。一对常染色体上的等位基因，彼此间没有显性和隐性的区别，在杂合体状态时，两种基因都能表达，分别独立地产生基因产物，形成相应的表型。

人ABO血型是典型的共显性遗传，其遗传规律在第8章已经详细阐述。此外，人类的MN血型、人类组织相容性抗原（HLA）系统等都属于共显性遗传。

11.2.4 不规则显性遗传

在常染色体显性遗传中，杂合体（Aa）在不同的条件下表现不同，可能表现完全显性，可能表现隐性，也可能虽然表现显性但是表现的程度不同。这种显性的传递规律不规则，因此称为不规则显性遗传（irregular dominance inheritance）。

显性基因在杂合子状态下是否表达相应的性状，常用外显率来衡量。外显率（penetrance）是指一定基因型的个体在特定的环境中形成相应表现型的百分率。例如，在10名杂合体（Aa）中，只有8名形成了与基因（A）相应的性状，就认为A的外显率为80%。如果外显率为100%，称为完全外显；如果只有部分个体的显性基因得到表达，则称为不完全外显。由于外显不完全，在一些家谱中会出现隔代遗传的现象。完全不表达的杂合体，称为钝挫型。钝挫型的致病基因虽未表达，但仍可传给后代。

另外，有些杂合体，显性基因A的作用虽然都表现出相应的性状，但在不同个体间，同一种遗传病表现出的轻重程度有所不同，如多指（趾）症，就有多指（趾）数目不一，多出指（趾）的长短不等的现象。这种杂合子因某种原因而导致个体间表现程度的差异，一般用表现度（expressivity）来表示。

外显率与表现度是两个不同的概念，前者是说明基因表达与否，是群体概念。后者说明的是在基因的作用都表达的情况下表达的程度不同，是个体概念。

人类不规则显性遗传病主要有：成骨发育不全症、多指症、马方综合征（Marfan syndrome）等。

（1）成骨发育不全症

成骨发育不全症，又称成骨不全、脆骨病、先天性发育不全、瓷娃娃、原发性骨脆症等。2018年被收录在《第一批罕见病目录》中。致病基因定位在17号染色体长臂上。

先天性成骨发育不全主要有以下几方面的临床表现：① 反复多次骨折：患

者有多次骨折病史，骨折最多可达数百次。随着年龄增长，骨折次数逐渐减少。骨折后呈畸形愈合，长骨弯曲，儿童期就可以出现脊柱侧弯或者驼背等，致使身材矮小。② 蓝色巩膜：由于结缔组织缺乏，巩膜内胶原减少和变薄，使里面的脉络膜色素外显，在角膜周围呈蓝色环。③ 成齿不全：患者牙本质发育不良，乳牙和恒牙均可受累。表现为牙齿短、扁平，呈黄棕色、灰黄色或者透明的蓝色。牙齿易碎和易发生龋齿。④ 耳聋：耳聋开始于不同年龄，以青春期后为多，是由耳听骨硬化或者神经受压所致的传导性或神经性耳聋。

无特殊治疗方法，主要是预防骨折。药物治疗疗效不肯定。干细胞治疗和基因治疗方法有待进一步研究、鉴定，短时间内还不能应用于临床。

（2）多指（趾）症

多指（趾）症是指正常手指以外的手指赘生，或者足手指的指骨赘生，或足单纯软组织成分赘生，或足掌骨赘生等。

杂合体Aa有时候表型正常，有时候表现多指症状，但是多指症状的程度强弱不同。

（3）马方综合征

马方综合征是一种遗传性结缔组织疾病，又称蜘蛛指（趾）症。患病特征为四肢、手指、脚趾细长不匀称，身高明显超出常人，两臂伸开的长度大于身高，脚、手大，指（趾）细长，头长；肌肉系统发育较差，皮脂少。伴有心血管系统异常，特别是合并的心脏瓣膜异常和主动脉瘤。该病同时可能影响肺、眼、硬脊膜、硬腭等其他器官。

人类第15号染色体长臂21.1位点（15q21.1）上的*FBN1*基因，编码微纤维蛋白，此基因发生突变后，便会导致马方综合征的产生。

不同个体所具有的不同的遗传背景和生物的内外环境对基因的表达所产生的影响，可能是引起不规则显性的重要原因。影响显性基因表达的遗传背景主要是由于细胞内存在修饰基因。遗传上把对表型起主要控制作用的基因称为主基因（major gene），而把位于其他位置、对主基因的表达有一定影响的基因称为修饰基因（modifier gene）。有的修饰基因能增强主基因的作用，使主基因所决定的性状表达完全；有的修饰基因能减弱主基因的作用，使主基因所决定的性状得不到表达或表达不完全。此外，各种影响性状发育的环境因素可能作为一种修饰因子影响主基因的表达，从而起到修饰的作用。

11.2.5 延迟显性遗传

有些显性遗传性状杂合子Aa并非出生后就表现出来，而是个体发育到一定年龄时才表现，这种遗传方式称为延迟显性遗传（delayed dominance inheritance）。

亨廷顿病（Huntington disease）、肌强直性营养不良等是人类典型延迟显性遗传病。

（1）亨廷顿病

亨廷顿病，又称亨廷顿舞蹈症、慢性进行性舞蹈病、大舞蹈病。患者20岁前很少发病，一般在40岁左右发病，也有提早至20岁或晚至60岁发病的。2018年该病被收录在我国《第一批罕见病目录》中。

大脑基底神经节变性导致进行性加重的不自主舞蹈样动作，多数以舞蹈动作为首发症状，开始时不自主运动较轻，以后症状不断加重，不能独立行走，并出现智力衰退、痴呆。

亨廷顿病缺陷基因位于4号染色体短臂16.3位点（4p16.3），编码一种称为Huntington的蛋白质，在基因编码区的5′端有一段CAG（谷氨酸）重复序列，重复的拷贝数与疾病的早晚和严重程度成正比。正常人的CAG重复数在11～34个，而患者的重复数大于36次，最多可超过120次。

（2）肌强直性营养不良

肌强直性营养不良是一种以进行性肌无力、肌萎缩和肌强直为主要特点的常染色体显性遗传性多系统疾病。2018年被收录在我国《第一批罕见病目录》中。

该病包括两类，1型是由蛋白激酶基因（*DMPK*基因）3′端非编码区CTG三核苷酸重复序列增多所致，患者症状一般较重，发病率约为1/8000～1/7000。2型是由细胞核酸结合蛋白基因（*CNBP*或*ZNP9*基因）1号内含子CCTG四核苷酸重复序列增多所致，少见，患者症状一般较轻。

手部肌肉强直，表现为双手握拳后松开费力，伴随手部肌肉的无力；面部肌肉强直表现为用力闭眼后不能迅速睁眼；颈部肌肉无力导致抬头困难。随着病情进展加重会出现前臂及手部肌肉萎缩，小腿肌肉无力和萎缩导致足下垂，行走时足尖抬起费力；面肌、咬肌、颞肌萎缩会导致面容瘦长，状似斧头，故名斧头脸；舌和咽喉肌肉无力导致吞咽和说话困难。发病早的患者易于出现其他系统受累的表现，如内分泌异常、心脏失常、白内障、认知功能障碍、胃肠道功能障碍等。

常染色体隐性遗传病的遗传

常染色体隐性遗传病（autosomal recessive inheritance，AR）的致病基因位于1～22号常染色体上，且基因的性质是隐性的。患者基因型为aa，基因型Aa的表现正常但携带致病基因，可把致病基因a传递给后代。

11.3.1　常染色体隐性遗传病的遗传特点

常染色体隐性遗传病的遗传特点为：当双亲都是隐性基因携带者时，子代才出现隐性遗传性状；遗传性状的表现与性别无关；系谱中表现散发，不是每一代都出现，能隔代遗传；近亲结婚会增加患病的概率。

11.3.2　人类常见常染色体隐性遗传病

临床上见到的常染色体隐性遗传病患者大多是两个携带者的后代。常见的常染色体隐性遗传病有苯丙酮尿症、白化病、黑尿症、半乳糖血症、镰刀型细胞贫血症、着色性干皮病、早老症、黏多糖贮积症、囊性纤维病等。

（1）苯丙酮尿症

苯丙酮尿症（phenylketonuria，PKU）是一种常见的氨基酸代谢病，是由于苯丙氨酸（PA）代谢途径中的苯丙氨酸羟化酶（PHA）缺陷，苯丙氨酸不能转变成为酪氨酸，导致苯丙氨酸及其酮酸蓄积，并从尿中大量排出（图11.1）。我国发病率约为1/16500。2018年苯丙酮尿症被收在我国《第一批罕见病目录》中。

患者主要临床特征为智力低下、精神神经症状、湿疹、头发细黄、皮肤色浅、尿液中常有令人不快的鼠尿味。

低苯丙氨酸饮食疗法是目前治疗典型PKU的唯一方法，治疗的目的是预防脑损伤。对于非典型PKU的治疗除了饮食治疗以外，还应补充多种神经介质，如四氢生物蝶呤（BH4）、多巴、5-羟色胺、叶酸等。

（2）白化病

白化病是由酪氨酸酶缺乏或功能减退引起的一种皮肤及附属器官黑色素缺乏或合成障碍所导致的遗传性白斑病（图11.1），不同地区人群的患病率差异很大。2018年白化病被收录在我国《第一批罕见病目录》中。

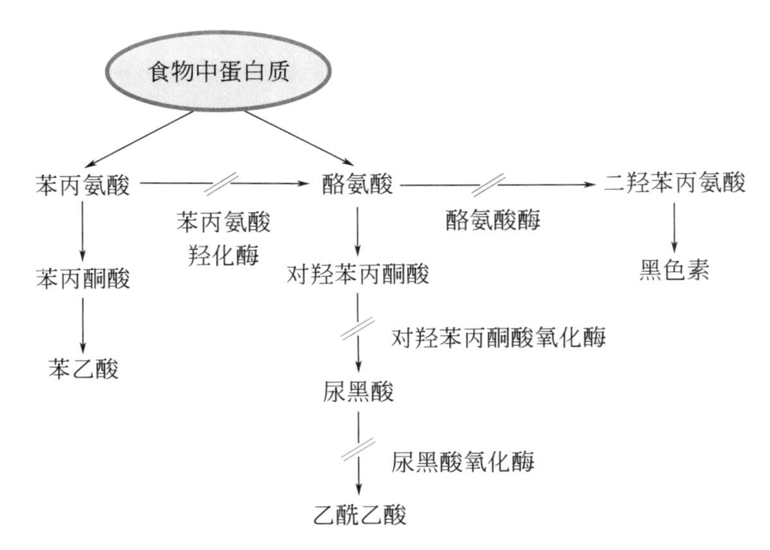

图11.1　苯丙氨酸代谢示意图及代谢障碍相关疾病的发病机理

白化病患者全身皮肤缺乏黑色素而呈乳白或粉红色，柔嫩发干，毛发变为淡白或淡黄。由于缺乏黑色素的保护，患者皮肤对光线高度敏感，日晒后易发生晒斑和各种光感性皮炎，皮肤晒后不变黑。也常发生光照性唇炎、毛细血管扩张，有的发生日光性角化，并可发生基底细胞癌或鳞状细胞癌。眼部由于色素缺乏，虹膜为粉红或淡蓝色，常有畏光、流泪、眼球震颤及散光等症状。大多数白化病患者体力及智力发育较差。

（3）黑尿症

黑尿症（alcaptonuria）即病人的尿色发黑而得名。患者由于无法合成尿黑酸氧化酶，使黑尿病患者尿里含有大量尿黑酸（图11.1）。尿黑酸本身是无颜色的，但是在空气中一段时间后会变成黑色。

尿黑酸对人体有毒性，会造成骨骼、肝脏和肾脏等器官的损害。目前没有好的治疗方法，治疗以饮食调理为主，可以适当配合药物，但是药物治疗效果不太确切。早期可以注意限制苯丙氨酸、酪氨酸的摄入量，配合应用维生素C，后期多无好的治疗方法。

（4）半乳糖血症

半乳糖血症是一种糖类代谢病，为血半乳糖增高的中毒性临床代谢综合征。2018年半乳糖血症被收录在我国《第一批罕见病目录》中。

半乳糖在半乳糖激酶的作用下与ATP反应生成半乳糖-1-磷酸，半乳糖-1-磷酸在半乳糖-1-磷酸尿苷转移酶的作用下与尿苷二磷酸葡萄糖（UDP-葡萄糖）发生置换反应，生成葡萄糖-1-磷酸和尿苷二磷酸半乳糖（GALT反应）。尿苷二磷酸半乳糖可以合成乳糖、合成大分子（如蛋白质和糖脂）以及在尿苷二磷酸半乳糖-4-表异构酶作用下异构成尿苷二磷酸葡萄糖。葡萄糖-1-磷酸在磷酸葡萄糖变位酶的作用下转化成葡萄糖-6-磷酸，葡萄糖-6-磷酸进入三羧酸循环最终氧化成二氧化碳和水。任何一种酶先天性缺陷均可致半乳糖血症。

半乳糖血症Ⅰ型是经典类型，是由半乳糖-1-磷酸尿苷转移酶缺乏，导致半乳糖-1-磷酸在脑、肝、肾等处积累，出现损伤而致病。半乳糖-1-磷酸尿苷转移酶基因在第9号染色体短臂。

半乳糖血症Ⅱ型是半乳糖激酶缺乏，导致半乳糖在体内积累，导致损伤而致病。半乳糖激酶基因在第17号染色体长臂。

半乳糖血症Ⅲ型是尿苷二磷酸半乳糖-4-表异构酶缺乏而致病的，基因定位在1号染色体短臂上。临床表现多变，可无临床症状或类似经典半乳糖血症。

半乳糖血症患儿出生后数日至数周即有呕吐、腹泻、黄疸，随之发生脱水，体重下降，肝损害，1～2个月后出现白内障。如不戒奶，则智力发育障碍，症状进行性加剧。

（5）镰刀型细胞贫血病

镰刀型细胞贫血病是一种遗传性血红蛋白病，因为血红蛋白β-肽链第6位氨基酸谷氨酸被缬氨酸所代替，即遗传物质DNA中的CTT突变成CAT，形成异常的血红蛋白S（HbS），取代了正常血红蛋白（HbA）。氧分压下降时血红蛋白S分子之间相互作用，成为螺旋形多聚体，使红细胞扭曲成镰刀状细胞，从而发生溶血、堵塞毛细血管等，引起相关症状。2018年镰刀型细胞贫血病被收录在我国《第一批罕见病目录》中。

致病基因的纯合体贫血严重，发育不良，关节、腹部和肌肉疼痛，多在幼年期死亡。杂合体大部分无症状，有的只有轻度的贫血，但是在剧烈运动导致体内缺氧时，红细胞就会发生“镰变”，阻塞血管，引起全身发烧，肌肉酸痛，大量红细胞被脾脏吞噬，血红蛋白下降，机体运输氧气和二氧化碳的能力降低，造成机体红细胞破坏和缺氧的恶性循环。

（6）着色性干皮病

着色性干皮病是一个与DNA损伤修复缺陷有关的人类疾病，可累及各种族人群。患者的皮肤部位缺乏核酸内切酶，不能修复被紫外线损伤的皮肤DNA，因此在日光照射后皮肤容易被紫外线损伤，先是出现皮肤炎症，继而可发生皮肤癌。患者平均寿命不到20岁。患者应避免日晒，不宜室外工作。

X连锁隐性遗传病的遗传

X连锁隐性遗传病（X-linked recessive inheritance，XR）是指由位于X染色体上的隐性致病基因引起的疾病。由于女性有两条X染色体，当隐性致病基因在杂合态（X^AX^a）时，疾病状态不显现出来，为表型正常的致病基因携带者。只有当两条X染色体上的等位基因都是隐性致病基因纯合子（X^aX^a）时才表现出病症。男性只有一条X染色体，Y染色体上缺少同源节段，所以只要X染色体上带有致病基因（X^aY）就会发病。

11.4.1 X连锁隐性遗传病的遗传特点

X连锁隐性遗传的遗传特点为：发病有性别差异，男性患者远远多于女性患者，但女性如患病，病情往往较严重；双亲无病时，儿子可能发病，女儿全部正常，但有可能是携带者；男性患者致病基因来自母亲（交叉遗传）；男性患者所生女儿都是携带者，儿子完全正常，表现出世代间不连续性的隔代遗传现象。

11.4.2 人类常见X连锁隐性遗传病

目前已经发现的X连锁隐性遗传病达300多种，常见的有红绿色盲、血友病、假肥大型肌营养不良、自毁容貌综合征等。

（1）红绿色盲

红绿色盲是X连锁隐性遗传的典型病例。色盲有全色盲和红绿色盲之分，前者几乎不能正常辨别任何颜色，视力仅为0.1，一般认为是常染色体隐性遗传；后者则为常见的X连锁隐性遗传，患者不能正确区分红色和绿色。红绿色盲致病基因定位于Xq28紧密连锁的两个基因座上，即红色盲基因和绿色盲基因，通常将它们看成一个基因，称红绿色盲基因。具体的遗传方式在第7章已经详细阐述。

（2）血友病

人类血液凝固机制涉及10个左右凝血因子。血友病是一组因遗传性凝血因子生成障碍引起的出血性疾病，包括血友病A、血友病B和血友病C。血友病A和血友病B常见，为X连锁隐性遗传；血友病C罕见，种族倾向明显，症状较轻，多见于土耳其南部犹太人后裔，为常染色体隐性遗传。我国的血友病中，血友病A占80%，血友病B占20%。2018年血友病被收录在我国《第一批罕见病目录》中。

血友病A，又名经典血友病或第Ⅷ因子缺乏症，是由凝血因子Ⅷ基因突变造成的，基因定位在Xq28的近侧。患者轻微创伤之后缓慢持续性出血不止，但大量出血罕见。出血部位广泛，常反复发生，可形成血肿，关节变形，严重者可因颅内出血而致死。

血友病B，又名凝血因子Ⅸ缺乏症，是由凝血因子Ⅸ缺乏致凝血功能降低所致，基因定位在Xq27。临床表现酷似A型，但发病率较低。

英国维多利亚女王是一个血友病基因的携带者，她的一个儿子利奥波德死于血友病，女儿比阿特丽斯和艾丽丝是血友病基因的携带者。由于各国皇室之间的政治联姻，血友病基因带到了沙皇俄国和一些欧洲国家的皇室。

（3）假肥大型肌营养不良

假肥大型肌营养不良，也称Duchenne型肌营养不良症，是最常见的一类进行性肌营养不良症。致病基因定位在Xp21.1，其缺失是疾病发生的主要原因。

本病主要的临床表现为：① 进行性肌无力和运动功能倒退。患儿出生时或婴儿早期运动发育基本正常，少数有轻度运动发育延迟，或独立行走后步态不稳，易跌倒。一般在5岁后症状开始明显，髋带肌无力日益严重，行走摇摆如鸭步态，跌倒更频繁，不能上楼和跳跃，大多数10岁后丧失独立行走能力，20岁前大多出现咽喉肌肉和呼吸肌无力，声音低微，吞咽和呼吸困难，很容易发生吸入性肺炎等继发感染死亡。② 高尔征（Gower sign）。由于髋带肌肉早期无力，一般3岁后患儿即不能从仰卧位直接站起，必须先翻身俯卧，两脚分开，双手支撑于地面，继而一只手支撑到同侧小腿，并与另一只手交替移位支撑于膝部和大腿上，使躯干从深入鞠躬位逐渐竖直，最后成腰部凸的站立姿势。③ 假性肌肥大和广泛肌萎缩。早期即有骨盆和大腿进行性肌肉萎缩，但腓肠肌因脂肪和胶原组织增生而假性肥大，与其他部位肌肉对比鲜明。当肩带肌肉萎缩后，举臂时肩胛骨内侧远离胸壁，形成“翼状肩胛”。脊椎肌肉萎缩可导致脊椎弯曲畸形。

（4）自毁容貌综合征

自毁容貌综合征是一种先天性嘌呤代谢缺陷疾病，是由次黄嘌呤-鸟嘌呤磷酸核糖转移酶的遗传缺陷引起的。缺乏该酶使得次黄嘌呤和鸟嘌呤不能转换为次黄嘌呤核苷酸（IMP）和鸟嘌呤核苷酸（GMP），而是降解为尿酸。

临床表现为血尿酸升高和神经系统发育障碍等症状。血尿酸升高可导致部分患者患痛风性关节炎，神经系统发育障碍表现为脑发育不全、智力低下等症状。需要注意的是，自毁容貌综合征患者通常咬住嘴唇、手和其他部位，并使用各种工具破坏其容貌，即表现出自身毁伤行为。

X连锁显性遗传病的遗传

X连锁显性遗传病（X-linked dominant inheritance，XD）是指由位于X染色体上的显性致病基因引起的疾病。女性两条染色体中的任何一条带有显性致病基因（X^AX^A或X^AX^a），都会患病。男性只有一条X染色体，所以在群体中女性的表现高于男性。

11.5.1 X连锁显性遗传病的遗传特点

X连锁显性遗传病的遗传特点为：不管男女，只要存在致病基因就会发病，但因为女子有两条X染色体，故女子的发病率约为男子的两倍。因为没有一条正常染色体的掩盖作用，所以男子发病时，往往重于女子。患者的双亲中必有一个患同样的疾病（患者为基因突变除外）。可以连续几代遗传，但表现正常的女子不会有致病基因再传给后代。男患者将此病传给女儿，不传给儿子；女患者（杂合体）将此病传给儿子和女儿均有1/2的可能性。

11.5.2 人类常见X连锁显性遗传病

人类常见X连锁显性遗传病主要有抗维生素D佝偻病、钟摆型眼球震颤、葡萄糖-6-磷酸脱氢酶缺乏症、遗传性肾炎、口面指综合征Ⅰ型、色素失调症等。

（1）抗维生素D佝偻病

抗维生素D佝偻病是一种肾小管遗传缺陷性疾病，发病率约1/25000。有低血磷性和低血钙性两种，比较多见的是低血磷性抗维生素D佝偻病，又称家族性低磷酸血症。

该病主要是由位于X染色体上的*PHEX*基因的突变，使肾小管对磷酸盐再吸收障碍而导致尿磷增多，血磷下降，对磷钙的吸收不良而影响骨质钙化和骨骼发育，引起佝偻病。临床表现为机体生长缓慢，可出现O形腿或X形腿，并可随年龄增长而加重，出现行走困难。

（2）葡萄糖-6-磷酸脱氢酶缺乏症

葡萄糖-6-磷酸脱氢酶缺乏症（G6PD缺乏症），俗称蚕豆症，是一种常见的遗传性代谢缺陷，由调控G6PD的基因突变所致。由于G6PD缺乏症变异型很多，临床表现差异极大，轻型者可无任何症状，重型者可表现为先天性非球形红细胞溶血性贫血，一般多表现为服用某些药物、蚕豆或在感染后诱发急性溶血，可危及生命。

G6PD是红细胞糖代谢戊糖磷酸途径中的一种重要酶类，主要功能是生成潜在抗氧化剂红细胞还原型辅酶Ⅱ（NADPH），后者为维持谷胱甘肽还原状态（GSH）所必需。由于G6PD缺乏，NADP不能转变成NADPH，使体内两个重要的抗氧化损伤物质GSH及过氧化氢酶（CAT）不足，从而血红蛋白和红细胞膜均易于发生氧化性损伤。血红蛋白氧化损伤的结果，导致红细胞内不可溶性变性蛋白小体（Heinz小体）及高铁血红素生成；红细胞膜的过氧化损伤则表现为膜脂质和膜蛋白巯基的氧化。上述变化使红细胞膜通透性增高，红细胞变形性降低，并诱发膜带3蛋白酪氨酸磷酸化，形成衰老抗原，为自身抗体所识别，最终易被单核巨噬细胞所吞噬。由于红细胞本身缺乏对氧化性损伤的抵御潜力，故在任何氧化性刺激下均可造成溶血。

G6PD缺乏症主要在于预防。确诊患者应禁食蚕豆（含有蚕豆嘧啶葡萄糖苷、蚕豆嘧啶、伴蚕豆嘧啶核苷及异脲咪等氧化剂），禁止服用某些氧化药物（解热镇痛药、磺胺药、硝基呋喃类、伯氨喹、维生素K、对氨基水杨酸等）。急性严重溶血发作时，以输血及肾上腺皮质激素为主。有重度血红蛋白尿者要注意防止酸中毒和肾衰。

Y连锁遗传病的遗传

Y连锁遗传病（Y-linked inheritance），指致病基因位于Y染色体上，并随着Y染色体而传递。Y染色体上基因控制的性状，只能随同Y染色体向后代传递，女性中不会出现相应疾病，也称为全男性遗传、限雄遗传。由于Y染色体只有1个，其上的致病基因没有等位基因，故这类遗传病没有显性和隐性之分。

由于Y染色体很小，其上基因数量有限，目前发现的Y连锁遗传病仅有10余种。常见的有外耳道多毛症、箭猪病、蹼趾等。

外耳道多毛症在印第安人中发现得较多，在少数高加索人、澳大利亚土著人、日本人、尼日利亚人中也有发现。患者从青春期开始耳廓上长出2～3cm的成簇且长而硬的黑毛，常可伸出于耳孔之外。外耳道多毛症全部都表现为双侧性，且有明显的对称性。多毛的部位常常见于外耳道口、耳轮缘和耳屏。

蹼趾男性在其第2～3趾间长有一个蹼状的联系物，如同鸭子脚上的蹼。但是，蹼趾这个症状也有男女都有的，只是男患者多于女患者，因此，有人认为蹼趾的遗传性尚不能完全肯定为Y伴性遗传。

箭猪病是一种很罕见的皮肤病，患者背上长出硬刺。

参考文献

程罗根，2015. 人类遗传学导论[M]. 北京：科学出版社.

代艳芳，孙立元，张新波，等，2011. 中国人群家族性高胆固醇血症*LDLR*基因突变研究进展

[J]. 遗传，33（1）：1-8.

葛均波，徐永健，王辰，2018. 内科学[M]. 9版. 北京：人民卫生出版社.

侯艳霞，张学军，杨森，2005. 着色性干皮病发病机制的研究进展[J]. 国外医学：皮肤性病学分册，（4）：241-243.

黄劲松，黄辰，宋土生，等，2002. 着色性干皮病与DNA损伤修复[J]. 国际遗传学杂志，（6）：365-370.

解倩，雷双银，曲超，等，2022. 利用CRISPR/Cas9基因编辑技术治疗β-地中海贫血的最新进展[J]. 科学通报，（21）：2492-2508.

李虎，韩金祥，鲁艳芹，等，2013. 成骨不全的病理学研究进展[J]. 中华病理学杂志，11：780-783.

李少英，2008. 假肥大型进行性肌营养不良症基因诊断的研究 [D]. 广州：中山大学.

李巍，2008. 黑尿病是怎样遗传的？ [J]. 遗传，（7）：830.

李巍，2008. 抗维生素D性佝偻病是怎样遗传的？ [J]. 遗传，30（2）：141.

李燕，杨毅宁，2011. 家族性高胆固醇血症与早发冠心病研究进展[J]. 中国循证心血管医学杂志，（4）：302-304，307.

梁玥宏，2006. 苯丙酮尿症*PAH*基因、进行性骨干发育不良*TGFβ1*基因和马凡氏综合征*FBN1*基因连锁分析及突变检测的研究[D]. 长沙：中南大学.

刘畅，吕晓菁，郑秀玉，等，2008. 亨廷顿舞蹈症发病机制的研究进展[J]. 生物技术通讯，19（4）：619-622.

刘洪珍，2009. 人类遗传学[M]. 北京：高等教育出版社.

刘旭东，范存义，曾炳芳，2011. 先天性A2型短指症的矫形手术治疗[J]. 中华手外科杂志，27（3）：136-137.

吕娜，魏素芳，乔玉巧，等，2008. 儿童低磷抗维生素D佝偻病23例[J]. 临床荟萃，23（3）：205-206.

吕若琦，2019. 什么是自毁容貌综合征[J]. 科普天地，（7）：37-40.

雒瑶，朱宝生，2017. 成骨发育不全研究进展[J]. 中国妇幼保健，（6）：1333-1336.

牛瑞青，冯文化，2018. 苯丙酮尿症及相关治疗方法研究进展[J]. 中国新药杂志，（2）：154-158.

石之驎，王沙燕，戴勇，2003. 多指（趾）并指（趾）症与*HOXD 13*基因[J]. 中国生育健康杂志，（1）：63-64.

王丹，杨晶，张昭，等，2018. 家族性腺瘤性息肉病最新研究进展[J]. 中国肛肠病杂志，38（9）：62-65.

王鸿利，王学峰，2009. 血友病诊断和治疗的专家共识[J]. 内科理论与实践，4（3）：236-244.

王永辉，2012. 漫谈镰刀型细胞贫血症[J]. 生物学教学，（6）：59.

王宇阳，刘哲伟，常会波，等，2013. 半乳糖血症患儿半乳糖-1-磷酸尿苷酰转移酶基因突变的鉴定与分析[J]. 中华实用儿科临床杂志，（8）：603-605.

王正询，2003. 简明人类遗传学[M]. 北京：高等教育出版社.

于榛，仝帅，白玥，等，2022. 优化第三代慢病毒载体稳定表达β-珠蛋白治疗β-地中海贫血的研究[J]. 中国实验血液学杂志，30（3）：844-850.

张美英，王兆娣，2001. 遗传味觉-苯硫脲尝味能力的分析[J]. 中国优生与遗传杂志，（1）：116.

张抒扬，2018. 中国第一批罕见病目录释义（手册版）[M]. 北京：人民卫生出版社.

张昕，2016. 身材高挑手指细长-这可能是病[J]. 家庭科学.新健康，11：26.

赵秀丽，邢立强，单祥年，等，2002. 短指症（Brachydactyly）一家系调查及遗传分析[J]. 中国优生与遗传杂志，10（4）：99-101.

周爱琴，石淑华，吴少庭，2002. 苯丙酮尿症的研究进展[J]. 中国社会医学杂志，（3）：131-135.

邹妙雯，康宇佳，石金磊，2021. 苯硫脲尝味能力测定与分析[J]. 生物医学，11（3）：129-133.

Richard M P，2019. Achondroplasia：a comprehensive clinical review[J]. Orphanet Journal of Rare Diseases，14：1-49.

Tramonte J J，Burns T M，江山，2005. 肌强直性营养不良[J]. 世界核心医学期刊文摘：神经病学分册，（12）：17.

Wright G E B，Black H F，Collins J A，et al.，2020. Interrupting sequence variants and age of onset in Huntington’s disease：clinical implications and emerging therapies[J]. The Lancet Neurology，19（11）：930-939.

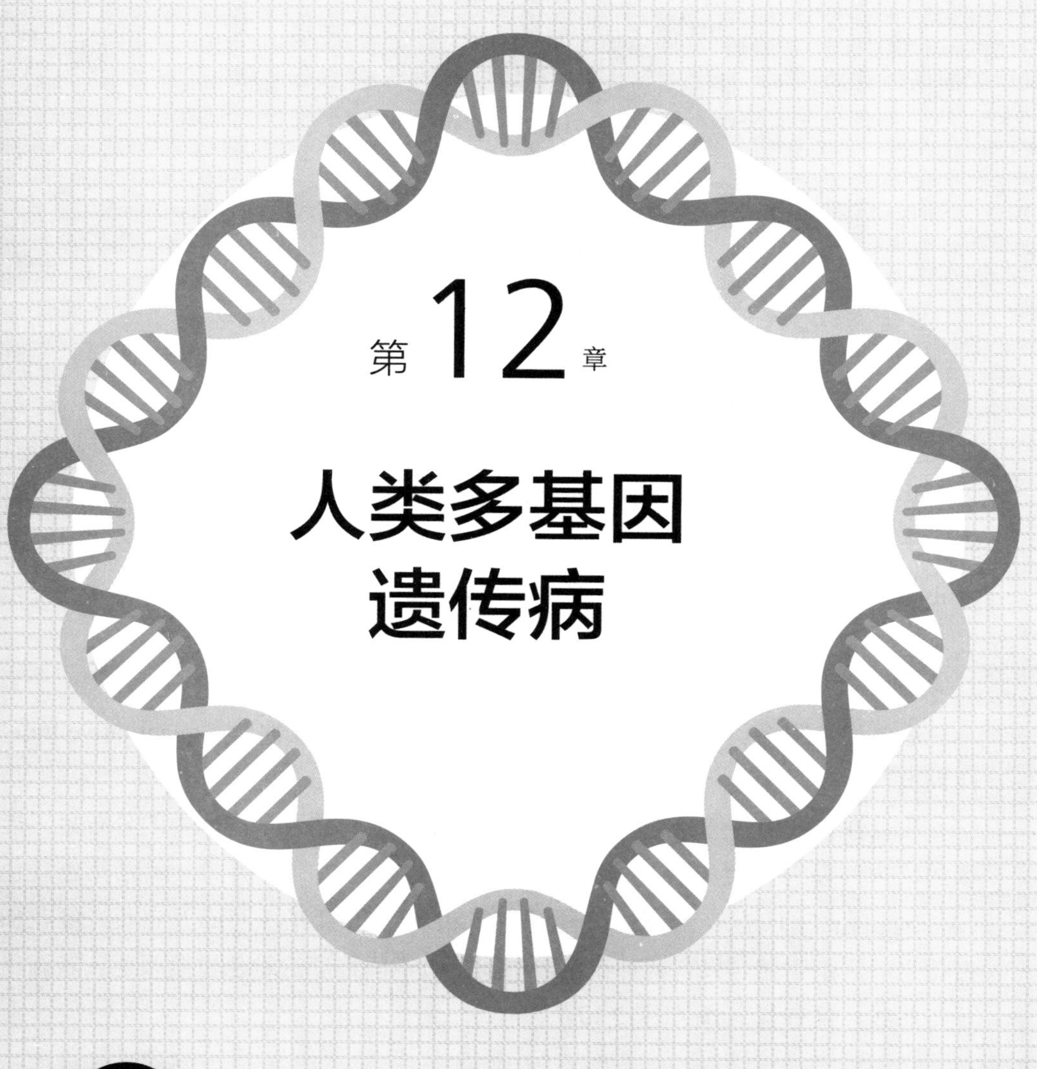

第12章

人类多基因遗传病

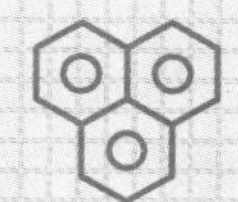

★ 多基因遗传

★ 多基因遗传病的遗传

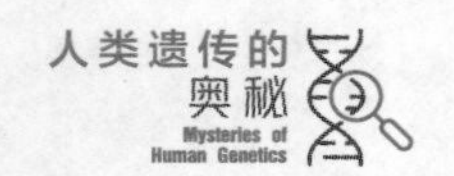

人类有些遗传性状或遗传病不是单一基因作用的结果，而是由不同座位的多对基因共同决定的。本章主要介绍由多对基因控制的遗传性状的遗传规律，以及常见的多基因控制的遗传疾病。

12.1 多基因遗传

多对基因控制的性状的遗传方式也遵循孟德尔遗传定律，但是与单基因控制的性状的遗传特点不同，而是呈现数量变化的特征，其遗传方式称为多基因遗传（polygenic inheritance）或称为数量性状遗传（quantitative trait inheritance）。

12.1.1 质量性状和数量性状

遗传性状可分为质量性状（qualitative trait）和数量性状（quantitative trait）两大类。

质量性状的相对性状之间差别显著，性状的变异在一个群体中的分布是不连续的，中间没有过渡类型，由一对或少数几对基因控制。例如，豌豆花色红色（A）对白色（a）是完全显性，基因型AA和Aa都开红花，而aa开白花，红花和白花之间区别明显，只有两种花色，中间没有不同程度的粉色过渡颜色。若画出分布曲线，仅有两个峰（图12.1）。

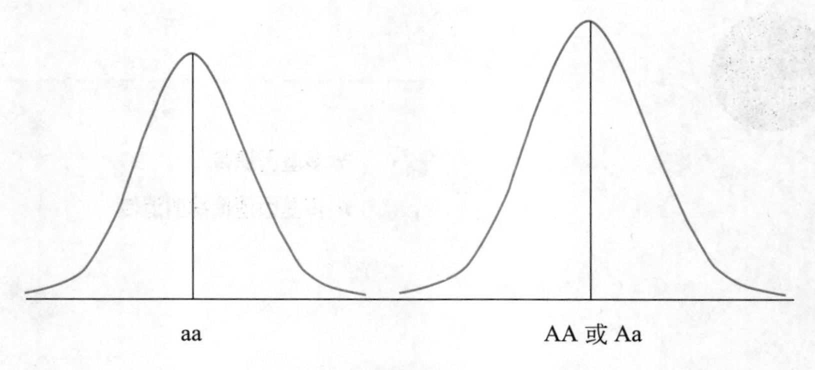

图12.1　完全显性质量性状变异分布曲线

有些质量性状是不完全显性遗传，如苯丙氨酸羟化酶的活性正常人为100%，苯丙酮尿症患者为0 ～ 5%，杂合体为45% ～ 50%，分别受控于基因型AA、aa和Aa，分布曲线有三个峰，但三者之间仍然没有连续的部分（图12.2）。

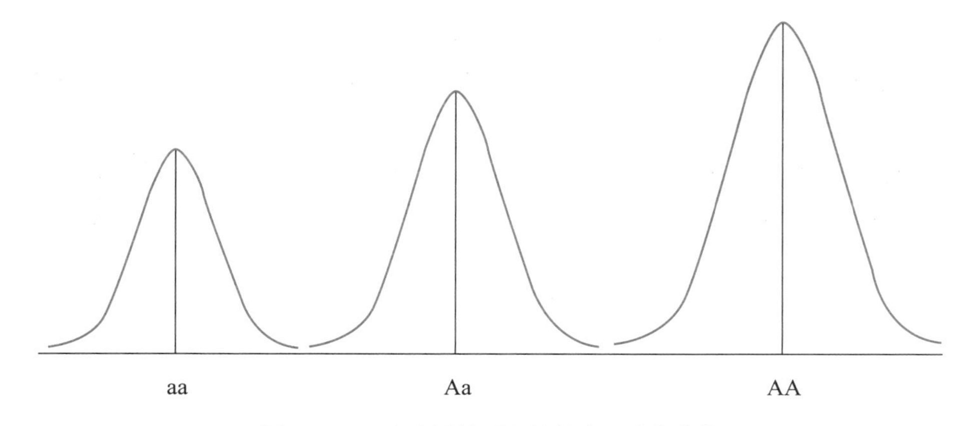

图12.2　不完全显性质量性状变异分布曲线

数量性状的变异在一个群体中的分布是连续的。例如，人的身高，在一个随机取样的群体中，不同个体的身高变异是由高到矮逐渐过渡的，即变异是连续的。如果把这个随机取样的群体按身高归类，并依各组的人数作分布曲线，则曲线只有一个峰，呈正态分布（图12.3）。大部分人的身高都近于平均值，极高和极矮的个体只占少数。不同个体之间的差异只有数量上的差异，没有质的不同。与质量性状相比，数量性状由多对等位基因和环境共同控制，是遗传因素与环境因素共同起作用。人的体重、血压、智力、肤色等都是数量性状。

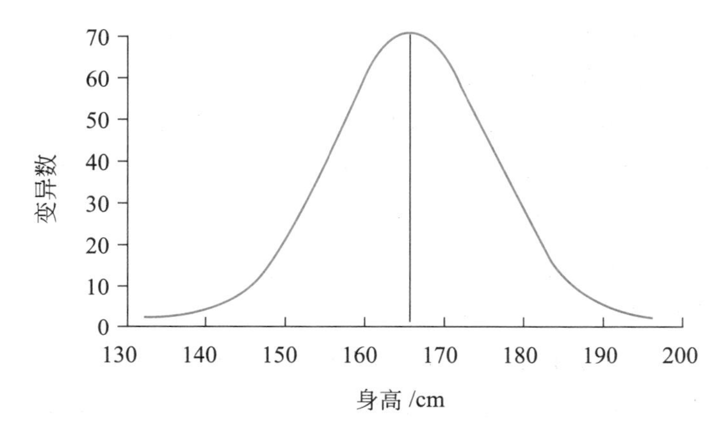

图12.3　数量性状变异分布曲线

12.1.2 多基因假说

1909年，瑞典的遗传学家尼尔逊·埃尔（Nilson Ehle）根据对普通小麦籽粒颜色的遗传研究提供了数量性状遗传受多个不同基因控制的经典证据，并提出了数量性状遗传的多基因假说（polygene hypothesis）。

假设小麦籽粒颜色由一对等位基因控制，红色（R）对白色（r）为不完全显性。两个亲本红色RR与白色rr杂交，F_1代基因型Rr，表现为中间红色；F_1代杂交后的F_2代基因型为RR、Rr和rr，比例为1∶2∶1，表型分别为红色、中间红色和白色（图12.4）。

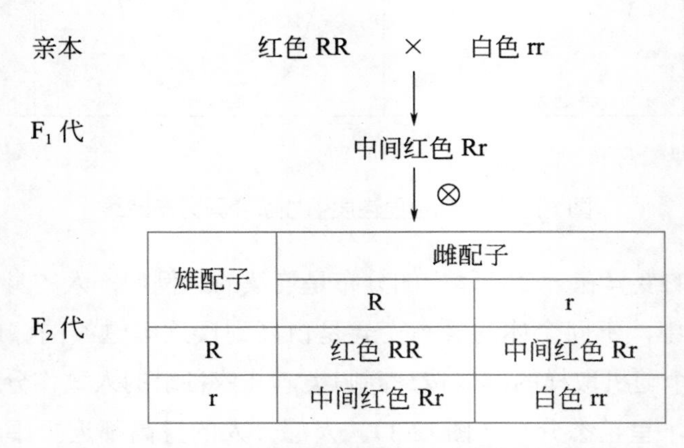

雄配子	雌配子 R	雌配子 r
R	红色 RR	中间红色 Rr
r	中间红色 Rr	白色 rr

图12.4 一对等位基因控制的小麦籽粒颜色

假如小麦籽粒颜色由二对等位基因控制，$R_1R_1R_2R_2$和$r_1r_1r_2r_2$杂交，F_1代基因型为$R_1R_2r_1r_2$，F_1自交后的F_2代基因型9种，表现型5种，从红色到白色，表现出程度不同的粒色（图12.5）。不同R呈共显性，表现累加效应，即每增加一个R，颜色加深一些，每增加一个r，颜色变浅一些。

如果小麦籽粒颜色由三对等位基因控制，$R_1R_1R_2R_2R_3R_3$和$r_1r_1r_2r_2r_3r_3$杂交，F_2代表现型7种，从红色到白色，也表现出程度不同的粒色。控制性状的基因数量越多，单个基因起的作用越小，中间类型占的比例越大（图12.6）。

多基因假说认为：数量性状遗传的基础是两对或两对以上的等位基因，非等位基因之间无显性与隐性的区别，呈共显性，而等位基因之间呈不完全显性；每对等位基因在数量性状形成中的作用是微小的，被称为微效基因（minor gene），微效基因的作用可以累加，形成一个明显的表型效应，称为累加效应（additive effect）；微效基因仍然遵循孟德尔遗传规律；数量性状的遗传除受微效基因的作

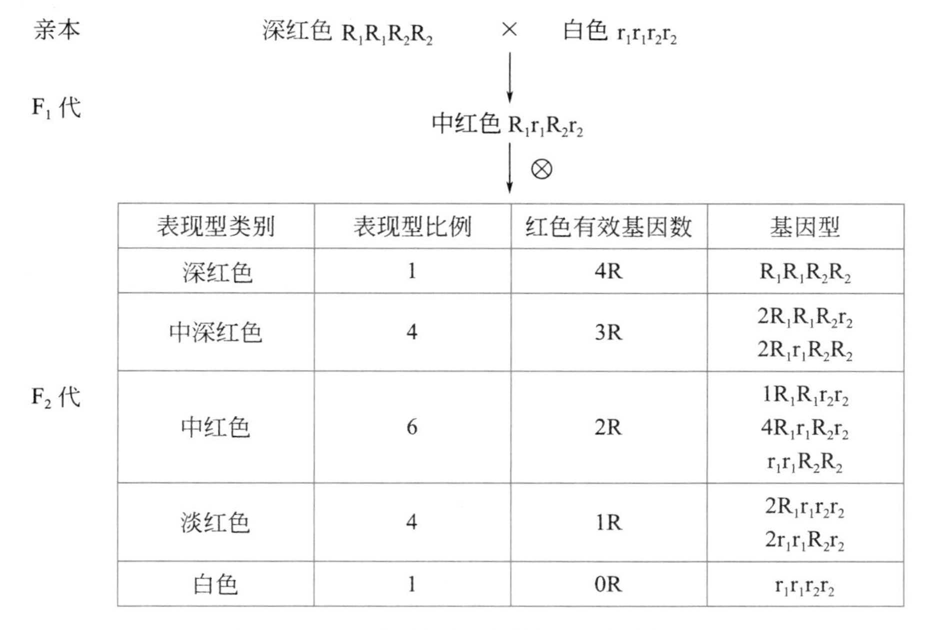

表现型类别	表现型比例	红色有效基因数	基因型
深红色	1	4R	$R_1R_1R_2R_2$
中深红色	4	3R	$2R_1R_1R_2r_2$ $2R_1r_1R_2R_2$
中红色	6	2R	$1R_1R_1r_2r_2$ $4R_1r_1R_2r_2$ $r_1r_1R_2R_2$
淡红色	4	1R	$2R_1r_1r_2r_2$ $2r_1r_1R_2r_2$
白色	1	0R	$r_1r_1r_2r_2$

图 12.5　二对等位基因控制的小麦籽粒颜色

表现型类别	表现型比例	红色有效基因数
最深红	1	6R
暗红色	6	5R
深红色	15	4R
中深红色	20	3R
中红色	15	2R
淡红色	6	1R
白色	1	0R

图 12.6　三对等位基因控制的小麦籽粒颜色

用外，还受环境因素的影响。

后期借助分子标记技术以及饱和连锁图谱等的研究，许多学者对多基因假说进一步完善和补充。数量性状可以是由许多微效基因控制，也可以由少数效应较大的主效基因（major gene）控制，各种基因的效应大小可能相等也可能不等；基因的遗传效应除累加效应外，还可能有显性效应、上位效应以及基因与环境互作效应等。因此，数量性状的遗传基础是比较复杂的。

12.1.3 多基因遗传的特点

人体身高是典型的多基因遗传，有数量性状遗传的特点。假设人体身高涉及二对等位基因A/A′和B/B′（A对A′为显性，B对B′为显性），两个纯合的极端个体AABB和A′A′B′B′杂交，子一代为中等身高，子二代身高呈现出由矮向高的逐渐过渡，大部分个体接近平均身高，极高和极矮的个体只占少数，只有1个峰值，说明人类的身高接近正态分布（图12.7）。

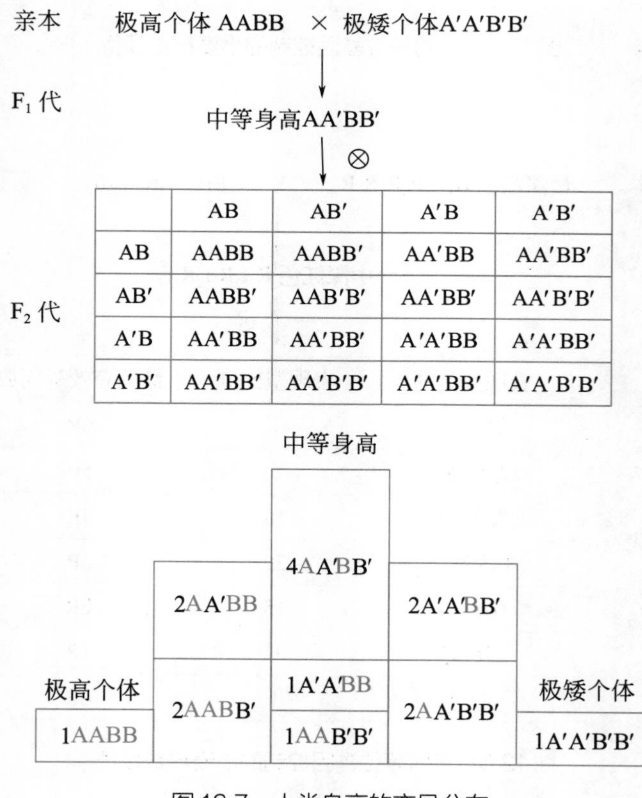

	AB	AB′	A′B	A′B′
AB	AABB	AABB′	AA′BB	AA′BB′
AB′	AABB′	AAB′B′	AA′BB′	AA′B′B′
A′B	AA′BB	AA′BB′	A′A′BB	A′A′BB′
A′B′	AA′BB′	AA′B′B′	A′A′BB′	A′A′B′B′

图12.7　人类身高的变异分布

从人体身高的例子可以看出，多基因遗传具有以下特点：两个纯合的极端个体杂交，子一代都是中间类型，但个体间也存在一定的变异，这是环境因素的作用结果；两个中间类型的子一代个体杂交，子二代大部分仍为中间类型，但变异更广泛，有时候会出现极端变异类型个体，这是由于环境因素、基因的分离以及自由组合的结果；一个随机交配的群体中，变异范围更为广泛，但大多数接近中间类型，极端变异少，这是环境和多基因共同作用的结果。

多基因遗传病的遗传

多基因遗传病（polygenic disease）是指受多对基因控制的遗传病。多基因遗传病较单基因病更常见，发病率大多超过1/1000，发病基础更复杂，既受个体遗传因素和环境因素的影响，也与疾病本身的特性等有关。

12.2.1　易患性与发病阈值

在多基因遗传病的发生中，一个个体在遗传基础和环境因素共同作用下患某种多基因遗传病的风险称为易患性（liability）。一个个体患病的可能性，随着易患性的增高而增大。人类易患性是一种数量性状，其变异呈正态分布。一般群体中，易患性很高或很低的个体都很少，大部分个体都接近平均值（图12.8）。易感性（susceptibility）特指由遗传因素决定的患病风险，仅代表个体所含有的遗传因素，但在一定的环境条件下，易感性高低可代表易患性高低。当一个个体易患性高到一定限度就可能发病。这种由易患性所导致的多基因遗传病发病的最低限度称为发病阈值（threshold）。发病阈值的存在将群体中连续分布的易患性变异分为两部分，阈值左边的部分是正常个体，而阈值右边的则是患病的个体（图12.8）。因为多基因遗传病是多个微效基因累加效应的结果，其微效基因数量是可变的，所以阈值标志着在一定的环境条件下，患者所必需的最低致病基因数量。只有具备足够多的致病微效基因才会累加表现为发病。

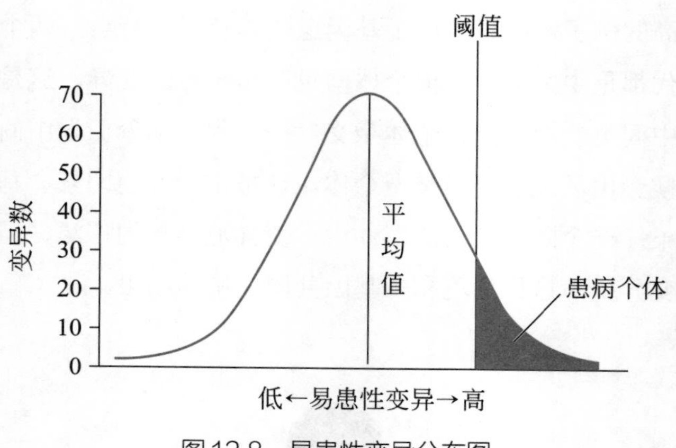

图12.8 易患性变异分布图

12.2.2 遗传率

在多基因遗传病中，易患性的高低受遗传基础和环境因素的双重影响，其中遗传基础所起作用的大小称为遗传率，又称为遗传度（heritability）。遗传率一般用百分率（%）表示。一般说来，一种多基因遗传性状或疾病受环境因素的影响越大，遗传率越低；反之，环境因素作用越小，遗传率越高。一种遗传病如果完全由遗传基础决定，其遗传率就是100%，这种情况很少见。在多基因遗传病中，遗传率可高达70%～80%，这表明其遗传基础起着重要作用，而环境因素的影响较小；遗传率为30%～40%或更低，表明环境因素在决定发病上更为重要，遗传因素的作用不显著。人类部分多基因遗传病的遗传率如表12.1所示。

表12.1 人类常见多基因遗传病的群体发病率和遗传率

疾病名称	群体发病率/%	遗传率/%
哮喘	4.0	80
精神分裂症	1.0	80
强直性脊柱炎	0.2	70
冠心病	3.0	65
原发性高血压	6.0	62
消化性溃疡	4.0	35
糖尿病（早发型）	0.2	75
唇裂	0.04	76
脊柱裂	0.10	60

遗传率分为广义遗传率和狭义遗传率。广义遗传率（broadsense heritability）是指遗传变异占表型总变异的百分比，即某一群体的特定性状的遗传方差在总的表型方差中所占的比例。狭义遗传率（narrowsense heritability）是指遗传变异中属于基因加性作用的变异占表型变异的百分比。估算狭义遗传率比较困难，人类一些性状的遗传率都是广义遗传率。

广义遗传率的估算有多种方法，本节主要介绍两种，一种是双生子估算法（Holzinger公式），一种是一级亲属发病率法（Falconer公式）。

双生子估算法是根据遗传率越高的疾病，同卵双生子的患病一致率与异卵双生子的患病一致率相差越大的原理而建立的。

$$\text{遗传率}(\%)=\frac{\text{同卵双生子发病一致率}(\%)-\text{异卵双生子发病一致率}(\%)}{1-\text{异卵双生子发病一致率}(\%)}$$

例如：在40对同卵双生子中，共同患精神分裂症的有32对，即同卵双生子发病一致率为32/40=0.8，即80%；在40对异卵双生子中，共同发病的有4对，则异卵双生子发病一致率为4/40=0.1，即10%。代入上述公式，则遗传率为78%。

一级亲属发病率法是根据先证者亲属的发病率与遗传率有关而建立的。在多基因遗传病中，易患性一部分由遗传决定的，因此亲缘系数越大，亲属发病率越高。亲属发病率越高，遗传率越大。

$$\text{遗传率}(\%)=b/r$$

上式中b为亲属易患性对先证者易患性的回归系数，r为亲缘系数（一级亲属指一个人与其双亲、子女和同胞之间，其基因有1/2的可能性是相同的；二级亲属指一个人与其叔、伯、姑、舅、姨、祖父母和外祖父母之间，其基因有1/4的可能性是相同的；三级亲属指一个人与其表兄妹、堂兄妹、曾祖父母之间，其基因有1/8的可能性是相同的）。

若已知一般人群的发病率，则回归系数b的计算方法为：

$$b=\frac{X_g-X_r}{a_g}$$

上式中X_g为一般群体易患性平均值与阈值之间的标准差数；X_r为先证者亲属易患性平均值与阈值之间的标准差数；a_g为一般群体易患性平均值与一般群体中患者易患性平均值之间的标准差数。

例如：房间膈缺损在一般群体中的发病率q_g为0.1%，在100个先证者的家系中调查，先证者父母200个（发病人数7个），先证者同胞279个（发病人数10个），先证者子女190个（发病人数5个），求得先证者一级亲属的患病率q_r为22/669=3.3%。根据q_g和q_r查Falconer表，X_g为3.090，a_g为3.367；X_r为1.838，a_r为2.231。根据公式求得回归系数b为：

$$b=\frac{X_g-X_r}{a_g}=\frac{3.090-1.838}{3.367}=0.37$$

所以遗传率为0.37/0.5=0.74=74%。

若没有一般人群的患病率时，可设立对照组，调查对照组亲属的患病率，回归系数b的计算方法为：

$$b=\frac{p_c(X_c-X_r)}{a_c}$$

上式中X_c为对照组亲属中的易患性平均值与阈值之间的标准差数；X_r为先证者亲属易患性平均值与阈值之间的标准差数；q_c为对照亲属发病率，p_c=1−q_c；a_c为对照组亲属易患性平均值与对照组亲属总患者易患性平均值之间的标准差数。

例如：对肾结石患者的调查发现，患者一级亲属1437人中患病者36人，患病率为2.5%；对照组一级亲属1473人中患病者6人，患病率为0.4%。查Falconer表，X_c为2.652，a_c为2.962；X_r为1.960，a_r为2.338。根据公式求得回归系数b为：

$$b=\frac{p_c(X_c-X_r)}{a_c}=\frac{0.996\times(2.652-1.960)}{2.962}=0.233$$

所以遗传率为0.233/0.5=0.466=46.6%。

12.2.3 多基因遗传病的遗传特点

多基因遗传病受多对微效基因控制，加之同时受环境的影响，因此多基因遗传病的遗传规律比较复杂。但是具有以下主要特点：

（1）家族聚集现象

多基因遗传病有一定的遗传基础，常常表现出家族倾向，但因为它们的遗传基础不是单基因，所以患者同胞的发病率不是1/2或1/4，大约只有1%～10%，且患者的双亲和子代的发病率与同胞相同，不符合常染色体显、隐性遗传规律。

遗传率在60%以上的多基因病中，患者的一级亲属的发病率接近于群体发病率的平方根。例如唇裂的群体患病率为0.0017，遗传率76%，患者一级亲属发病率4%，近于0.0017的平方根。

随着亲属级别的降低，患者亲属发病风险率明显下降，又如唇裂在一级亲属中发病率为4%，二级亲属中约为0.7%，三级亲属仅为0.3%。

亲属发病率与家族中已有的患者人数和患者病变的程度有关，家族病例数越多，病变越严重，亲属发病率就越高。

近亲结婚所生子女的发病率比非近亲结婚所生子女的发病率高50%～100%，但不如常染色体隐性遗传病明显。

（2）性别和种族的差异

多基因遗传病具有一定的性别差异和种族差异，如先天性幽门狭窄，男子为女子的5倍；先天性髋脱臼，日本人发病率是美国人的10倍；无脑儿在英国发病率为2%，在北欧为0.05%，且女性高于男性。

（3）再发危险率与患儿数目有关

患儿愈多，发病率愈高。如一对夫妇已生育一例唇裂患儿时，再生唇裂的机会是4%（一级亲属发病率）；如已生二例唇裂患儿，则再生唇裂机会增至10%；三例唇裂患儿则再生唇裂的发病率可增至16%。

12.2.4　人类常见多基因遗传病

人类常见多基因疾病主要有原发性高血压、糖尿病、动脉粥样硬化、原发性癫痫、精神分裂症、冠心病、哮喘等，此外唇裂、腭裂、无脑儿、脊柱裂、先天性心脏病、先天性幽门狭窄、先天性髋脱位、足内翻、神经管缺损等先天性畸形也为多基因控制的症状。

（1）原发性高血压

原发性高血压是一种原因不明的心脑血管疾病，严重地危害生命健康。原发性高血压引起的脑卒中（中风）心血管疾病的死亡人数占各种疾病死亡人数的30%左右，位居各种疾病的死亡人数的首位，发病率还在逐年升高。

原发性高血压是一种受多基因遗传影响，在多种后天因素作用下，正常血压调节失调而导致的疾病。该病的表现是动脉血压增高，安静状态下舒张压超过90mmHg，收缩压青年人超过140mmHg。

血管紧张素原（AGT）基因、血管紧张素转化酶（ACE）基因、β_2-肾上腺能受体基因、α-内收蛋白基因（ADD1）和G-蛋白β_3-亚蛋白（GNβ_3）基因等可能与原发性高血压有关。

（2）支气管哮喘

支气管哮喘，简称哮喘，是一种以气道阻塞、气道炎症和气道高反应性为特征的慢性炎症性疾病，主要症状是发作性的喘息、气急、胸闷和咳嗽等症状，常在夜间和凌晨发作或加重，多数病人可自行缓解或经治疗后缓解。

治疗哮喘的目的在于减少发作，改善呼吸功能，防止气道组织增厚与狭窄。抗炎、对症、免疫治疗被认为是支气管哮喘最基本的治疗方法，靶向个性化治疗更加有利于哮喘的控制。

细胞因子基因簇、人类白细胞抗原基因多态性、膜受体基因多态性等是哮喘发生的易感主基因。

（3）精神分裂症

精神分裂症是一组混杂的精神障碍性疾病，具有分裂样性格，思维散漫和妄想，伴有情感障碍和知觉障碍。好发于青少年，病情迁延，进展缓慢，少有自发性缓解者。在家系调查工作中经常发现该病先证者的家属中有情感精神病、精神发育迟缓和癫痫等患者，遗传率可达80%。荷兰后印象派画家文森特·威廉·梵高（1853—1890）就是精神分裂症患者。

由于精神分裂症在临床上的高度复杂性，寻找其相关基因或易感基因是一项较为困难的工作。目前比较普遍认为，本病的易感基因最有可能分布在1号、2号、4号、5号、6号、8号、10号、11号、13号、15号、18号和22号染色体上。可能相关的基因包括*COMT*基因、多巴胺转运体基因、多巴胺受体基因（*D1*、*D2*）、GABA受体基因、5羟色胺能基因、神经营养素3基因等。

但是一个即使具有易得精神分裂症的基因型，除非在一定环境条件下才能患病，否则可以是正常的。

（4）糖尿病

糖尿病是由体内胰岛素缺乏或胰岛素在靶细胞不能发挥正常生理作用而引起的糖、蛋白及脂肪代谢紊乱的一种综合征。临床以高血糖为主要标志，主要损害心血管系统，久病可导致眼、肾、神经、心脏、血管等组织的慢性进行性病变，引起功能缺陷及衰竭。

糖尿病临床类型可分为1型糖尿病（type 1 diabetes）和2型糖尿病（type 2 diabetes）。1型糖尿病又称为胰岛素依赖型糖尿病（insulin-dependent diabetes mellitus，IDDM），多发生于青幼年，临床特点是起病急，多食、多尿、多饮、体重减轻等症状较明显，有发生酮症酸中毒的倾向，必须依赖胰岛素治疗维持生命。2型糖尿病又称为非胰岛素依赖型糖尿病（non-insulin-dependent diabetes mellitus，NIDDM），可发生在任何年龄，但多见于40岁以后中老年人，无酮症酸中毒倾向，一般可用口服降糖药控制血糖，但在饮食和口服降糖药治疗效果欠佳时，或因并发症和伴发病时，亦需要用胰岛素控制高血糖。

1型糖尿病发病早，人类白细胞抗原基因（*IDDM1*）和胰岛素基因区（*IDDM2*）是其主效基因，*KCNJ11*、*ABCC8*、*CTLA-4*、*PTPN22*、*INS*和*IFIH1*等基因也被全基因组关联分析证实与1型糖尿病密切相关。

2型糖尿病发病晚，与其易感性有关的基因有*TCF7L2*、*FTO*、*CDKAL1*、*IGF2BP2*、*SLC30A8*、*CAPN10*、*GLUT10*、*INSR*、*IRS-1*、*IRS-2*等。

（5）唇裂和腭裂

正常的胎儿，在第五周以后开始由一些胚胎突起逐渐互相融合形成面部，如未能正常发育便可发生畸形，如唇裂、腭裂或唇腭裂。唇裂、腭裂或唇腭裂主要通过手术进行治疗。

唇裂，俗称“兔唇”“豁嘴”，就是唇部裂开，主要表现为上唇部裂开。根据裂开的范围，可将唇裂分成三度。第一度就是唇红裂，即裂隙仅限于唇红；第二度就是从唇红往上裂开，直到上唇的皮肤，且在鼻孔以下的范围；三度唇裂是指从唇红裂开，裂隙往上，直到鼻孔底部。唇裂发生率约为1/1000。

腭裂是第6～12周，硬腭、软腭未能正常的发育、融合，以致出生时遗留有长裂隙，但外表正常。腭裂可以单独发生，也可以与唇裂同时伴发，不仅有软组织的畸形，大部分还有不同程度的骨组织缺损和畸形。

通过连锁分析和测序的方法，发现了许多唇腭裂易感基因或可能的遗传位点，如干扰素调节因子6（*IRF-6*）、亚甲基四氢叶酸还原酶（*MTHFR*）基因、叉头转录因子E1（*FOXE1*）等；全基因组关联分析表明，位于10q25.3区域的*VAX1*基因、1p36.13区域的*PAX7*基因、17q22区域的*NOG*基因等均与唇裂和腭裂密切相关。

（6）神经管缺陷

中枢神经管是胚胎发育成脑、脊髓、头颅背部和脊椎的部位。在胚胎生长的第15～17日开始，神经系统开始发育，至胚胎生长至22日左右，神经褶的两侧开始相互靠拢形成一个管道，称为神经管。神经管的前端称为神经管前孔，尾端则称为神经管后孔，胚胎在生长至24～26日时前孔及后孔逐渐关闭。如果神经管不能正常发育，在婴儿出生时，缺陷就会产生。由于神经管的关闭过程自颈下段开始，分别向头、尾两端同时进行，因此关闭较晚的部位如枕部及腰骶部发生畸形的机会较多。

神经管畸形的主要临床症状为无脑畸形、露脑畸形、脑脊髓膜膨出、脊柱裂或隐形脊柱裂、脊髓脊膜膨出等。

无脑畸形儿的头部没有发育完全，皮肤、头盖骨甚至大脑都没有发育好，没有完整的头颅。无脑畸形胎儿一般都在出生前就在子宫内死亡，形成“死胎”或“死产”，即使出生下来，也会在短时间内死亡，几乎无一例存活。

脊柱裂是指脊柱骨没有发育好，致使本应有脊柱骨保护的脊髓突出或暴露于体表，此病可影响一节或多节脊椎。脊柱裂可以是完全开放的，婴儿一出生就可以用肉眼识别；也可能是隐性的，随着儿童年龄增大，产生不同的症状，这时需要通过X线手段进行诊断。脊柱裂的症状包括腿部无力或瘫痪，腿部变形，大小便失禁，病变水平以下的皮肤没有痛觉，有时出现脑积水，某些病例表现为学习障碍。

造成神经管畸形的原因有很多，主要为遗传因素和生理因素。遗传因素即发育调节基因及转录因子类基因、原癌基因和抑癌基因、生长因子及其受体基因、蛋白激酶C相关基因、同型半胱氨酸代谢相关基因等表达或突变与神经系统发育、神经管畸形有关。生理因素即妊娠早期绒毛膜促性腺激素产生减少或胚胎受体细胞对该激素不敏感、维生素B_{12}和叶酸缺乏、妊娠早期剧烈呕吐或妊娠合并糖尿病酮症酸中毒等内环境异常，都可导致神经管畸形。

参考文献

陈竺，2010. 医学遗传学[M]. 2版. 北京：人民卫生出版社.

程罗根，2015. 人类遗传学导论[M]. 北京：科学出版社.

高儁娉，2013. 神经管缺陷的病因、治疗及未来展望[J]. 临床小儿外科杂志，（2）：146-148.

何淼，边专，2017. 唇腭裂的分子遗传学研究进展[J]. 口腔生物医学，8（1）：32-36.

黄永清，2017. 中国人群非综合征型唇腭裂易感基因的研究进展[J]. 中华口腔医学杂志，52（4）：223-228.

李春，李红，2010. 2型糖尿病易感基因研究进展[J]. 中国社区医师（医学专业），（5）：10.

李雅静，郑源强，2011. 1型糖尿病易感基因的研究进展[J]. 中国生物制品学杂志，24（2）：241-244.

李再云，杨业华，2017. 遗传学[M]. 3版. 北京：高等教育出版社.

刘新，2014. 支气管哮喘药物的治疗研究进展[J]. 中西医结核心血管病电子杂志，2（1）：177-179.

刘卓，张永伟，2004. 2型糖尿病易感基因研究进展[J]. 基础医学与临床，24（5）：504-508.

水波，曾苹，蔡有余，2001. 神经管缺陷相关基因的研究进展[J]. 遗传，（2）：61-166.

万欢英，2021. 支气管哮喘[M]. 2版. 北京：中国医药科技出版社.

王正询，2003. 简明人类遗传学[M]. 北京：高等教育出版社.

吴超杰，吉宁飞，黄茂，2018. 支气管哮喘治疗新药的研究进展[J]. 中华结核和呼吸杂志，41（3）：220-224.

余其兴，赵刚，2008. 人类遗传学导论[M]. 北京：高等教育出版社.

张付全，刘破资，2008. 精神分裂症的易感基因[J]. 神经疾病与精神卫生，8（1）：62-66.

赵斌，2016. 医学遗传学[M]. 4版. 北京：科学出版社.

朱桂萍，叶伶，金美玲，2021. 支气管哮喘靶向治疗的研究进展[J]. 国际呼吸杂志，41（7）：529-535.

朱禧星，2000. 现代糖尿病学[M]. 上海：复旦大学出版社.

左伋，蓝斐，2015. 医学遗传学[M]. 上海：复旦大学出版社.

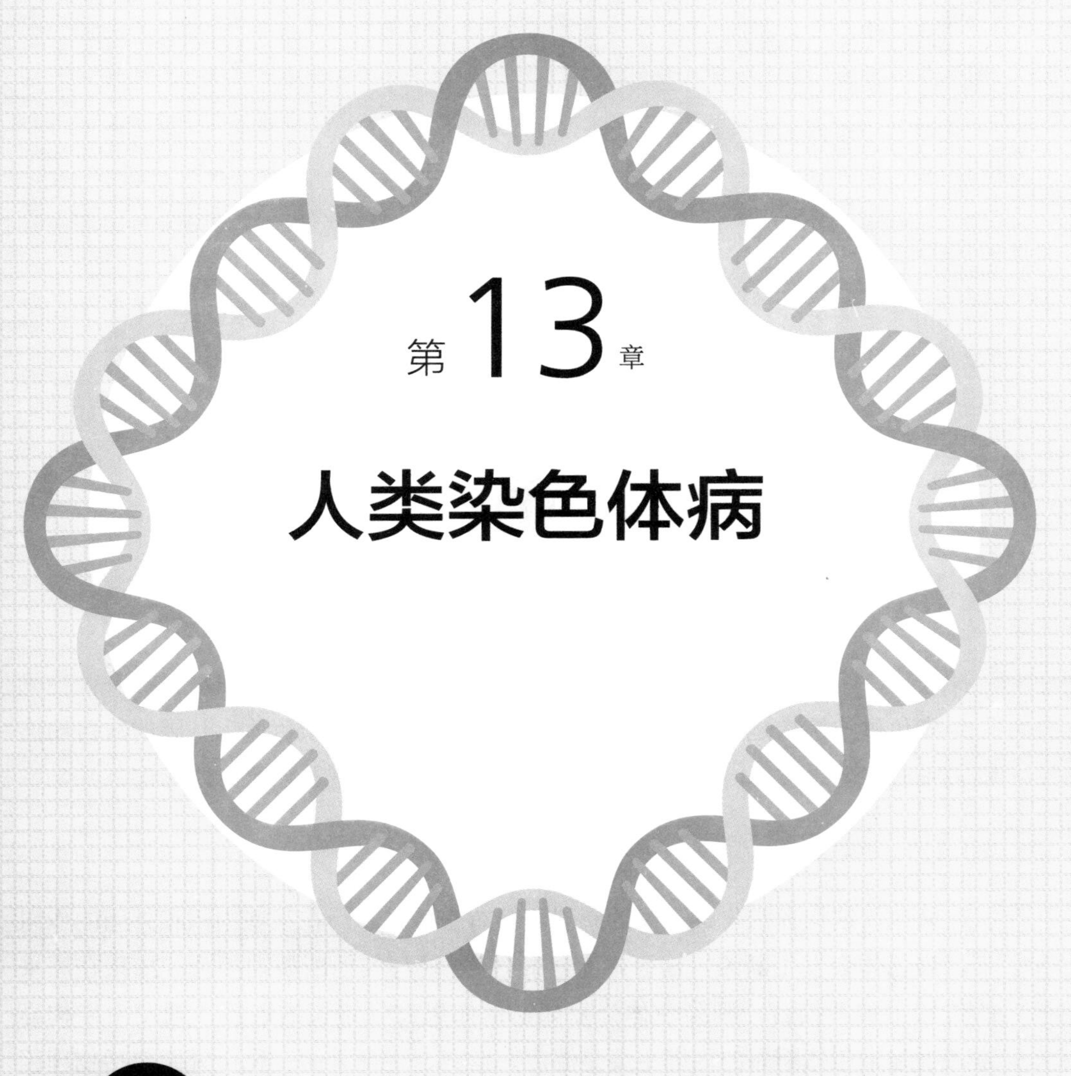

第13章 人类染色体病

本章知识点

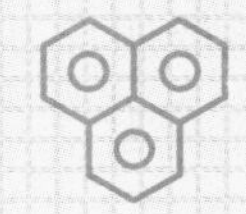

★ 染色体结构异常

★ 染色体数目异常

★ 人类常见染色体病

染色体是人类遗传信息的载体，人类遗传物质DNA位于染色体上。每种生物的染色体数目和结构相对处于一个稳定状态，只有在某些自然条件或者人工因素影响下，才有可能会导致生物的染色体数目和结构发生变化，即染色体畸变（chromosomal aberration）。

人类染色体病（chromosomal disorders）是由各种原因引起的染色体数目和（或）结构异常（变异）的疾病。由于染色体上基因众多，加上基因的多效性，染色体病常涉及多个器官、系统的形态和功能异常，临床表现多种多样，常表现为综合征，故染色体病是一大类严重的遗传病。

13.1 染色体结构异常

染色体的结构是相对稳定的，一旦结构发生改变，染色体上基因的数目和连锁关系必将随之改变，轻者影响生物体的生长发育，重者导致个体死亡。

13.1.1 染色体结构异常原因

染色体结构异常与染色体的断裂重接有直接关系。在某些内因和外因的作用下，染色体会发生断裂。断裂端有“黏性”，易与其他断裂端接合。如果在原来的位置上重新接合，则染色体修复如初；如果发生错误的连接，则发生结构异常。引起染色体断裂的内因主要是温度、营养、生理等的变化；外因包括物理因素（如α粒子、β粒子、质子、中子、X射线、γ射线、微波、红外辐射、紫外线等）、化学因素（如某些杀虫剂、抗生素、铅、汞、苯、镉等）和生物因素（如杂色曲霉素、黄曲霉素、棒曲霉素、风疹病毒、乙肝病毒、麻疹病毒和巨细胞病毒等）。

13.1.2 染色体结构异常类型

染色体结构异常的类型主要有缺失、重复、倒位和易位。

缺失（deletion或deficiency）是指染色体臂部分丢失，有中间缺失（interstitial

deficiency）和顶端缺失（terminal deficiency）两种类型（图13.1），最常见的是中间缺失。染色体缺失一部分区段后，该区段上的基因将会丢失，这对生物体的正常生长发育及代谢十分有害。危害的程度与缺失的基因的数目、基因的重要性等有关。如果缺失的区段很长或者缺失的基因非常重要，该个体通常难以成活。

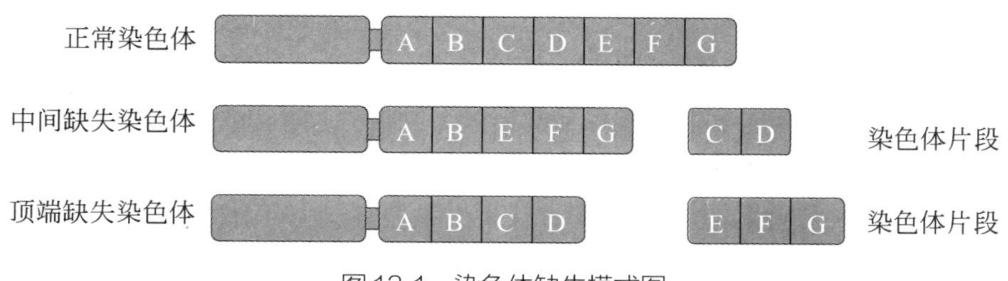

图13.1　染色体缺失模式图

重复（duplication）是指同一染色体的某一节段有两份或两份以上。同源染色体在不同部位断裂后，断片互换重接，造成一条染色体某节段重复，另一条染色体该节段缺失。或者说重复是同源染色体的不等交换。重复和缺失一般是同时出现的。重复分为顺接重复（tandem duplication）和反接重复（reverse duplication）两种类型（图13.2）。染色体重复了一个区段，该区段上的基因也随之重复。重复与缺失相比，对生物体的负面影响较少，但是也会影响个体的生活力，甚至引起个体死亡。

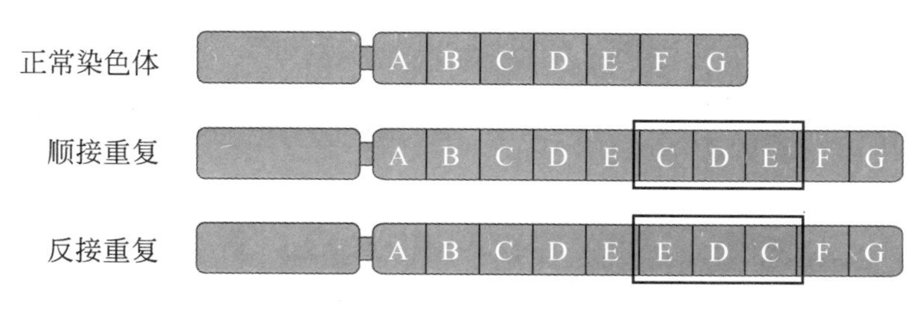

图13.2　染色体重复模式图

倒位（inversion）是指染色体上某段断裂后倒转180度后重新连接，有臂内倒位（paracentric inversion）和臂间倒位（pericentric inversion）两种类型（图13.3）。由于无遗传物质的丢失，表型一般无影响，称倒位携带者。但其配子在同源染色体配对时会形成倒位环，如发生交换，可形成有缺失或重复的配子。

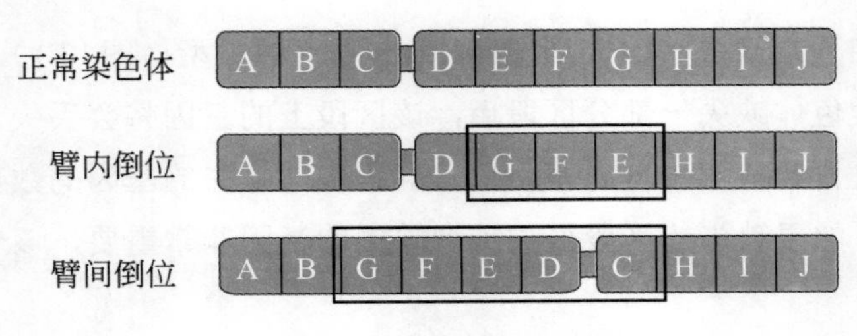

图 13.3　染色体倒位模式图

易位（translocation）是指两条非同源染色体同时发生断裂，断片交换位置后重新连接。易位的类型主要有相互易位、罗伯逊易位和插入易位三种类型（图 13.4）。相互易位（reciprocal translocation）是两条非同源染色体同时发生断裂，两个断片相互交换位置后重接，形成两条衍生染色体。罗伯逊易位（Robertsonian translocation）是两条近端着丝粒染色体分别在着丝粒处断裂，短臂丢失，长臂重接，形成一条新的染色体。插入易位（insertional translocation）又称为简单易位（simple translocation），是两条非同源染色体同时发生断裂，仅一条染色体的断片接到另一条染色体上。易位会改变基因间的连锁关系。

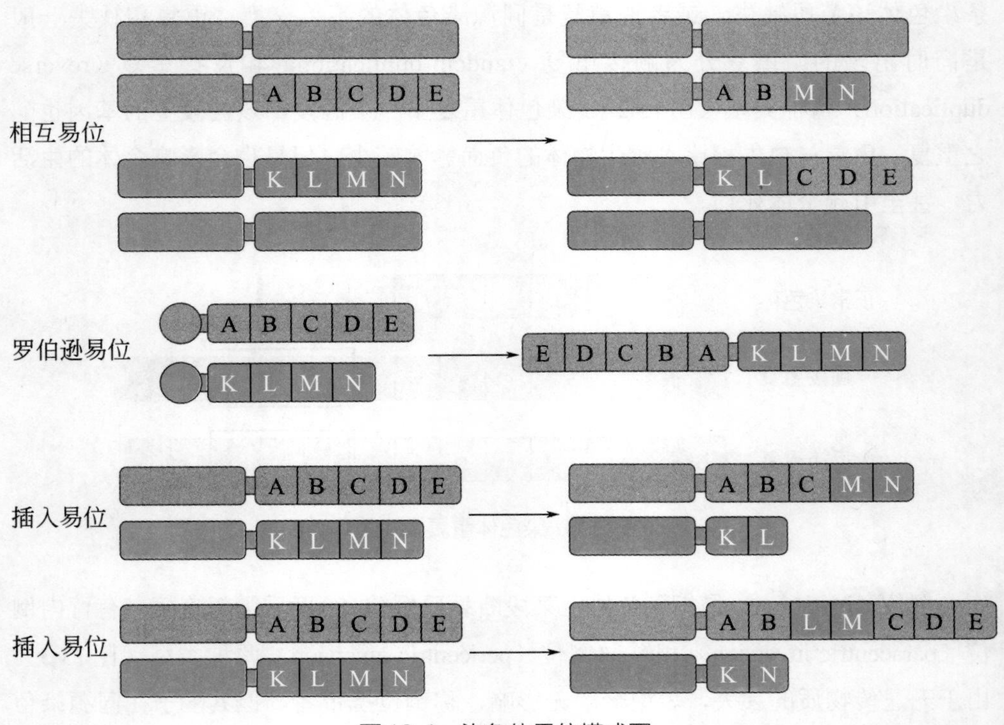

图 13.4　染色体易位模式图

染色体数目异常

正常情况下，各种生物的染色体数目是恒定的。正常人的生殖细胞具有23条染色体，且23条染色体的形态、结构以及携带的基因各不相同，称为一个染色体组（genome），为单倍体（n）；体细胞具有23对即46条染色体，23条来自父亲，23条来自母亲，含两个染色体组，称为二倍体（2n）。如果体细胞中染色体数目不是46条，生殖细胞中染色体数目不是23条，则表明在这些细胞中发生了染色体数目异常。

13.2.1 整倍体异常及其产生机制

整倍体（euploid）异常是指细胞中染色体的数量是以染色体组为单位增加或减少。人的一个染色体组染色体数目是23条，迄今为止仅在精子和卵子中染色体数目是23条，为单倍体（n），还没有发现单倍体的胎儿或者新生儿。正常人体细胞数目是46条（2n），超过二倍体的整倍体为多倍体。三倍体（triploid）是体细胞含有3个染色体组，染色体总数为69条（3n）。三倍体大多在妊娠头三个月就自然流产，很少活到临产。四倍体（tetraploid）体细胞中含有4个染色体组，染色体总数为92条（4n）。四倍体胎儿更为罕见，通常只有嵌合体（2n/4n）的生存时间较为长一些。当一个个体的体细胞有两种或两种以上不同核型的细胞系时，这个个体就被称为嵌合体（chimera）。人类多倍体多见于自然流产的胚胎细胞，在自然流产胎儿中，染色体畸变约占42%，其中三倍体为18.4%。

人类整倍体的产生主要是减数分裂不正常，产生未减数的精子或卵子，未减数配子受精结合产生多倍体（图13.5）。

13.2.2 非整倍体异常及其产生机制

如果一个个体的体细胞中染色体数目不是单倍体的倍数，而是在二倍体数目的基础上增加或减少1条或数条染色体，称为非整倍体（aneuploid）异常。比二

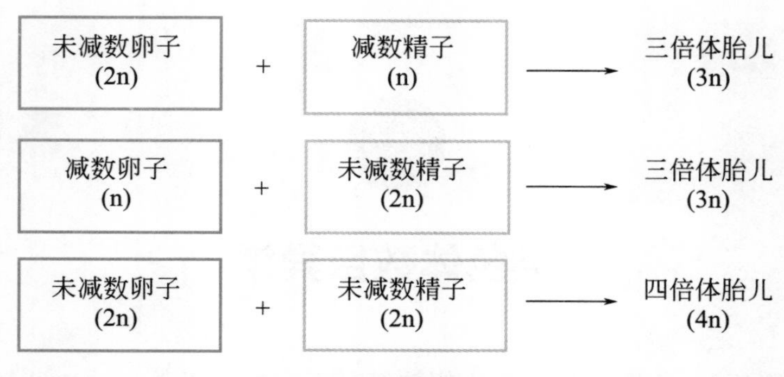

图13.5　多倍体胎儿形成过程示意图

倍体少了1条或数条染色体的非整倍体称为亚倍体（hypoploid）；比二倍体多了1条或数条染色体的非整倍体称为超倍体（hyperploid）。

如果染色体数目比正常二倍体少1条（2n–1），称为单体（monosomic）。单体因为缺少了染色体，严重影响了基因间的平衡，所以个体一般难以存活，临床上常见的有45，XO；45，XX（XY），–21；45，XX（XY），–22。如果少1对同源染色体（2n–2）称为缺体（nullisomic）。人类缺体型还未见报道，这意味着缺体胚胎无法存活。如果少2条非同源染色体（2n–1–1），称为双单体（dimonosomic）。

如果染色体数目比正常二倍体多1条（2n+1），称为三体（trisomic）。三体由于多了染色体，对个体的危害程度比少染色体要轻，但是仍然破坏了基因间的平衡，同样会影响胚胎的发育过程。临床上常见的三体主要有47，XXX；47，XXY；47，XYY；47，XX（XY），+21；47，XX（XY），+18等。如果多了1对同源染色体（2n+2），称为四体（tetrasomic）。如果多了两条非同源染色体（2n+1+1），称为双三体（double trisomic）。临床上的多体主要是性染色体异常，如四体48，XXXX；四体48，XXXY等。

人类非整倍体的产生主要是减数分裂不正常形成n–1和n+1配子，或者染色体丢失所致。

初级精母细胞和初级卵母细胞在减数分裂形成精子和卵子的过程中，如果某对染色体不发生分离，同时进入一个子细胞中，就会产生n+1和n–1配子（图13.6）。n+1配子与正常配子n结合就会形成三体，n–1配子与正常配子n结合就形成单体。在受精卵的早期卵裂阶段，如果不分离发生在第一次卵裂，则形成具有2n+1/2n–1两种细胞系的嵌合体；如果不分离发生在第二次卵裂或者以后，则可形成n/2n+1/2n–1三种以上不同细胞系的嵌合体（图13.7）。

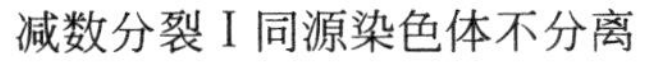

减数分裂Ⅱ姐妹染色单体不分离

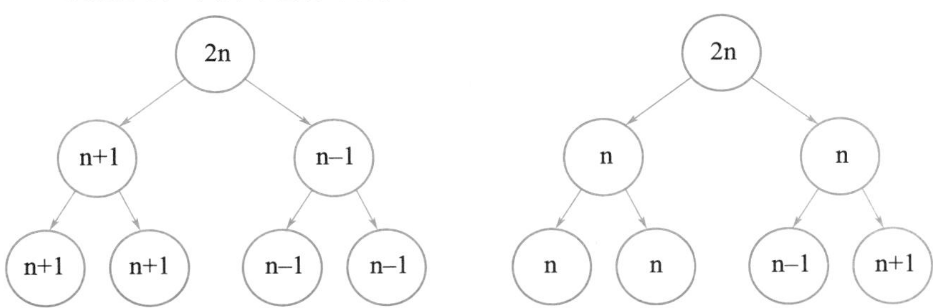

图13.6　减数分裂时染色体不分离示意图

第一次卵裂染色体不分离

第二次卵裂或以后染色体不分离

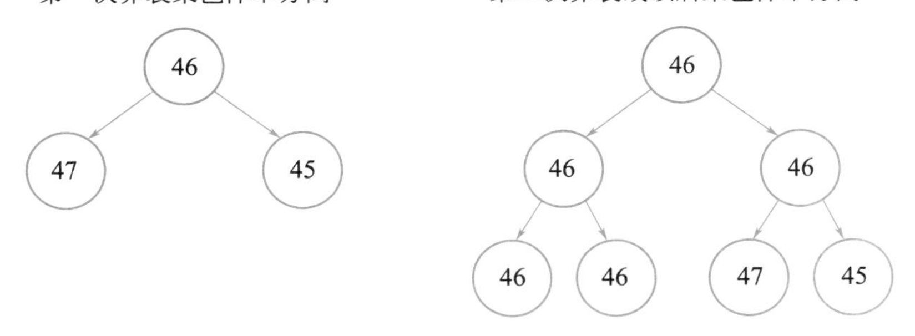

图13.7　染色体不分离形成嵌合体示意图

在细胞分裂的后期、末期，个别染色体由于某种原因（如着丝粒未与纺锤丝相连）未能进入子细胞核，滞留在细胞质中逐渐解体，使子细胞丢失染色体。如果染色体丢失发生于配子形成过程，可产生n和n–1配子。如果发生于受精卵的卵裂早期，可形成正常细胞和单体型细胞组成的嵌合体，如临床多见的46，XX / 45，X和46，XY / 45，X（图13.8）。

染色体丢失

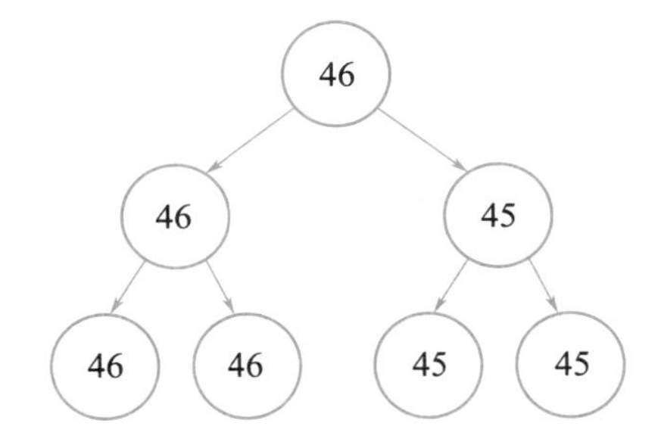

图13.8　染色体丢失形成嵌合体示意图

人类常见染色体病

染色体病（chromosomal disorder）是由染色体数目异常或结构异常引起的疾病。由于染色体病涉及较多基因的变化，大部分流产或死产；患者多发畸形，生长发育迟缓，智力低下，有的还有特异的皮肤纹理改变。如果性染色体异常，还将出现内、外生殖器异常或畸形，如性腺发育不良、第二性征不发育、外生殖器畸形（尿道下裂、阴蒂肥大）、男子女性乳房等。绝大多数患者的双亲均正常，少数双亲之一为染色体异常携带者。

13.3.1 常染色体病

由1～22号常染色体数目或结构异常所引起的疾病为常染色体病（autosomal disorder）。

（1）5p- 综合征（猫叫综合征）

猫叫综合征是5号染色体短臂1区5带缺失造成的，最典型的染色体缺失综合征之一，发病率在活产婴儿中为1/100000～1/50000，其中女患者多于男患者。

猫叫综合征患儿体重低于正常儿童，啼哭声似猫叫，还可能出现颅面部发育不良、各种骨骼畸形（如脊柱侧弯、肋骨畸形）、发育落后等，一般伴随有小头症和智力迟钝。

（2）21三体综合征（唐氏综合征、先天愚型、Down综合征）

21三体综合征是小儿最为常见的由常染色体数目异常所导致的出生缺陷类疾病，在新生儿中的发病率为1/600～1/800，男女之比约为3∶2，60%的患儿在胎儿早期夭折流产。母亲年龄愈大，本病的发病率愈高。母亲年龄在20～24岁之间，患病率为1/1490，到40岁为1/106，49岁为1/11。

21三体综合征的主要症状：① 出生时即有明显的特殊面容，表情呆滞；眼裂小，眼距宽，双眼外眦上斜；鼻梁低平，外耳小，常张口伸舌，流涎多；头小而圆，颈短而宽，常呈现嗜睡和喂养困难。② 最突出、最严重的临床表现是智能障碍，且随年龄的增长日益明显。③ 患儿出生的身长和体重均较正常儿低，出生后体格发育、动作发育均迟缓，身材矮小，四肢短。④ 伴发畸形，部分男孩可有隐睾，成年后大多无生育能力。女孩无月经，仅少数可有生育能力。约50%患儿伴有先天性心脏病，其次是消化道畸形。⑤ 手掌出现猿线（俗称通贯手）、轴三角的*atd*角度一般大于45度，第4、5指桡箕增多。

21三体综合征有标准型、嵌合体型和易位型三种。标准型较为常见，体细胞多了1条21号染色体，核型为47，XX（XY），+21。嵌合体型少见，约占1%～2%，核型为46，XX（XY）/47，XX（XY），+21。易位型约占3%～4%，患者增加的一条21号染色体并不独立存在，而是与D组或者G组的一条染色体发生易位，患者仍然有46条染色体，再加上正常的两条21号染色体，相当于多了1条21号染色体。

（3）18三体综合征

18三体综合征（Edwards综合征）是次于先天愚型的第二种常见染色体三体征。患者大多在2～3个月内死亡，只有极个别患者超过儿童期。95%自然流产，发病率约为活婴的1/5000～1/4000。

18三体综合征的临床表现通常为生长发育障碍、智力低下、肌张力亢进、肾畸形等，绝大多数患儿还会有先天性心脏病。患儿有时可出现摄食困难、呼吸困难等，也有可能在外观上出现一系列的特征性改变，如头部后部比较突出、小头畸形、耳朵下垂、耳廓变形、小颌畸形、小型口腔等。还有四肢、手指、脚趾的相应畸形，手有特殊的握拳姿势，即中指和无名指紧贴掌心，食指和小指压在其上。外生殖器常有畸形，男性隐睾，女性阴蒂及大阴唇发育不良。

18三体综合征有标准型、嵌合体型和易位型三种。标准型较为常见，占比80%左右，体细胞多了1条18号染色体，核型为47，XX（XY），+18。嵌合体型约占10%，核型为46，XX（XY）/47，XX（XY），+18。易位型主要是18号染色体与D组染色体易位。

（4）13三体综合征

13三体综合征（Patau综合征）也是常见的常染色体病，在新生儿中发病率为1/10000～1/4000，女性明显多于男性，发病率随孕母年龄增高而增加。45%的患儿在出生后一个月内死亡，90%在6个月内死亡，存活至3岁者少于5%，平均寿命为130天。

13三体综合征的临床表现比21三体综合征和18三体综合征更严重，常有严重的多器官畸形。中枢神经系统和头部面部畸形，前额、前脑发育缺陷，无嗅脑，严重智能低下；小眼球，虹膜缺损；鼻宽而扁平；2/3患者有上唇裂，并常有腭裂；耳位低，耳廓畸形，内耳螺旋器缺损造成耳聋；80%的儿童患有心血管畸形，最常见的是心室或心房间隔缺损；常见多指（趾），握拳似18三体；男性常有阴囊畸形和隐睾，女性则有阴蒂肥大、双阴道、双角子宫等。

13三体综合征标准型约占75%，核型为47，XX（XY），+13。嵌合体型症状较轻，约占5%，核型为46，XX（XY）/47，XX（XY），+13。易位型约占20%，是13号染色体与其他染色体发生易位所致。

13.3.2 性染色体病

由性染色体的数目增加或减少，以及性染色体部分片段的缺失或某些遗传物质发生改变引起的疾病，称为性染色体病（sex chromosome disorder）。性染色体病的临床共同特征是性发育不全或两性畸形及智力低下等，也有部分患者表型基本正常，仅表现为生育力下降、智力较差或行为异常等。

（1）Kli1nefelter综合征（先天性睾丸发育不全症、原发性小睾丸症）

患者比正常男性多X染色体，在新生男婴中的发病率为1/1000～1/500。

临床表现为身材瘦长；睾丸小，无精子产生，97%患者不育；第二性征发育不全，有女性化表现，约25%的患者有乳房发育；部分患者（约1/4）有智力问题，还有精神异常及精神分裂症倾向。患者体内雌性激素含量比正常男性高，其激素失调是造成患者女性化的原因。

80%以上患者的核型为47,XXY；10%～15%患者为嵌合体，一般表现较轻，常见核型为46，XY/47，XXY；46，XY/48，XXXY。

一般认为本病的发生是在精子或卵子形成过程中发生性染色体不分离所致，且多余的X染色体60%的可能来自母亲，40%的可能来自父亲。

（2）先天性卵巢发育不全综合征（Turner综合征）

患者比正常女性少X染色体，发病率在活产女婴中约为1/2500～1/2000，胎儿99%流产。

临床表现为身材矮小，第二性征发育不良，子宫发育差，原发闭经，不孕，乳腺发育差，面容呆板，蹼颈，肘外翻。

大约55%患者核型为45，X；嵌合体症状较轻，核型一般为46，XX/45，X。

发病机制是双亲形成配子时X染色体不分离，形成O型配子，其中75%发生于父方，25%发生于母方。

（3）多X综合征（超雌综合征）

患者细胞核内有三条或三条以上的X染色体，外表为女性，新生女婴发生率1/1200～1/1000。

大部分患者一般发育正常，但智力低下，而且X染色体数目愈多，智力低下愈严重。外生殖器与正常女性相同，性腺发育不良，但多数卵巢内可存在正常卵泡，部分人有小子宫。约有20%青春期后有不同程度闭经或月经不调，也有些人表现绝经过早。多数患者有生育能力，少数人生育能力低下或无生育能力。

患者染色体核型多数为47，XXX，也有少数为48，XXXX，49，XXXXX；也有少部分为嵌合体46，XX/47，XXX。患者的母亲年龄往往较大，X染色体的不分离一般来自母亲。

（4）XYY综合征（超Y综合征、超雄综合征）

XYY综合征在男婴中的发生率约为1/1000，发病原因为父亲减数分裂时Y染色体不分离。核型多为47，XYY，也有可能是48，XYYY或嵌合体46，XY/47，XYY。

患者男性的表型是正常的，但身材高大，常超过180 cm，偶尔可见隐睾，睾丸发育不全并有精子形成障碍和生育力下降，尿道下裂等，但大多数男性可以生育。患者脾气暴躁，易激动，有招惹和攻击他人等表现。

（5）脆性X染色体综合征

一种主要表现为智力低下的染色体病，患者在Xq27-Xq28存在脆性部位，即具有细丝样部位或裂隙，表现出长臂末端呈现随体样结构，容易发生断裂。1985年，MulllGan将脆性部位准确定位于Xq27.3。1991年，Verkerk在脆性部位发现致病基因*FMR-1*（家族性智力低下基因）。*FMR-1*基因含有一段不稳定的（CGG）$_n$三核苷酸重复序列，对于正常人，重复序列的拷贝数在30左右，而在患者中则高达230以上，且CGG重复序列上游250bp处的CpG岛也被甲基化，引起*FMR-1*基因的关闭，从而导致家族性智力低下蛋白表达减少或缺失。对于男性或女性携带者，智力正常，其CGG序列的拷贝数为50～160，相邻的CpG岛未甲基化，无症状或轻微症状。

临床表现为智力低下；长脸、方额、头大、耳大、下颌大而突出、嘴大唇厚；语言发音障碍、性情孤僻。男性患者多见且症状较重，青春期发育后多数有睾丸增大，少数在青春期前可表现巨睾。女性携带者约1/3表现出智力低下或其他症状，但大多数较轻。

（6）真两性畸形

内外生殖器都具有两性特征，第二性征可为男性或女性，临床罕见。40%一侧为卵巢，一侧为睾丸；40%一侧为睾丸或卵巢，一侧为卵巢睾；20%两侧均为卵巢睾。

核型46，XX是最常见的类型。患者无Y染色体，但Y染色体的*SRY*基因易位到常染色体或X染色体上。也可能核型为46，XY，但在睾丸发育的早期，生殖嵴等区域与睾丸发育有关的基因变异。核型46，XX/46，XY、46，XX/47，XXY或46，XX/45，XO等的异源嵌合体也会表现出两性畸形。

（7）假两性畸形

患者核型、性腺只有一种，但外生殖器及副性征具有两性特征或畸形，主要是性激素水平异常导致发育异常。

女性假两性畸形常见的有先天性肾上腺增生症，患者90%以上缺乏21-羟化酶，导致肾上腺皮质分泌激素异常，雄激素增加，从而引起女性男性化。患者性腺为卵巢，核型为46，XX。

男性假两性畸形又称为雄激素不敏感综合征或睾丸女性化，患者雄性激素受体基因突变，对雄性激素不敏感，出现女性特征。

参考文献

陈竺，2010. 医学遗传学[M]. 2版. 北京：人民卫生出版社.

程罗根，2015. 人类遗传学导论[M]. 北京：科学出版社.

迟强，王养民，周逢海，2009. 女性假两性畸形的诊断和治疗[J]. 临床泌尿外科杂志，24（6）：418-421.

杜桂萍，余小平，2004. 染色体5p-综合征一例报道[J]. 中国优生与遗传杂志，12（2）：69.

杜婧，墙克信，焦海燕，2003. 人类染色体非整倍体形成机理的研究进展[J]. 宁夏医学杂志，（4）：251-253.

黄德娟，2000. 真假两性畸形发生的机制[J]. 生物学通报，35：21-22.

李玉婷，2021. 唐氏综合征产前诊断研究进展[J]. 养生保健指南，（23）：289.

李再云，杨业华，2017. 遗传学[M]. 3版. 北京：高等教育出版社.

刘秀忠，苏维，郑继成，2009. Klinefelter综合征的临床与细胞学分析[J]. 中外医学研究，（5）：91.

罗莉，邬晋芳，夏露，2006. 脆性X综合征FMR1基因研究进展[J]. 中国妇幼健康研究，17（5）：415-417.

马云，李婉睿，刘伊煊，等，2020. 脆性X综合征致病机理与治疗[J]. 生命的化学，40（2）：192-197.

申漫里，袁继炎，2000. 男性假两性畸形的分子遗传学研究进展[J]. 中华小儿外科杂志，21（1）：57-59.

施健灵，莫春娥，侯显良，等，2021. 特纳综合征临床研究进展[J]. 国际遗传学杂志，44（5）：326-331.

王蓓蓓，俞咏梅，卓栋，等，2020. 先天性肾上腺增生症致女性假两性畸形1例[J]. 临床泌尿外科杂志，（1）：83-85.

王正询，2003. 简明人类遗传学[M]. 北京：高等教育出版社.

韦拔，陈继昌，郑敏，2013. 5p缺失综合征新生儿期的临床特点分析[J]. 中外医学研究，11（22）：153-154.

吴莉，2004. 21-三体综合征与染色体着丝粒、动粒的关系[J]. 卫生职业教育，22（19）：180.

夏舒婷，纪媛君，王秋明，等，2021. 超雌综合征的病例报道及文献综述[J]. 中国产前诊断杂志，13（4）：13-17.

徐彩玲，杨芳，2018. 脆性X综合征分子机制与诊治进展[J]. 中国医师杂志，（7）：973-975.

杨席伟，王佳，佴震，2021. Klinefelter综合征研究进展[J]. 中华男科学杂志，27（3）：269-273.

余其兴，赵刚，2008. 人类遗传学导论[M]. 北京：高等教育出版社.

余小平，梅冰，戎立敏，等，2017. 罕见表型正常18三体患者的临床体征和遗传学分析[J]. 中国优生与遗传杂志，（5）：66-67.

张芳，张知新，2015. 特纳综合征诊断与治疗的研究进展[J]. 中日友好医院学报，29（3）：192-194.

张静敏，王世雄，胡琴，等，2005. XYY综合征临床与细胞遗传学分析[J]. 中国优生与遗传杂志，13（12）：47，46.

张静敏，王世雄，胡琴，等，2006. 47，XXX男性及XXX综合征[J]. 中国优生与遗传杂志，14（9）：49.

赵斌，2016. 医学遗传学[M]. 4版. 北京：科学出版社.

左伋，蓝斐，2018. 医学遗传学[M]. 7版. 北京：人民卫生出版社.

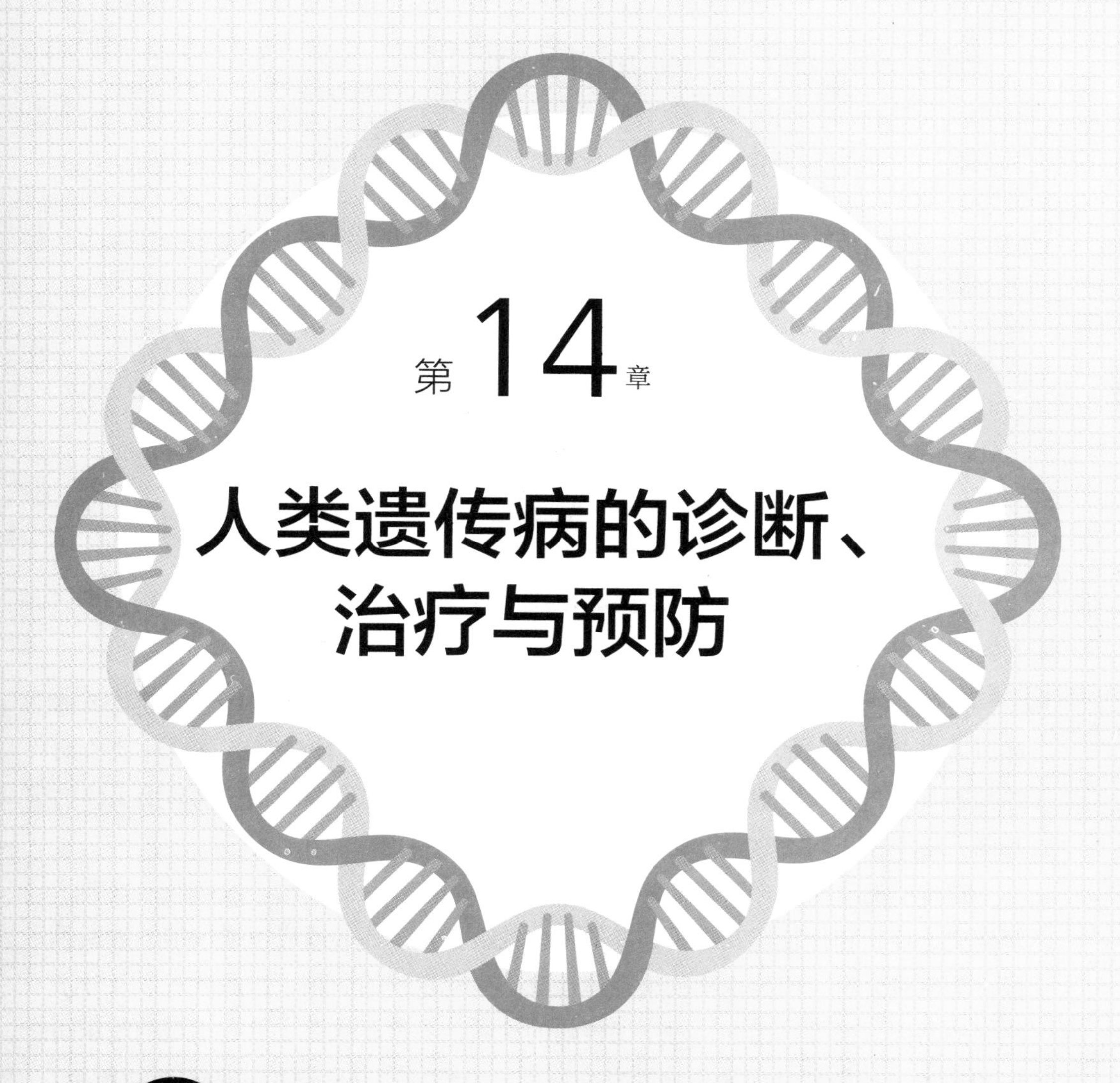

第14章 人类遗传病的诊断、治疗与预防

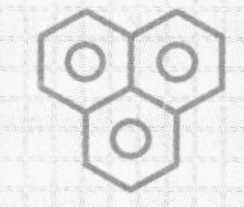

★ 遗传病的诊断

★ 遗传病的治疗

★ 遗传病的预防

随着医疗卫生事业的发展和人们生活水平的提高，人类的传染病已经逐渐得到有效控制，而人类遗传病却有逐渐增加的趋势，一些严重危害健康的常见病多发病大多与遗传有关。遗传病不仅危害患者本人健康，还会将致病基因遗传给后代，降低人口素质，而且会给患者本人、患者家庭以及社会带来严重的经济负担和精神负担，甚至有可能会给社会治安带来危害。如果能通过一定的手段，对遗传病进行监测、治疗和预防，就会在一定程度上有效地预防遗传病的发生和发展。

遗传病的诊断

遗传病的诊断（diagnosis of genetic disease）指临床医生根据患者的症状、体征以及各种辅助检查结果并结合遗传学分析，从而确认其是否患有某种遗传病并判断其遗传方式及遗传规律。遗传病诊断是开展遗传咨询和遗传病防治工作的基础。

遗传病的诊断是一项复杂的工作，对遗传病的诊断除了和一般疾病一样要了解病史、症状和体征以及进行必要的辅助性检查外，还必须应用遗传学的诊断手段，如家系分析、细胞水平的染色体检查、生化水平的酶和蛋白质分析以及分子水平的基因诊断等。因此，对于遗传病的诊断，不但要求医生具有丰富的临床知识和技术，还必须掌握遗传病的发病原因、发病规律并和遗传实验室密切配合，方可做出有效的诊断。

根据诊断方法可将遗传病的诊断分为一般诊断和遗传学特殊诊断。一般诊断采取与一般性疾病相同的诊断方法，即根据病史、症状和体征、实验室检查、辅助性器械检查等获得的资料，进行分析，而后确定诊断。除了一般诊断外，有时候还需要借助于遗传学特殊诊断手段，如染色体和性染色质检查、特殊酶和蛋白质的生化分析、携带者检出、系谱分析、皮纹分析、产前诊断、基因诊断等进行确定诊断。

根据诊断时间可分为出生前诊断、症状前诊断和现症患者诊断。出生前诊断可以较早的发现遗传病的患者或携带者胎儿，使医生进行选择性流产以减少患者或携带者出生率。症状前诊断可及早地采取预防措施或治疗措施以控制症状出现的频率、时间或严重程度等。现症患者诊断是对已经出现症状的患者进行诊断，可有效地减轻病情程度、减轻患者痛苦等。

14.1.1 临床诊断

临床诊断（clinical diagnosis）又称为临症诊断，即医务工作者根据患者已出现的临床表现进行疾病的诊断分析和遗传方式的判断，是遗传病诊断的主要内容。临床诊断所采取的方式与一般疾病的诊断基本相同，一般从病史、症状和体征入手。

（1）病史

由于遗传病多有家族聚集现象，所以病史采集的准确性、详尽性非常重要。除一般病史外，应着重患者的家族史、婚姻史和生育史。

家族史：家族成员中有无同种疾病的病史。采集家族史时应特别注意因患者和代诉人由于文化程度、记忆能力、思维能力、判断能力及精神状态而使症状、体征的描述不够准确或不全面，或因患者或代诉人提供假材料等都会影响家族史材料的准确性。

婚姻史：着重了解婚龄、次数、配偶健康情况以及是否近亲结婚。

生育史：着重询问生育年龄、子女数目及健康状况，有无流产、死产和早产史。如有新生儿死亡或患儿，则除询问父母及家庭成员上述情况外，还应了解患儿有无产伤、窒息，妊娠早期有无患病毒性疾病和接触过致畸因素，如服过致畸药或接触过电离辐射或化学物质史。

（2）症状和体征

多数遗传病在婴儿期或儿童期具有特殊症状和体征表现，且持续存在，可与一般病区别，如白化病、腭裂、软骨发育不全、多指等。

有些遗传病具有部分共同的症状和体征，但每种遗传病也有特殊的表型。如同为智力低下，但有伸舌样痴呆面容的是先天愚型，毛发发黄伴有特殊腐臭尿味的是苯丙酮尿症，声音特殊的是猫叫综合征。

由于遗传的异质性，仅凭症状和体征有时很难做出准确的判断，还需要借助其他手段。遗传异质性（genetic heterogeneity）是指表现型一致的个体或同种疾病临床表现相同，但可能具有不同的基因型。例如一对夫妇均为先天性聋哑患者（AR），但是所生子女全部正常，为什么？先天性聋哑（AR）存在明显的遗传异质性，这对夫妇的聋哑基因缺陷不在同一位点。假设*d*和*e*分别代表着2个隐性致病基因，聋哑父亲*ddEE*与聋哑母亲*DDee*所生子女基因型都为*DdEe*，每个基因位点上都有一个正常的显性基因，因此听觉正常。

14.1.2 系谱分析

系谱分析（pedigree analysis）是了解遗传病的一种常用方法。其基本程序是先对某家族各成员出现的某种遗传病的情况进行详细的调查，再以特定的符号和格式绘制出反映家族各成员相互关系和疾病发生情况的图解，然后根据孟德尔定律对各成员的表现型和基因型进行分析。

系谱分析有助于区别所患疾病是遗传病还是非遗传病；有助于区分是单基因病、多基因病还是染色体病；若是单基因病，有助于区别是常染色体还是性连锁，是显性还是隐性的；有助于预期再发风险。

系谱分析应获得完整、准确、详细、可靠资料。要亲自诊察，不要只听咨询者的口述；要使系谱中成员足够多（3代以上患者），详细记录，不要遗漏或记录不完整；要注意患者及家属的文化水平、心理状态等，材料必须真实；要考虑遗传异质性、注意新基因的突变等不典型系谱，不要轻率下结论。

系谱分析的步骤一般为：① 绘制系谱，通过分析确定是否属于遗传病。② 若是遗传病，根据系谱中某一性别的患者是否远多于另一性别的患者，或有无交叉遗传现象，区别是常染色体遗传还是性染色体遗传。如果患者男女比例相近，为常染色体遗传；如果男患者大于女患者，为伴X隐性遗传；如果女患者大于男患者，为伴X显性遗传。③ 在常染色体或性染色体遗传中，根据有无连续遗传现象区分是显性遗传还是隐性遗传。如果患者比例较高，连续遗传为显性；如果患者比例较低，隔代遗传为隐性。④ 确定遗传规律，确定家系各成员基因型。⑤ 估计可疑携带者及子女发病风险。⑥ 对家系有风险成员提出合理建议和意见。

14.1.3 细胞遗传学检查

细胞遗传学检查主要是进行包含性染色体在内的染色体水平的检查，判断个体是否存在染色体数目或结构异常。

（1）染色体检查

染色体检查也称核型分析（详见第4章），是确诊染色体病的主要方法。对各种染色体数目和结构异常综合征及各种异常核型均可以准确检出，还可以发现新的微畸变综合征。值得注意的是，染色体检查应结合临床表现进行分析才能得出正确诊断。

染色体检查标本的来源，主要取自外周血、绒毛、羊水中胎儿脱落细胞和脐带血、皮肤等各种组织。将标本中的细胞进行培养，染色体制片后进行核型分析。

染色体检查的检查对象包括：① 智力低下、发育迟缓，伴其他先天畸形者。② 已生育过先天畸形或染色体异常患儿的父母。③ 有习惯性流产史的夫妇双方。④ 原发闭经和女性不育症患者。⑤ 无精子症男子和男性不育症患者。⑥ 两性内外生殖器畸形者。⑦ 血液病患者。⑧ 35岁以上的高龄孕妇（产前诊断）。⑨ 接触各种致畸物质者（需要估计其造成的危害程度）。

假设某夫妇生有一个儿子，其面容特殊，鼻梁低平，两眼外眼角向上翘，口常半张，流口水；智力严重低下，无语言能力。临床诊断上怀疑是先天愚型（21三体综合征），夫妇和患儿都要做染色体检查。如果这对夫妇想生一个健康的孩子，最好做产前染色体检查。

（2）性染色质检查

方法简单，主要用于疑为两性畸形或性染色体数目异常的疾病诊断或产前诊断，包括X染色质和Y染色质检查（图14.1）。

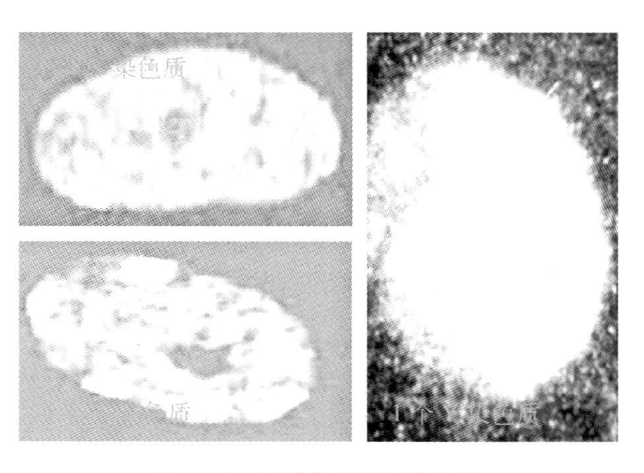

图14.1　X染色质和Y染色质

性染色体检查材料可用口腔黏膜细胞、发根鞘细胞、阴道黏膜细胞、羊水脱落细胞、绒毛膜细胞、毛囊细胞等。

X染色质检查可适用于X染色体异常而引起的性染色体畸形综合征。Y染色质检查可适用于具有一个或一个以上Y染色体的个体。如正常女性有2个X染色体，而多X综合征48，XXXX则有4个X染色体；正常男性有1个Y染色体，而核型为47，XYY的男性则有2个Y染色体。

14.1.4 生物化学检查

生物化学检查是遗传病诊断中的重要辅助手段，是用生化手段，定性、定量分析机体中酶和蛋白质及其代谢产物的检测方法，适用于分子病、先天性代谢缺陷、免疫缺陷等的检查。

基因突变引起的单基因病主要是特定的酶和蛋白质的质和量改变的结果。因此，对酶活性的改变和蛋白质含量测定是确诊某些单基因病的主要方法。如苯丙酮尿症，可根据血清中苯丙氨酸浓度提高，尿液中含有苯丙酮酸作出诊断；白化病可根据毛囊中酪氨酸酶活性降低做出诊断。但应注意，一种酶缺乏不一定在所有组织中都能检出，例如苯丙氨酸羟化酶必须用肝活检，而在血细胞中无法得到。

酶缺陷导致一系列生化代谢紊乱，从而使代谢中间产物、底物、终产物旁路代谢产物发生变化。因此，检测某些代谢产物的质和量的改变，可间接反映酶的变化而作出诊断。例如疑为苯丙酮尿症患者，可检测血清中苯丙氨酸或尿中苯乙酸浓度。

生物化学检查的材料主要来源于血液和特定的组织如肝、皮肤、肾、肠黏膜等，以及培养的成纤维细胞。

14.1.5 基因诊断

基因诊断（gene diagnosis）是利用分子生物学的方法，在DNA和RNA分子水平上对某一基因进行诊断，从而对特定的疾病进行诊断的方法和过程。它和传统的诊断方法主要差异在于直接从基因型推断表型，即可以越过产物（酶和蛋白质）直接检测基因结构而作出诊断。

1976年，美籍华裔科学家简悦威发现地中海贫血症源于基因缺失，独创性地发明了基因诊断技术，通过抽取羊水为胎儿验证的“产前诊断”诞生了，被誉为“基因诊断之父”。鉴于此，简悦威2次获诺贝尔提名奖。1996年，被评为中国科学院外籍院士。

基因诊断不仅可对患者，还可以在发病前作出症状前基因诊断，也可对有遗传病风险的胎儿作出生前基因诊断。此外，基因诊断不受基因表达的时空限制，也不受取材的细胞类型和发病年龄的限制。这一技术还可以从基因水平了解遗传病异质性，有效地检出携带者。

基因诊断以探测基因为目标，属于“病因诊断”，因此针对性强、特异性高。检测目标可为一个特定基因亦可为一种特定的基因组合，可为内源基因亦可为外源基因，适应性强，诊断范围广。待测标本只需微量，就可作出准确的诊断，灵敏度高。

基因诊断常用方法有核酸分子杂交和聚合酶链式反应。

核酸分子杂交（nucleic hybridization）是将已知的特定基因（如先天性遗传疾病的某些特定基因）用同位素标记，制备成基因探针，利用分子杂交技术，基因探针可与同源序列互补形成杂交体，由此检测组织细胞内有无特定基因或DNA片段。临床上已用于产前诊断遗传性疾病。根据检测样品的不同又被分为DNA印迹杂交（Southern blot）、RNA印迹杂交（Northern blot）、斑点杂交和原位杂交。

聚合酶链式反应（polymerase chain reaction，PCR）是利用DNA聚合酶对特定基因做体外的大量合成。DNA在高温时发生变性而解链，当温度降低后又可能复性形成双链。通过温度变化控制DNA的变性和复性，加入引物和DNA聚合酶等，即可完成特定基因的体外复制。PCR常与其它技术如分子杂交、限制酶酶谱分析、单链构象多态性检测（single strand conformation polymorphism，SSCP）、限制性片段长度多态性分析（restriction fragment length polymorphism，RFLP）、DNA序列测定（DNA sequencing）等联合应用。

14.1.6 皮纹分析

皮纹是人类皮肤某些特殊部位（手掌、手指、脚趾、脚掌等）上出现的纹图形。皮纹上凸起的纹称为嵴纹，嵴纹之间的凹陷称为沟纹。关于皮纹的遗传在第9章已经详细的介绍。

皮纹分析是遗传病诊断的一种辅助手段，染色体异常患者往往会有异常皮纹，可作为染色体病的初筛方法。

21三体综合征（先天愚型）患者指纹中80%为箕形纹，第四、五指反箕增多；掌纹中*t*三叉点向掌心移位，*atd*角大于60°，大多数为通贯手。

18三体综合征患者指纹中弓形纹较多，80%的患者十指全是弓形纹，TFRC值很低。约25%的患者*t*三叉点向手掌移位，40%的患者为通贯手。

13三体综合征患者指纹中弓形纹和正箕较多，TFRC值低，*t*三叉点移位于掌心。约2/3的患者双手为通贯手。

猫叫综合征患者指纹中有8个以上的斗形纹，约80%的患者*t*三叉点移位于掌心，几乎所有的患者为通贯手。

先天性睾丸发育不全症患者弓形纹出现率较高。

性腺发育不全症患者指纹中斗形纹较多，TFRC值增高。

14.1.7 产前诊断

产前诊断（prenatal orantenatal diagnosis），又称为宫内诊断（intrauterine diagnosis），是指运用先进的手段例如影像学、生物学、细胞遗传学等在出生前对胚胎或胎儿的发育状态、是否患有疾病等方面进行检测诊断。对可治疗性疾病，选择适当时机进行宫内治疗；对于不可治疗性疾病，能够做到知情选择。

（1）产前诊断的对象

夫妇一方有染色体异常或生育过染色体异常患儿的孕妇；夫妇一方为单基因病患者或生育过单基因病患儿的孕妇；35岁以上的高龄孕妇；有不明原因习惯性流产史、畸胎史、死产史或新生儿死亡史的孕妇；夫妇一方为染色体平衡易位携带者；有脆性X综合征家系的夫妇或同胞中有严重X连锁隐性遗传病的孕妇；夫妇一方有神经管畸形者或生过先天性神经管畸形的孕妇；羊水过多的孕妇；夫妇一方有明显致畸因素接触史；具有遗传病家族史或近亲婚配的孕妇。

（2）产前诊断的方法

随着遗传学、医学、分子生物学、物理学等学科的发展，产前诊断的方法也越来越多，越来越简便和可靠。

① 物理学诊断技术

使用特殊仪器检查胎儿的方法称为物理学诊断，例如X射线检查、胎儿镜检查、超声检查等，属于无创性产前诊断。

X射线检查主要用于检查胎儿骨骼先天畸形。胎儿骨骼在第20周后开始骨化，所以第24周后对胎儿进行X射线检查为适宜。X射线可检查无脑儿、脑积水、脊柱裂、肢体畸形等骨骼畸形。但因X射线对胎儿有一定影响，现已极少使用。

超声检查是一项简便对母体和胎儿无痛无损伤的产前诊断方法。B型超声波应用最广，能详细检查胎儿的外部形态和内部结构，使胎儿遗传病得以早期诊断，如中枢神经系统异常、神经管缺陷、脑积水、小脑畸形等。此外还可直接对胎心和胎动进行动态观察，并可摄像记录分析，亦可作胎盘定位，选择羊膜穿刺部位，引导胎儿镜操作，采集绒毛和脐带血标本供检查等。

胎儿镜又称羊膜腔镜或宫腔镜，是一种带有羊膜穿刺的双套管光导纤维内窥镜。胎儿镜可经腹壁、子宫壁进入羊膜腔，直接观察胎儿体表、性别和发育状况，也可以抽取羊水或胎血，还可以进行宫内治疗。妊娠15 ～ 17周时，羊水达足够量，胎儿也较小，适宜观察胎儿外形。妊娠18 ～ 22周时，羊水继续增多，脐带增粗，适宜作脐血取样及胎儿宫内治疗。妊娠22周后，羊水透明度下降，不利于胎儿外形观察。胎儿镜操作困难，易引起并发症。由于B超的应用，此方法已少用。

随着磁共振技术的发展，因其具有较高软组织对比性、高分辨率、多方位成像能力和成像视野大等优点，使其成为产前诊断胎儿畸形的有效补充手段，而且越来越多地被产科临床应用。目前，磁共振不作为筛查的方法，只有在超声检查发现异常，但不能明确诊断的患儿，或者通过磁共振检查发现是否存在其他异常。磁共振检查没有电离辐射，安全性较高，目前尚未发现有磁场对胎儿造成危害的报道。为进一步确保胎儿安全，对妊娠3个月以内的胎儿不做磁共振检查。

② 细胞遗传学技术

产前诊断最常用的方法。以羊水中胎儿脱落的细胞、绒毛细胞等为材料，对胎儿的染色体进行分析，以确定胎儿是否存在染色体异常疾病。前面已经详述。

③ 生物化学方法

以羊水、绒毛或孕妇血清、尿等为材料，采用生物化学的方法测定其中某些酶的活性或某些代谢产物的水平，以确定胎儿是否患有遗传性代谢疾病、分子病等。前面已经详述。

④ 基因诊断方法

以羊水细胞、绒毛细胞等为研究材料，进行DNA分析，特别适用常规方法无法取材或确诊的情况。前面已经详述。

（3）产前诊断取材技术

目前常用的产前诊断取材技术包括羊膜穿刺术、绒毛吸取术和脐静脉穿刺术等，需在规范的较大型医疗机构，由经培训的技术熟练的产前诊断医师操作实施。

① 羊膜穿刺术

羊水中含有从胎儿皮肤、消化道、呼吸道、泌尿道以及羊膜腔脱落下来的细胞，可用于染色体分析、DNA分析、生物化学酶学分析。

羊水的采集一般在B超的监控下进行，以中期妊娠16 ～ 20周时进行为宜，风险小，对胎儿刺激小，是一种常用的取材技术（图14.2）。羊水穿刺存在发生羊水渗漏、阴道出血和流产等的风险，流产率约为0.2% ～ 0.5%。

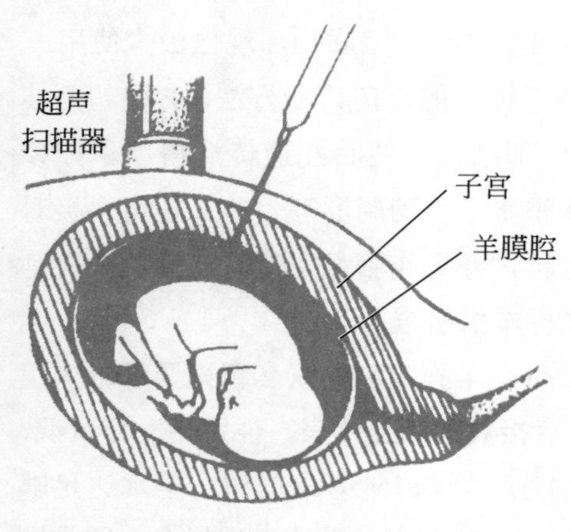

图14.2　羊膜穿刺取羊水示意图
（图片引自程罗根，2015）

② 绒毛吸取术

绒毛细胞是由受精卵发育分化的滋养层细胞及绒毛间质中的胚外中胚层细胞组成，绒毛细胞与胎儿组织同源，具有相同的遗传特性，通过绒毛检测，可客观反映胎儿情况。绒毛可用于胎儿染色体及基因检查，进行性别鉴定、核型分析、生物化学检查、DNA分析等。

取绒毛一般早期妊娠9 ～ 11周在B超监视下进行，发现胎儿异常可在早期终止妊娠，避免中期引产对母体的伤害。分为经宫颈（图14.3）和经腹（图14.4）两种穿刺路径，具体路径的选择主要根据胎盘位置和取样者经验决定。

③ 脐带穿刺术

脐带穿刺术是在持续B超引导下穿刺针经母腹进入胎儿脐静脉进行取样的技术，可在孕中期、孕晚期（17 ～ 32周）进行。

脐血可作染色体或血液学各种检查，如胎儿染色体核型分析、胎儿血液系统疾病诊断等。也可用于因羊水细胞培养失败，DNA分析无法诊断而只能用胎儿血浆或血细胞进行生化检测的疾病，或在错过绒毛和羊水取样时机下进行。在一些情况下，可代替基因分析，例如血友病可直接测定凝血因子Ⅷ。

④ 母血分离胎儿细胞

孕妇外周血中至少有滋养叶细胞、有核红细胞和淋巴细胞3种胎儿细胞。临床上获取胎儿细胞的方法会对母体和胎儿有一定损伤，都有流产或感染的风险，而从母体外周血中获取胎儿细胞的方法最安全。

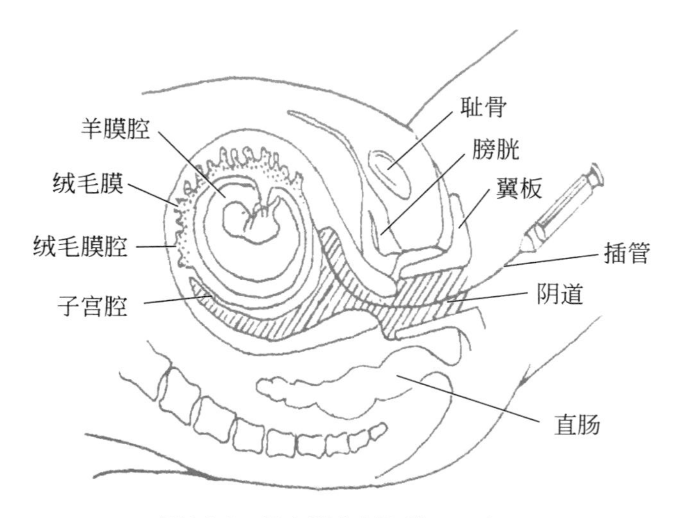

图14.3　经宫颈穿刺取绒毛示意图

（图片引自程罗根，2015）

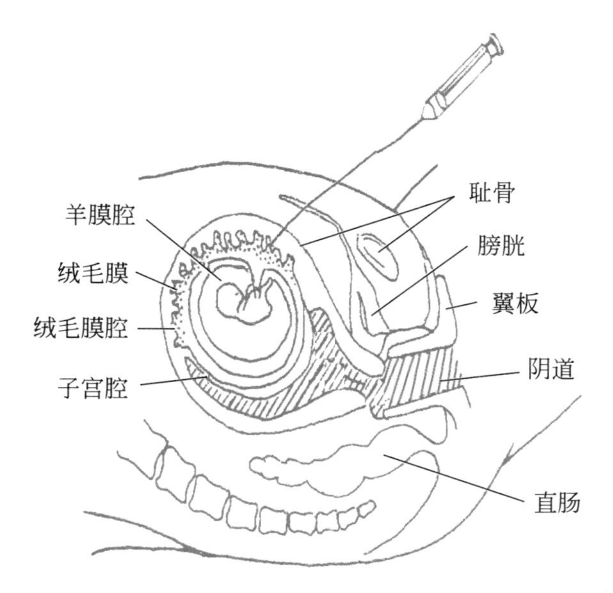

图14.4　经腹穿刺取绒毛示意图

（图片修改自程罗根，2015）

在孕妇外周血中的胎儿细胞数量不多，如何识别和富集胎儿细胞以及如何排除母血的“污染”等是需要解决的问题关键。目前已用单克隆抗体或以滋养叶细胞表面特异性抗原的抗体作为标记等来识别胎儿细胞。

⑤ 外周血胎儿游离DNA

孕妇外周血中存在来自胎儿胎盘的游离DNA，叫做胎儿游离DNA，也就是常说的无创DNA。无创DNA产前检测是一种不侵入性的检查方法，只需要采集孕妇的外周血即可，不会对胎儿造成任何损害。相比传统的羊水穿刺、脐带血采血等方法，更加安全可靠，且准确率也较高。通过对胎儿游离DNA进行测序分析，可以检测出常见胎儿染色体非整倍体异常，如21三体综合征、18三体综合征和13三体综合征，以及一些单基因遗传病，如地中海贫血、囊性纤维病、肌营养不良症等。

遗传病的治疗

遗传病通常被认为是一类无法治疗的疾病。然而，随着现代技术的发展，大多数遗传病是可以治疗的，甚至少数还可以治愈。随着基因治疗逐步进入临床，遗传病的治疗有了更光明的前程。

遗传病由于发病机制不同，治疗方法也有所不同。染色体病不仅没有办法根治，症状改善也很困难，但个别性染色体异常，如Klinefelter综合征早期使用睾酮，真两性畸形进行外科手术等，有助于症状改善。多基因病的发病受环境因素的影响较大，药物和外科手术治疗有很好的效果。分子病和酶病的治疗可针对不同的发病环节，采取措施，在一定时期内改善症状。

14.2.1 手术治疗

手术治疗是应用外科手术对某些遗传病所造成的畸形或缺陷等加以切除、修补、整形或移植等矫正的治疗方法，可以有效改善某些遗传病的症状，减轻病痛。

例如多指、睾丸女性化的睾丸、结肠息肉等，可通过手术切除病变的器官；唇裂、腭裂、先天性幽门狭窄、外生殖器畸形等可通过手术修补矫正病变的器官；腹壁裂、肛门闭锁等可以在新生儿阶段进行手术修复；多囊肾患者进行肾脏移植、白血病进行骨髓移植进行治疗。

14.2.2 药物治疗

遗传病发展到各种症状已经出现时，机体器官已造成一定损害，此时药物治疗主要是对症治疗。根据遗传病的类型，“补其所缺”和“去其所余”。

“补其所缺”主要针对某些生化代谢性疾病，使用激素类或酶制剂的替代疗法，或补充维生素，通常可得到满意的治疗效果，但这种补充一般是终生性的。例如先天性无丙种球蛋白血症患者，补充丙种球蛋白；抗维生素D佝偻病患者，补充大剂量维生素D和磷酸盐；垂体性侏儒患儿，补充生长激素；糖尿病患者，补充胰岛素等。

“去其所余”主要针对由遗传性代谢障碍引起体内某些毒物的堆积，采用螯合剂、促排泄剂、代谢抑制剂、换血等治疗方案，减少毒物的蓄积而造成的危害。例如肝豆状核变性患者，可用药物D-青霉胺或二盐酸三乙烯四胺（TTD）清除体内过剩的铜离子；别嘌呤醇可抑制黄嘌呤氧化酶，减少尿酸形成，故可治痛风；家族性高胆固醇血症患者可通过血浆过滤降低其血中的胆固醇水平。

14.2.3 饮食治疗

饮食治疗是针对机体因不能对某些物质进行正常代谢，制定特殊的食谱，减少这些物质的摄入，以达到治疗疾病的目的。简而言之，即“禁其所忌”。

例如苯丙氨酸酮尿症患者，限制苯丙氨酸的摄入；葡萄糖-6-磷酸脱氢酶缺乏患者，严格禁食蚕豆及其制品，严禁服用伯氨喹、阿司匹林等药物，可避免溶血性贫血的发生；半乳糖血症患者，如早期发现，禁食乳制品，可以收到良好效果；高胆固醇血症患者应限制胆固醇的摄入等。

14.2.4 基因治疗

基因治疗（gene therapy）是运用DNA重组技术，将具有正常基因及其表达所需序列导入到病变细胞或体细胞中，以代替或补偿缺陷基因的功能，或抑制基因的过度表达，从而达到治疗遗传病的目的。

（1）基因治疗的必要条件

目前为止，并不是所有的遗传病都可以通过基因治疗的方法进行治疗。基因治疗必须符合如下条件：① 疾病的发病机理及相应基因的结构和功能已了解清楚。② 已克隆正常基因，且明确该基因表达与调控机制。③ 导入基因具有合适的受体细胞，并能有效表达。④ 具有安全有效的转移载体和方法。

（2）基因治疗的方法

首先，根据基因转移的受体细胞（靶细胞）不同，基因治疗可分为生殖细胞基因治疗和体细胞基因治疗。

① 生殖细胞基因治疗

生殖细胞基因治疗（germ cell gene therapy）是将正常细胞基因转移到患者的生殖细胞（精细胞、卵细胞、早期胚胎）使其发育成正常个体。

生殖细胞基因治疗是理想的治疗方法，可从根本上治疗遗传病，不仅能使生殖细胞受精后产生正常个体，还可使有害基因不能在后代中延续。然而，基因的这种转移一般只能用显微注射，效率不高，只适用排卵周期短而次数多的动物。同时将基因转移到人类生殖细胞，并世代遗传，又涉及伦理学问题。因此，在人类中此种方法还不成熟。

② 体细胞基因治疗

体细胞基因治疗（somatic cell gene therapy）是指将正常基因转移到体细胞，使其正常高效表达所缺的某种蛋白质或者酶，从而改善患者症状，以达到治疗目的。但仅能使患者症状消失或得到缓解，有害基因仍能传给后代。

体细胞基因治疗最理想的措施是将外源正常基因导入靶体细胞内染色体特定基因座位，用健康的基因确切地替换异常的基因，使其发挥治疗作用。但是特定座位基因转移目前还有很大困难。

目前体细胞基因治疗主要是将正常基因转移到基因组上的非特定座位，即随机整合。只要该基因能有效地表达出其产物，便可达到治疗的目的。

体细胞基因治疗不必矫正所有的体细胞，因为每个体细胞都具有相同的染色体，且有些疾病只需少量基因产物即可改善症状，无需全部有关体细胞都充分表达。另外，有些基因只能在某种体细胞中表达，治疗时只需要针对此类细胞治疗即可。

其次，按照基因导入方式分为直接体内疗法和间接体内疗法。

① 直接体内疗法

将外源基因装配于特定的载体，直接导入体内有关的组织器官，使其进入相应的细胞进行表达。这种载体可以是病毒型或非病毒型，甚至是裸DNA。此法操作简便，容易推广，但尚未成熟，存在疗效持续时间短、免疫排斥及安全性等一系列问题。

② 间接体内疗法

将含外源基因的载体在体外导入人体自身或异体细胞（即靶细胞），经过筛选和增殖后输回患者体内，使该基因在体内有效地表达相应产物，以达到治疗的目的。此法基因转移途径比较经典、安全，而且效果较易控制，但是步骤多、技术复杂、难度大。

（3）基因治疗的策略和途径

基因治疗常用的策略有基因矫正、基因替换、基因增补和基因失活（反义基因治疗）

基因矫正（gene correction）是指原位纠正致病基因中的异常碱基，而正常部分予以保留。通过基因打靶的方式，利用外源DNA与靶细胞染色体上的同源序列相互吸引重组，外源目的基因准确地插入缺损基因中的缺失部位，以达到特异性矫正异常基因的目的。此法能完全恢复致病基因，但技术要求高，实际应用有较大难度。

基因替换（gene replacement）是指通过同源重组技术，将特定的目的基因导入特定细胞，原位替换致病基因，使细胞内的DNA 完全恢复正常状态。此种方法最为理想，但目前技术尚难达到。

基因增补（gene augmentation）是指把正常基因导入体细胞，通过基因的非定点整合使其表达，以补偿缺陷基因的功能，或使原有基因的功能得到增强，但致病基因本身并未除去。目前基因治疗多采取此种方式。

基因失活（gene inactivation）是将特定的反义核酸（反义RNA、反义DNA）和核酶导入细胞，在转录和翻译水平阻断某些基因的异常表达，从而实现治疗的目的。

（4）基因治疗的主要步骤

基因治疗的主要步骤包括：选择目的基因，选择适当的载体，选择合适的靶细胞，外源基因的转移，目的基因在靶细胞内的有效表达，回输体内（图14.5）。

① 选择目的基因

选择对疾病有治疗作用的特定治疗目的基因是基因治疗的首要问题。当选择一个基因为治疗对象时，必须对基因的序列、结构及其产物的功能等有详尽的了解。目的基因可以是缺陷基因相对应的特定正常基因，也可以是与缺陷基因无关

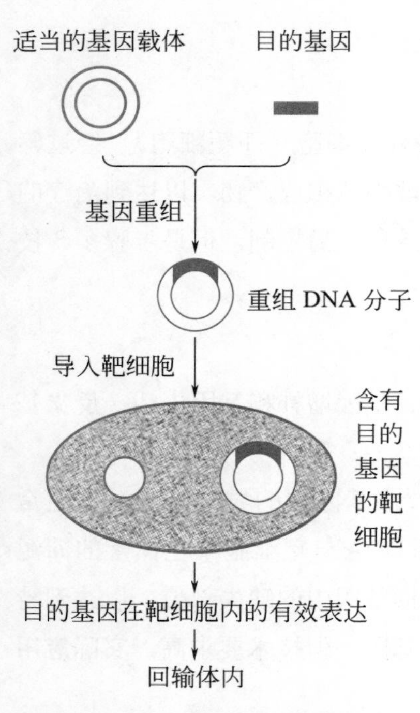

图 14.5　基因治疗的过程示意图

但有治疗意义的基因，如细胞因子等。

选择的目的基因应能够持续稳定地表达，且不会发生不利的免疫或组织反应，不能产生其他继发性疾病。

② 选择适当的载体

有病毒载体和非病毒载体两类。目前最常用的载体是人工改造后的工程病毒。病毒载体是指以病毒为基础的基因载体，对病毒基因组进行操作和改造，使它携带外源基因和相关基因元件，并被包装成病毒颗粒。目前临床上基因治疗使用最多的病毒载体就是逆转录病毒和腺病毒等。

③ 选择合适的靶细胞

靶细胞是指接受转移基因的细胞，可以是体细胞或生殖细胞，但由于涉及安全性和伦理性问题，一般使用体细胞。选择的靶细胞要易于由人体分离又便于输回体内；细胞易在体外培养，具有增殖优势，生命周期长，能存活几月至几年，甚至可延续至患者的整个生命期；细胞易接受转染；最好选择组织特异性细胞，比如目的基因在哪种组织细胞中表达就选择哪种组织。

目前使用较多的是皮肤成纤维细胞、肌细胞、肝细胞、淋巴细胞、血管内皮细胞、造血干细胞、骨髓细胞等。

④ 外源基因的转移

通过基因转移系统将治疗基因导入靶细胞。转移方法较多，有化学法（DEAE葡聚糖法、纳米颗粒法、磷酸钙沉淀法、脂质体法等）、物理法（电穿孔法、显微注射法、微粒子轰击法、基因枪法等）和生物法（病毒载体介导法、质粒载体介导法）。通常采用的是病毒载体介导法，即将治疗基因整合到失去繁殖能力的病毒内，利用病毒极高的感染能力，把基因导入特定的组织细胞中。目前应用的有逆转录病毒载体和DNA病毒载体。逆转录病毒载体中，最常用于人类的是莫洛尼鼠白血病病毒；DNA病毒载体包括腺病毒、SV40、牛乳头瘤病毒、疱疹病毒等。

导入基因的方式可以是直接体内疗法或间接体内疗法。

⑤ 目的基因在靶细胞内的有效表达

基因治疗的有效性依赖于目的基因在特定组织、细胞中适时、适当水平的表达，即控制性表达而非随机失控性表达，表达产物才能发挥正确的治疗作用。利用载体中的标记基因对转染细胞进行筛选，只有稳定表达外源基因的细胞在患者体内才能发挥治疗效应。

⑥ 回输体内

将治疗性基因修饰的细胞以不同的方式回输患者体内发挥治疗效果。

（5）基因治疗的应用实例

实例1：乙型血友病的基因治疗

乙型血友病（B型血友病）是一种X染色体隐性遗传疾病，患者凝血因子Ⅸ（FIX）缺乏，Ⅸ因子基因定位在Xq26.3-q27.2。临床表现为易出血，凝血时间长，轻伤、小手术后常出血不止。发病率1/30000。

我国是世界上最早开展乙型血友病基因治疗的国家。复旦大学薛京伦教授课题组用逆转录病毒为载体，将凝血因子Ⅸ基因转移到培养的中国仓鼠卵巢细胞（CHO）中，得到了较好的表达。1990年又将该基因转移到患者皮肤成纤维细胞中，产生了高滴度有凝血活性的因子Ⅸ蛋白。1991年又通过上述方法，将凝血因子Ⅸ基因转入2名患者体外培养的细胞中，然后回植入患者体内，检测到导入者体内因子Ⅸ基因的表达。

实例2：复合免疫缺陷综合征的基因治疗

1991年美国批准了人类第一个对遗传病进行体细胞基因治疗的方案，即将腺苷脱氨酶（ADA）导入一个4岁患有严重复合免疫缺陷综合征（SCID）的女孩体内。采用的是逆转录病毒介导的间接法，即将含有正常人腺苷脱氨酶基因的逆转录病毒转入患儿的白细胞内，并用白细胞介素Ⅱ（IL-2）刺激其增殖，经10天左右再经静脉输入患者体内。大约1～2月治疗一次，8个月后，患者体内ADA水平达到正常值的25%，未见明显副作用。

（6）基因治疗存在的问题

经过多年的发展，基因治疗的研究已经取得了不少进展。但目前世界上已批准的基因治疗病例中，绝大多数都是治疗肿瘤的，极少部分治疗遗传病和传染性疾病及其他一些疾病。治疗的遗传病中，除对ADA缺乏症和乙型血友病有一定疗效外，其余都还在实验阶段。

基因治疗可能具有潜在的危险性。由于常采用逆转录病毒作为载体，会导致外源基因的导入产生新的有害遗传变异，因此，应构建相对安全的逆转录病毒载体。目前基因治疗主要是将正常基因随机整合到患者基因组上，外源基因的插入有可能失活一个重要基因，或更严重的激活一个原癌基因，这个问题的危险程度是无法估量的。生殖细胞基因治疗虽然在人类尚未实施，但在动物实验已获成功，这类转基因动物遗传特征变化的世代相传，给人类带来的是福还是祸尚未可知。

基因治疗还存在一定的社会伦理道德问题。体细胞基因治疗是符合伦理道德的，但试图纠正生殖细胞遗传缺陷或通过遗传工程手段来改变正常人的遗传特征，则是引起争议的领域。

14.2.5 干细胞治疗

干细胞治疗（stem cell therapy）是继基因治疗的概念后提出的，用于遗传病治疗的新手段。干细胞（stem cell）是具有增殖和分化潜能的细胞，具有自我更新复制的能力，能够产生高度分化的功能细胞。干细胞治疗主要是通过定向分化多潜能的干细胞，获得某种特定的组织或器官，用于替换病变的组织或器官，所以又称为组织工程。另一种途径是将干细胞输入患者，干细胞归巢之后分化成相应的功能细胞，如同骨髓移植。

干细胞治疗的关键是获得干细胞并进行定向分化。异体干细胞治疗需要组织配型，自体干细胞治疗需要导入正常基因后方能纠正细胞的缺陷。利用体细胞核移植得到的胚胎来获取干细胞，进行基因纠正和定向分化，即“治疗性克隆”新技术，有望在遗传病的治疗上获得突破。

遗传病的预防

人类的遗传性疾病是威胁人类健康的一个重要因素。由于医学、遗传学等的迅猛发展，不仅揭示了许多遗传疾病的发病机理，而且对遗传病的防治也有了许多有效的措施。迄今对遗传病的治疗，虽然可通过对症治疗纠正某些临床症状或防止发病，但是对大部分遗传病仍不能改变细胞中的致病基因，达到根治的目的。少数即使能治疗，也因费用昂贵，难以普及。因此，预防遗传性疾病的发生，防患于未然具有特别重要的作用。

14.3.1 遗传保护

随着工农业生产的发展，环境污染与日俱增。环境中的许多因素不仅会直接引起一些严重的疾病（如砷、铅和汞中毒及其它职业病），而且会造成人类遗传物质的改变，影响下一代。

环境中的不良因素总体上分为三大类，环境致突变剂、环境致畸变剂和环境致癌剂，简称为“三致因子”。

环境致突变剂除了电离辐射（如α射线、β射线、X射线、γ射线等）外，还包括某些霉菌产生的霉菌毒素（如黄曲霉素），食品工业中的保鲜剂（如亚硝酸盐）、着色剂、人工甜味剂，农药中的一些除草剂、杀虫剂，工业中的烷化剂、氯乙烯、苯乙烯、铅、砷等。

环境致畸变剂是指在妊娠期间因与母体接触而引起胚胎发生不可逆的异常的环境污染物。双亲年龄过低或过高者容易生畸形儿，母亲缺乏维生素A、维生素B、色氨酸等都可导致胎儿眼部发育异常。X射线、γ射线等电离辐射，风疹病毒、巨细胞病毒、单纯疱疹病毒、梅毒螺旋体、弓形体等病毒感染，氮芥、环磷酰胺等药物中的烷化剂，阿糖胞苷、5-氟尿嘧啶等核酸类化合物，丝裂霉素C、放线菌素D等抗生素，咖啡因、可可碱等食品中的佐剂，都可导致胎儿畸形。一般来说，胚胎发育的前3个月是对致畸因子的高度敏感期，此期应特别注意避免与上述因子接触。

现已确定人类癌症由环境化学物质引起的约占90%。多环芳烃类一般由4～5个苯环组成的有较强致癌作用的烃类物质，如苯并（*a*）芘、苯并蒽、3-甲基胆蒽等，主要来自工业和生活废气、烟草燃烧的烟雾以及食物烧烤煎炸过程中由脂肪裂解而成。常用作有机溶剂、中间体原料、医药杀菌剂的烷化剂，与染料、农药合成有关的芳香胺类也是常见的致癌剂。此外，*N*-亚硝基化合物（如亚硝酸胺和亚硝酰胺）、氨基偶氮染料类（如邻苯甲胺、奶油黄）、黄曲霉素、某些重金属及其化合物（如镍、砷、镉等）、某些激素（如黄体激素、卵巢滤泡激素等）都可引起人类癌症。

因此，加强环境保护，减少不良因素在环境中的积累；同时增强个人防护，保护机体的遗传物质不受损伤是预防遗传病的重要环节。

14.3.2 遗传携带者的检出

遗传携带者指表型正常，但带有致病遗传物质的个体。一般包括隐性遗传病杂合体、显性遗传病的未外显者（外显不全个体）、表型正常的迟发外显者（延迟显性个体）、染色体平衡易位携带者和倒位染色体携带者。

遗传携带者的检出对遗传病的预防具有积极的意义。因为人群中，虽然许多隐性遗传病的发病率不高，但杂合子的比例却相当高。例如苯丙酮尿症的纯合子在人群中的比例为1/1000，携带者（杂合子）的频率为1/25。对发病率很低的遗传病，一般不做杂合子的群体筛查，仅对患者亲属及其对象进行筛查，可以收到良好效果。对发病率遗传高的遗传病，普查携带者效果显著。

携带者的检测方法大致可分为临床水平、细胞水平、酶和蛋白质水平以及基因水平等。

14.3.3 婚姻指导及选择性流产

对遗传病患者及其亲属进行婚姻指导及生育指导，必要时选择结扎手术或终止妊娠，可防止患儿出生，减少群体中相应的致病基因。

常染色体显性遗传病能致死、致残、致愚，不宜结婚是显而易见的。隐性遗传病杂合子间的婚配，是生育重型遗传病患儿的最主要来源。婚姻指导主要是劝阻隐性遗传病基因携带者之间婚配即近亲婚配。据世界卫生组织调查，非近亲婚配婴儿死亡率为24‰，而近亲婚配为81‰。

生育指导是对已婚的在优生法规中指定的遗传病患者，以及明确双方为同一隐性遗传病的携带者而又不能进行产前诊断时，最好动员一方进行绝育，如果母亲已怀孕则应进行产前诊断，确定胎儿的性别和疾病情况，进行选择性流产。

随着产前诊断方法不断改进，选择性流产的针对性将日益增强。选择性流产是怀孕女性在怀孕的早期和中期通过遗传咨询或产前诊断，确认胎儿有严重的发育障碍、畸形或者患有遗传性的疾病时，进行人工流产或者引产终止妊娠。

14.3.4 新生儿筛查

新生儿筛查是出生后预防和治疗某些遗传病的有效方法。我国主要列入新生儿筛查的疾病有苯丙酮尿症、家族性甲状腺肿和葡萄糖-6-磷酸脱氢酶（G-6-PD）

缺乏症（蚕豆病）。

新生儿筛查选择的病种主要针对发病率高，有致死、致残、致愚的严重后果，有较准确而实用的筛查方法，筛查出的病有办法治疗和符合经济效益的疾病。

14.3.5 遗传咨询

遗传咨询、产前诊断和选择性流产被认为是预防遗传病患儿出生的主要手段。遗传咨询是指咨询医师与咨询者就其家庭中遗传病的病因、遗传方式、诊断、治疗、预防、复发风险等所面临的全部问题进行讨论和商谈，做出恰当的对策与选择，并在咨询医师的帮助下付诸实施，以达到最佳防治效果的过程。

遗传咨询的对象包括有遗传病或先天畸形的患者及其亲属，原发性不育的夫妇或具有不明原因习惯性流产、死产和死胎史的夫妇，性器官发育异常或行为异常者，近亲结婚的夫妇及后代，接触致畸因素并要求生育的育龄男女和35岁以上高龄孕妇。

遗传咨询可遵循下列程序：①确定诊断：根据临床检查、实验室检测结果和运用专业知识做出正确判断，确认或否定遗传病。②分析遗传方式，推算再发风险：绘制准确、完整系谱，确定遗传方式，确定基因型，估计再发风险。③提出意见和建议：是否可生育，是否需要产前诊断和指导生育，是否需过继或领养，是否需要人工授精或胚胎移植等。④随访：建立完整档案，进行随访和查询。

遗传咨询要遵循全面收集证据原则、非指令性原则、尊重对象原则、知情同意原则和保密原则。遗传咨询有利于预防遗传病和实现优生，降低遗传病发生率，提高出生人口素质。

参考文献

陈基平，2005. 皮肤纹理与遗传病[J]. 生物学通报，40（8）：12-13.

陈欣林，2015. 超声与磁共振成像技术在产前诊断中的应用[J]. 中华医学超声杂志（电子版），12（5）：343-347.

程罗根，2015. 人类遗传学导论[M]. 北京：科学出版社.

傅松滨，2013. 医学遗传学[M]. 3版. 北京：北京大学医学出版社.

郭奕斌，梁宇静，郭东炜，2016. 单基因遗传病基因诊断技术研究进展[J]. 分子诊断与治疗杂志，8（1）：46-53.

黎丽芬，2017. 浅析遗传病的诊断及治疗[J]. 中国实用医药，12（1）：191-193.

李胜利，2004. 胎儿畸形产前超声诊断学[M]. 北京：人民军医出版社.

罗桐秀，2008. 遗传病预防与优生[M]. 北京：金盾出版社.

马若轩，2017. 浅谈基因工程对遗传病治疗作用[J]. 现代医学与健康研究电子杂志，1（8）：171.

马志敏，2008. 人类遗传与健康[M]. 昆明：云南大学出版社.

史云芳，2005. 分子生物学产前诊断Down综合征研究进展[J]. 国外医学：妇产科学分册，32（3）：153-156.

孙瑜，杨慧霞，2017. 进一步推进我国早孕期产前筛查与产前诊断的临床应用[J]. 中华围产医学杂志，20（3）：56-63.

王小荣，2013. 医学遗传学基础[M]. 2版. 北京：化学工业出版社.

邬玲仟，夏家辉，2003. 遗传咨询与产前诊断[J]. 中华妇产科杂志，38（8）：474-477.

夏启中，2017. 基因工程[M]. 北京：高等教育出版社.

徐蕾，2009. 遗传病的预防[J]. 中外健康文摘，29（6）：237-238.

严恺，金帆，2017. 出生缺陷相关遗传病产前诊断技术新进展[J]. 浙江大学学报（医学版），（3）：227-232.

严英榴，杨秀雄，沈理，2003. 产前超声诊断学[M]. 北京：人民卫生出版社.

杨秀敏，2000. 遗传系谱分析“三部曲”[J]. 生物学教学，25（9）：15-16.

余其兴，赵刚，2008. 人类遗传学导论[M]. 北京：高等教育出版社.

虞斌，王秋伟，黄瑞萍，2011. 蛋白质组学在唐氏综合征产前诊断中的应用[J]. 中国实用妇科与产科杂志，27（9）：713-715.

张岩松，陈丽娇，张婷，等，2020. 基因治疗的研究进展[J]. 中国细胞生物学学报，42（10）：1858-1869.

周萍，陈葳，王翔，等，2006. 细胞遗传学检查与临床疾病研究[J]. 中国妇幼健康研究，17（3）：149-151.

Gil M M，Quezada M S，Revello R，et al，2015. Analysis of cell-free DNA in maternal blood in screening for fetal aneuploidies：updated meta-analysis[J]. Ultrasound in Obstetrics & Gynecology，45：249-266.

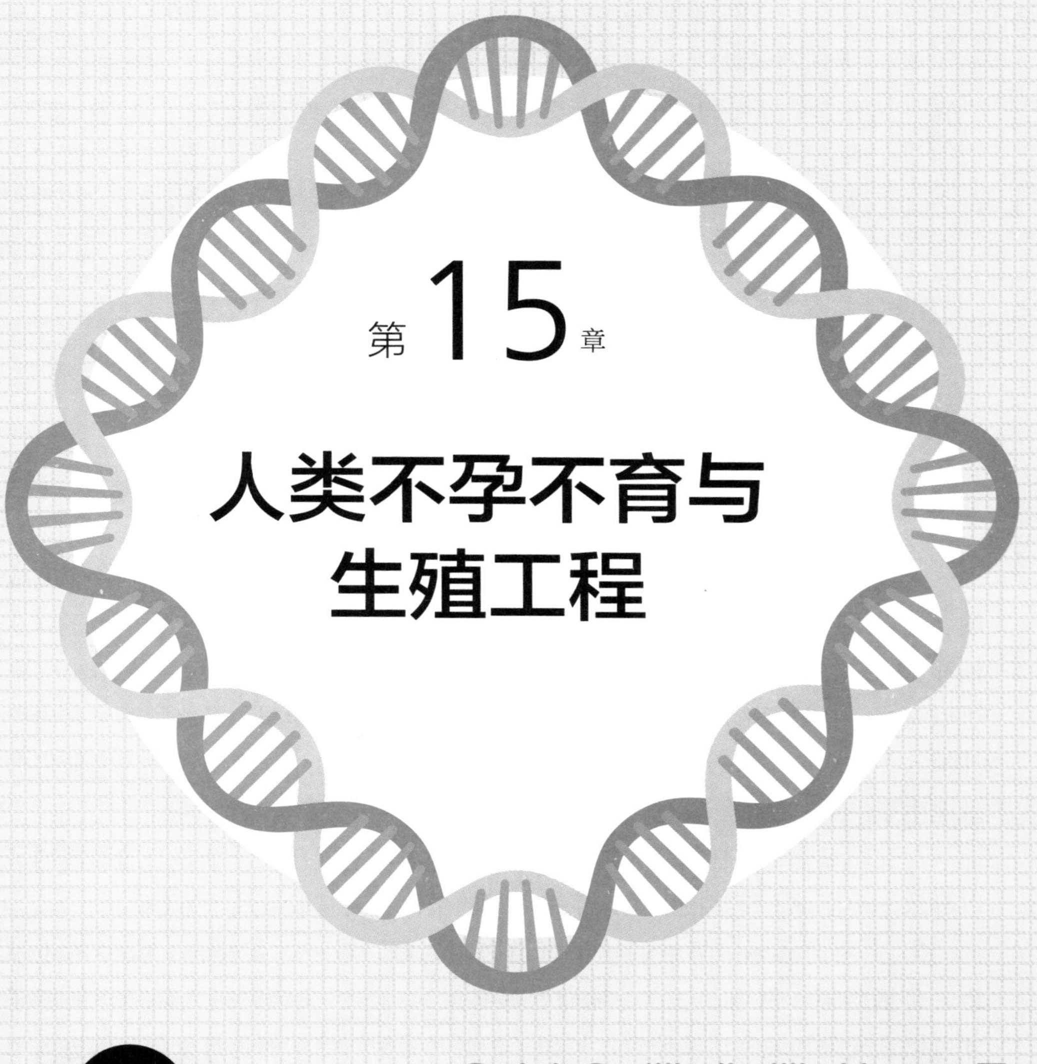

第 15 章

人类不孕不育与生殖工程

本章知识点

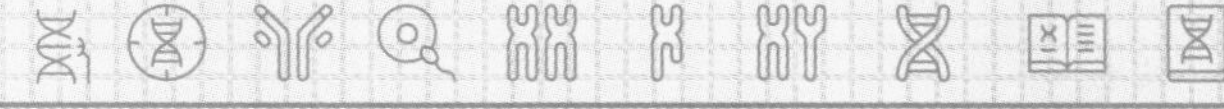

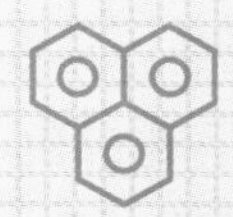

★ 正常受孕需要的条件

★ 不孕不育的原因

★ 不孕不育的诊断与治疗

★ 人类生殖工程

自古以来，人类的种族延续，都是通过两性的结合，受精卵在母体内受孕、发育来进行的。生育是人的本能，但是随着社会的发展，由于压力、性病、生活方式、环境污染等原因，不孕不育在逐年增加，让越来越多的人失去了生育的权利，也给很多家庭带来痛苦。随着生殖工程技术的迅速发展，为不孕不育症治疗，实行优生优育以及改善人类素质带来了契机。

正常受孕需要的条件

人类生育过程是女性产生的健康卵子和男性产生的健康精子相结合而完成的。精子通过性交进入女性生殖道，如果没有遇到障碍，大概有上百个精子到达输卵管上端，其中一个与卵子结合，完成受精作用，这个过程仅需要16小时就可以完成。受精卵形成后，一边向子宫移动，一边开始卵裂，最终到达子宫内壁并植入子宫内膜，即着床。经历280天左右的孕育，胎儿分娩出世，一个新生命就诞生了。

女性卵细胞、男性精子和男女生殖道解剖与功能，任何一个环节的异常均可以导致不孕症或不育症的发生。正常受孕的条件主要有以下几个方面：

① 生殖道通畅：男性的输精管道必须通畅，精子才能排出。女性的生殖道，包括阴道、宫颈、子宫、输卵管等必须通畅，性生活时进入阴道里的精子才可以毫无阻挡地到达输卵管，与卵子相遇并受精，受精卵也可以顺利地进入子宫腔。

② 卵子和精子正常：受孕的必要条件是正常的卵子和精子。月经周期正常的女性，有成熟的正常卵子排出才能受孕。男性能够正常排出高质量且活动的精子，可以提高受孕的概率。正常精液呈乳白色，弱碱性，适于精子的生存和活动。正常成年男性一次射精约2～6毫升，含精子约2亿～5亿个，精子中必须要有60%以上形态正常，并且有运动能力。如果精子过少、精子不正常或行动能力弱，受精机会均会显著下降。

③ 子宫环境适合：卵子和精子结合以后形成受精卵，会在发育的同时向子

宫内进行转移，成功在子宫腔内开始着床。子宫内的环境必须适合受精卵的着床和发育。受精卵的发育和子宫内膜生长同步进行，如受精卵提前或者推迟进入宫腔，使得子宫内膜不适合受精卵着床和发育，就不可能怀孕。如果子宫的容受性比较差，也可以导致受精卵着床失败而影响怀孕。

④ 有正常的夫妻生活：当卵子、精子和其他条件都具备了，如果没有正常的夫妻生活也很难受孕。排卵后，卵子仅在6 ～ 24小时内保持有受精能力；精子进入女性生殖道内，一般也仅在1 ～ 2天内维持有受精能力。女性排卵期前后1 ～ 2天进行同房，可以提高受孕的概率。

所以，需要男女双方共同具备条件才能够更好地受孕。

不孕不育的原因

新婚夫妻第一个月怀孕占25%，6个月之内怀孕占63%，一年之内怀孕占87%。成人男女双方同居一处并有正常性生活一年以上，没有采用任何避孕措施仍未怀孕则应该考虑可能与不孕不育有关。

女性因某些因素而没有受孕的能力称不孕症。虽能受孕但因种种原因不能使孕胎很好的发育，如妊娠后发生流产、异位妊娠、葡萄胎、早产、死胎或死产等而未能正常分娩获得活婴的称为不育症。因男性原因导致配偶不孕者，称男性不育症。从概念上看不孕和不育是有根本区别的，国内对这两个名词的应用尚未统一，国外一般通用不孕。

婚后未避孕一年而从未妊娠者称为原发性不孕；曾有过妊娠，之后未避孕连续一年以上未再受孕者称为继发性不孕；各项检查无明显器质性病变但未妊娠称为功能性不孕；经检查发现有导致不孕的明确病症者称为器质性不孕；连续2次怀孕到某一阶段发生自然流产叫习惯性流产。

不孕不育发病率因国家、民族和地区不同存在差别，我国不孕不育发病率约为7% ～ 10%。由于种种原因，不孕不育发病率在逐年升高。

15.2.1 女方不孕的原因

女方原因引起的不孕占40%～55%左右。检查比较麻烦，但治疗相对比较容易些。

女方不孕主要原因有以下几个方面：

① 输卵管因素：输卵管发育异常如过长或狭窄，输卵管炎症引起管腔阻塞、积水或粘连，均会妨碍精子、卵子或受精卵的运行。输卵管疾病可占女性不孕的25%，是不孕的重要原因之一。

② 阴道因素：阴道先天性发育异常或阴道瘢痕性狭窄等因素引起性交障碍或困难，从而影响精子进入女方生殖道。由于霉菌、滴虫、淋球菌等感染造成阴道炎症改变了阴道生化环境，降低精子活动力和生存能力，从而影响受孕机会。

③ 宫颈因素：宫颈狭窄、息肉、肿瘤、粘连或宫颈位置异常等均可影响精子通过。宫颈糜烂的炎性渗出物有杀死精子的作用。宫颈黏液中存在抗精子抗体，不利于精子穿透宫颈管或完全使精子失去活动能力。反复人工流产后所致的宫颈粘连也会把精子拒之于宫颈口之外。

④ 子宫因素：先天性无子宫、幼稚型子宫及无宫腔的实性子宫等发育不良或畸形都会影响女子的生育能力。子宫肌瘤、子宫内膜炎、子宫内膜结核、子宫内膜息肉、宫腔粘连、子宫后位或严重后屈等都是造成不孕的原因。

⑤ 排卵因素：卵巢内滤泡发育不全、不能排卵并形成黄体、卵巢早衰、多囊性卵巢、卵巢肿瘤等影响卵泡发育或卵子排出的因素都会造成不孕。

⑥ 内分泌因素：当下丘脑发育成熟不全或下丘脑周期中枢成熟延迟，使下丘脑-垂体-卵巢轴三者之间的调节不完善，表现为无排卵月经、闭经或黄体功能失调，这些都是不孕症的可能原因。

除了生殖、内分泌异常及生殖器官异常等可导致不孕外，一些全身性疾病也可导致不孕。最常见的是内分泌及代谢方面的疾病，如甲状腺功能亢进、甲状腺功能减退、肾上腺皮质功能异常、糖尿病及肥胖症等。

① 肥胖症：肥胖症可导致卵巢功能异常、子宫发育不良、性机能异常及阴道炎等妇科疾患。已经证实肥胖症患者不孕的发生率明显高于体重正常者。

② 甲状腺功能障碍：甲状腺功能障碍可引起雌激素代谢障碍、促卵泡激素

（FSH）及促黄体生成素（LH）分泌异常，表现为明显的卵巢机能不全而很少妊娠。甲状腺功能障碍还可能导致自身免疫功能异常、代谢功能低下和子宫发育异常，也增加了不孕的概率。

③ 糖尿病：糖尿病可致糖、脂肪、蛋白质等体内多种物质代谢功能紊乱，女性患者常同时伴有不孕及月经紊乱，或妊娠后发生死胎、早产或巨大胎儿。

15.2.2 男方不育的原因

男方原因引起的不育占25%～40%。男性不育检查简单，治疗相对比较困难。主要是生精障碍和输精障碍。

① 精液异常：精液异常主要包括无精、少精、弱精、血精、精子畸形和死精等，其中少精弱精症不育、无精症不育、死精症不育和血精症不育是主因。

② 生精障碍：精索静脉曲张、先天性睾丸发育不良、隐睾、睾丸炎或睾丸萎缩、内分泌疾病等因素，均可引起精子数量减少、活动力降低，或精子畸形，导致不育。

③ 输精受阻：附睾、输精管、射精管和尿道的病变，可造成精液输送障碍，临床上通常表现为梗阻性无精症，直接影响男性生育。

④ 射精障碍：阳痿、外生殖器畸形、外伤以致不能性交，或早泄、逆行射精等，精液不能进入女性生殖道内，也不能孕育成胎。

⑤ 免疫因素：精子、精浆在体内产生对抗自身精子的抗体，射出的精子发生自身凝集而不能穿过宫颈黏液等都可造成男性不育。

⑥ 内分泌功能障碍：甲状腺功能减退、肾上腺皮质功能亢进、垂体功能减退均能引起不育。

15.2.3 男女双方原因

男女双方原因引起的不孕约占20%。男女双方因免疫原因可导致不孕，例如精子、精浆或受精卵是抗原物质，被阴道及子宫上皮吸收后，通过免疫反应产生抗体物质，使精卵不能结合或受精卵不能着床；或者不孕妇女血清中存在透明带自身抗体，与透明带反应阻止精子穿透卵子。

另外，缺乏性生活基础知识、盼子心切造成的精神过度紧张等也可引起不孕。

不孕不育的诊断与治疗

对符合不孕不育症定义、有影响生育的疾病史或临床表现，需要对男女双方进行全面检查来确定，以便针对病因治疗。

15.3.1 女方检查诊断

（1）病史检查

病史检查主要是针对婚姻史、月经史、生育史等进行询问，根据结果进行初步的病因判断。

① 婚姻史：结婚时间，身体健康情况，是否两地分居，性生活情况，是否采用过避孕措施，有无精神创伤，是否有过生育等。

② 月经史：初潮年龄及发育情况，现有月经周期规律性和频率、经期长短、经量变化和有无痛经，白带情况。

③ 生育史：妊娠、流产及分娩次数、经过、有无感染、末次分娩或流产时间。

④ 既往史：以往健康情况，有无结核病和性传播疾病史以及治疗情况，盆、腹腔手术史、自身免疫性疾病史、外伤史以及幼时的特殊患病史，有无慢性疾病服药史和药物过敏史，有无接触放射性物质或有毒化学物质史。

⑤ 个人史：有无烟酒嗜好、偏食、慢性中毒史，职业等。

⑥ 家族史：有无精神病、遗传病史，特别是家族中有无不孕不育和出生缺陷史。

（2）体格检查

体格检查包括详细的全身检查和妇科专科检查。全身检查需评估体格发育及营养状况，包括身高、体重和体脂分布特征，乳房发育及甲状腺情况，注意有无皮肤改变，如多毛和痤疮等。妇科检查应依次检查外阴发育、阴毛分布、阴蒂大小、阴道和宫颈有无异常排液和分泌物，子宫位置、大小、质地和活动度，附件有无增厚、包块和压痛，下腹有无压痛、反跳痛和异常包块等。

（3）特殊检查

① 排卵监测：排卵监测的主要目的是检查女性是否有健康的卵巢以及排卵功能是否正常，也可根据排卵时间指导同房，增加受孕概率。基础体温是指在睡眠6～8小时后静息状态下所测体温。一般排卵后体温平均上升0.5℃，一直持续到下次月经来潮，故体温上升前一日为排卵日。排卵前，女性体内LH会达到高峰值，临床上可使用LH试纸预测排卵时间，简单方便且准确率高。一般月经来潮的第二至四天可B超检查卵巢生理性囊肿及其他器质性病变，并且帮助评估卵巢功能；第九至十天可进行排卵的监测，以确定卵泡发育是否正常。排卵前卵泡直径一般大于18mm，并且能够正常排出。

② 输卵管通畅检查：女性不孕病因中，输卵管因素占第一位，高达25%～35%。子宫输卵管造影是评价输卵管通畅度的首选方法。应在月经干净后3～7日无任何禁忌证时进行。既可评估宫腔病变，又可了解输卵管通畅度。此种方法准确性不如腹腔镜直视下输卵管检查。腹腔镜下不仅可以直观地看到输卵管、卵巢和子宫有无病变，还能对梗阻的部位直接进行手术治疗。

③ 子宫、宫颈检查：B超和宫腔镜能明确是否有子宫器质性疾病，如子宫肌瘤、子宫纵隔、子宫内膜息肉、宫腔粘连、子宫畸形等。

④ 激素测定：排卵障碍和年龄超过35岁女性均应进行基础内分泌测定。在月经周期第2～4日测定促卵泡激素（FSH）、促黄体生成素（LH）、雌二醇（E2）、睾酮（T）、催乳素（PRL）及孕酮（P）基础水平。排卵期LH测定有助于预测排卵时间，黄体期P测定有助于提示有无排卵，评估黄体功能。

⑤ 免疫学检查：对不明原因的不孕夫妇可考虑免疫异常性不孕，包括抗精子抗体、抗子宫内膜抗体、抗透明带抗体等检查。

15.3.2 男方检查诊断

（1）病史检查

① 婚姻及性生活情况：对性生活的态度，性交情况与频度；有无遗精、阳痿、早泄等，婚前有无自慰习惯；夫妻感情如何，妻子的健康情况，性生活是否协调等；结婚年限、同居时间及是否采取过避孕措施；是否受过孕或生育过子女

及其具体时间等。

② 既往病史：是否患过淋病、腮腺炎、结核、附睾炎、前列腺炎、肾盂肾炎、膀胱炎或脊髓损伤，有无排尿困难，有无糖尿病或甲状腺机能减退等；治疗情况及效果如何。

③ 职业与工种：有无接触毒物（铅、汞、磷）、放射线，是否高温作业，接触时间以及有无防护措施；营养状况；有无不良嗜好（烟、酒）；是否长期服用药物等情况。

④ 既往检查与治疗情况：男方精液检查结果、采集时间与方法；是否治疗，效果如何；女方检查的情况。

⑤ 家族史：家庭及父母是否近亲婚配，家族中有无不育症、两性畸形、遗传病、结核病等患者，父母的生育史以及兄弟姐妹的生育情况。

（2）体格检查

全身检查如身高、体重、体态、肥胖程度、体毛分布，喉结及乳房发育情况等，这些检查对估价男性生育情况极为重要。

生殖器官检查包括阴毛的分布；阴茎有无畸形、硬结、炎症，长短大小，有无包茎；睾丸的大小、质地，有无肿物、硬结、压痛，是否为隐睾；尿道有无瘘孔、下裂、硬结或狭窄；前列腺有无硬结、肿物；输精管有无缺如；精索静脉有无曲张等。

（3）辅助检查

① 精液分析：精液分析是不孕症夫妇首选的检查项目。正常精液量2～6mL，乳白色，pH7.5～7.8，精子数＞60×10^6/mL，活动率＞60%，异常精子＜20%，活动力为Ⅲ～Ⅳ，液化时间＜30min。若精子数＜20×10^6/mL，活动率＜40%，则生育力极差。发现无精子时，可作睾丸穿刺，以区别有无精子产生。异常精液可能是少精、弱精、畸形精子、无精或无精浆。

② 激素检查：如果下丘脑、垂体或睾丸中分泌的激素异常的话，造精机能就无法正常发挥。测定血清睾酮（T）、促黄体生成素（LH）、促卵泡激素（FSH）和催乳素（PRL）等，由此判断下丘脑-垂体-睾丸轴的功能状态。

③ 生殖系统超声检查：体格检查中生殖器官可疑或有异常发现的，可做相关的B超检查。检查生殖系统是不是隐睾、精索静脉曲张、肿瘤、鞘膜积液等。

④ 免疫学检查：免疫功能异常即男子产生抗精子自身免疫，可使精子失活，

造成少精和无精，阻止精卵结合。抗精子抗体检测已是男性不育的常检项目。

⑤ 染色体检查：必要时可进行染色体遗传学检测，明确是否为染色体异常引起的无精、少精、弱精等。

15.3.3 不孕不育的治疗

引起不孕不育的原因各不相同，治疗难度也不一样，要根据实际情况选择合理、安全、高效的个体化方案。不孕不育治疗的基本方法包括常规治疗、药物治疗、手术治疗和辅助生殖技术。

常规治疗是医生指导患者合理性生活，学会预测排卵期，选择适当日期（排卵前1～2日和排卵后24小时内）性交，次数不要过频或过稀；对盼子心切引起的思想紧张进行心理疏导；指导合理饮食，增强体质，积极治疗内科疾病；戒烟，不酗酒。

生殖道器质性病变可通过手术治疗。对于女性来说，由输卵管积水、堵塞、粘连等原因造成的功能异常可采用输卵管介入再通技术治疗；卵巢肿瘤在明确性质后进行卵巢囊肿剔除或切除术；子宫肌瘤、息肉、粘连等行宫腔镜下切除、分离、矫形术等；子宫内膜异位症中轻病例术后辅以抗雌激素药物治疗，重症和复发者考虑辅助生殖技术；生殖系统结核在抗结核治疗后，考虑辅助生殖技术。对于男性来说，如尿道下裂、包皮过长、炎症、结核等所致的输精管梗阻，可采用输精管再通吻合术；对于难以复通的输精管损伤可行睾丸或附睾取精，辅以生殖技术等。

对于排卵障碍的患者予以药物诱导排卵治疗。例如，克罗米芬（CC）适用于有一定激素水平者，排卵率80%，受孕率30%～40%；黄体生成激素释放激素（LHRH）适用于下丘脑性无排卵；溴隐停是多巴胺受体激动剂，抑制催乳素（PRL）分泌，适用于无排卵伴有高PRL血症者；绒毛膜促性腺激素（HCG）和黄体酮可补充黄体分泌功能，适用于黄体功能不全；低剂量雌激素（戊酸雌二醇1mg）改善宫颈粘连；地塞米松、泼尼松、阿司匹林可用于免疫性不孕的治疗。

精子发生障碍的男性患者可通过药物促进精子发生。例如，当疑有垂体前叶促性腺激素功能不足，FSH及LH减少导致精子发生障碍时，可肌肉注射绒毛膜促性腺激素（HCG）；丙酸睾酮、甲睾酮等雄激素可促进精子数增加，提高受孕机会；克罗米芬（CC）、它莫昔芬等抗雌激素类药物最常用于特发性不育的治疗，在下丘脑-垂体水平与雌激素受体竞争结合导致GnRH、FSH和LH分泌增加，刺激睾酮产生，促进精子生成；维生素A、维生素B_{12}、维生素C、精氨酸和谷氨酸等非激素类药物也有促进精子生成的作用。

辅助生殖技术是除了药物和手术治疗外，用人工授精或者试管婴儿的方法进行治疗，从而达到怀孕生子目的的一种治疗方法。但是这种技术比较复杂，费用比较高。辅助生殖技术具体在下一节中介绍。

人类生殖工程

不孕不育夫妇经过各种治疗仍未生育，并且目前尚无治疗方法的情况下，为了使女方怀孕，就不得不依靠其他方法来达到这个目的。辅助生殖技术就是帮助不能怀孕的夫妻实现怀孕的一种技术。

辅助生殖技术是人类辅助生殖技术（assisted reproductive technology，ART）的简称，指采用医疗辅助手段使不育夫妇妊娠的技术，主要包括人工授精（artificial insemination，AI）和体外受精-胚胎移植（in vitro fertilization and embryo transfer，IVF-ET）及其衍生技术。

随着ART的迅猛发展，已从单纯不孕症治疗扩展到对人类配子进行筛选、优选，通过改变生物自然生殖的过程，不经两性性生活，借助于人工操作的方法进行精子和卵子的结合，产生新一代的个体，逐渐形成多学科交叉结合的生殖医学工程技术。目前，生殖医学工程技术涉及妇产科、生殖内分泌、实验胚胎学、遗传工程、基因工程、心理学等学科，人类生殖工程技术已形成一门新兴的学科。

15.4.1 人工授精

如果妻子的生殖能力正常，但丈夫因精子不正常等原因无法正常受孕，可采用人工授精的方法。人工授精是指通过非性交方式将精液植入女性生殖道内，以达到受孕目的的一种技术。

（1）人工授精的发展历史

早在公元2世纪，Talmuol就提出了人工授精的可能性。1790年，John Hunter取出严重尿道下裂无法进行正常性生活患者的精液，注入其妻的阴道内人工授精取得成功。1844年，William Pancoast用第一例供精者的精液，为丈夫严重少弱精妇女进行人工授精获得成功。1954年，Bunge等成功地将冷冻后的精液进行人工授精获得成功。在我国，首例冷冻精子人工授精、丈夫精液人工授精分别于1983年、1984年获得成功。目前，世界上人工授精已相当普遍。

（2）人工授精的分类

根据授精部位的不同，人工授精可分为宫腔内人工授精（IUI）、宫颈内人工授精（ICI）、阴道内人工授精（IVI）、输卵管内人工授精（ITI）和直接经腹腔内人工授精等（图15.1）。

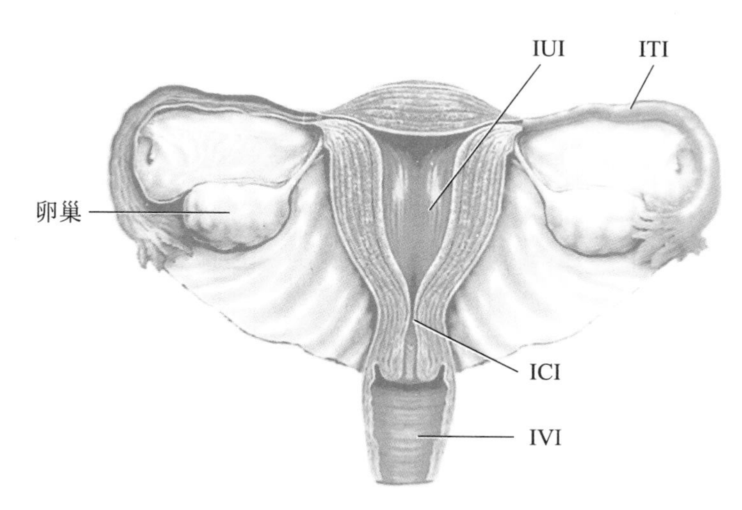

图15.1　人工授精的方式（附彩图）

（图片引自Ken Ashwell，2020）

阴道内授精（IVI）是将精液导入阴道上部；宫颈内授精（ICI）是用导管将精液注入宫颈管内；宫腔内授精（IUI）是将处理过的精子直接导入子宫腔内；输卵管内授精（ITI）是将子宫颈口封闭，向宫腔内注入处理过精子悬液，利用子宫腔压力，使输卵管内口张开，精液进入输卵管。

根据所用精液来源不同，人工授精可分为丈夫精液人工授精，即夫精受精（AIH）和供精者精液人工授精，即他精受精（AID）。AIH适用于丈夫因阳痿、早泄、逆行射精、阴茎畸形等射精异常，或精子量少、畸形率高、不液化、有抗精子抗体等精液异常。也适用于女性阴道狭窄、宫颈狭窄、子宫严重后倾等使精液无法正常进入授精。AID适用于丈夫患无精症或严重少精症、弱精症和畸精症久治不愈，输精管不通，近亲结婚不宜生育，患有遗传病，或者母儿血型不合不能得到存活新生儿。AIH与AID在原则上与技术上基本相同。

（3）人工授精所要具备的基本条件

接受人工授精的女性必须有规则的月经周期，卵巢功能正常，有正常排卵，至少一条输卵管通畅和功能正常，子宫发育正常或虽有异常但不影响人工授精的操作和胎儿发育。

AIH时，丈夫能在体外收集到精液，精液的常规检查趋于正常，含有足够数量和活力的精子。AID时，供精者为体力和智力俱佳的青壮年男性，精液质量正常，没有任何遗传病和性传播性疾病，供方与受方不相识，兼顾供者血型、身高、肤色及头发颜色是否与患者丈夫一致。

（4）人工授精的基本流程

① 完善检查：初次就诊时，医生会首先了解男女双方的基本情况，既往史，以及既往的治疗情况；同时进行检查，排除遗传病、传染病、性传播疾病以及急性泌尿生殖道感染，之后进行输卵管通畅度检查、排卵功能监测、子宫着床条件评估等等，明确是否符合人工授精的适应证。对于满足人工授精适应证的夫妇，可以凭检查结果、结婚证以及双方身份证，建立自己的人工授精档案。

② 排卵监测：人工授精周期开始后，医生会根据月经周期以及排卵情况安排就诊时间，通过B超监测卵泡发育，在此过程中一些患者会根据卵泡发育情况使用促排卵药物。当卵泡发育到接近成熟大小的时候，则要决定注射或不注射促卵泡成熟针，同时还要选用基础体温、宫颈黏液评分、血尿激素等协同监测卵泡的发育情况。在合适的时间，安排男方入院，进行人工授精。

③ 人工授精：当优势卵泡成熟在排卵前48小时到排卵后12小时的时间内，丈夫进行精液采集。将精液收集在无菌的取精杯内送入实验室进行洗精处理，处理后的精子采用适当的方法通过软管送入女方体内。

④ 黄体支持：人工授精手术结束后，一般建议进行黄体支持，也就是使用孕激素，通常会使用黄体酮进行保胎。术后15天查血HCG，确认是否成功妊娠，成功妊娠的女性仍然要继续黄体支持，直到受精卵着床稳定。

⑤ 随访：没有能够成功妊娠的患者，月经干净之后进行复诊。妊娠成功的患者在孕期要进行B超检查，了解孕囊的数量以及胎心和搏动，三胎以及三胎以上的孕妇则需要减胎术，怀孕三个月后要进行产检登记（图15.2）。

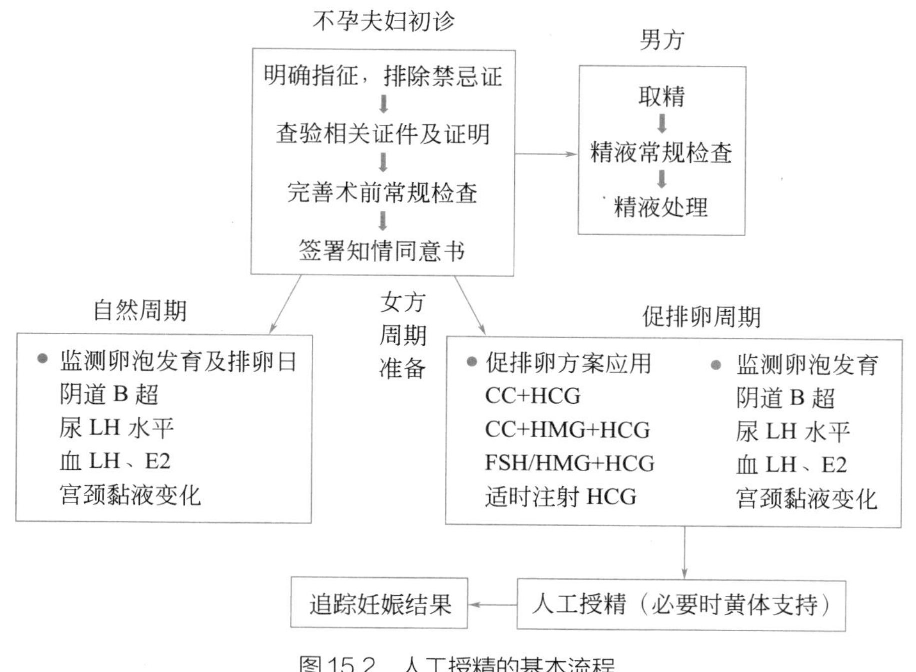

图15.2 人工授精的基本流程

（5）冷冻精子与精子库

冷冻精液，简称“冻精”，超低温长期保存人的精液。冷冻精子的目的是将精子提前进行冷冻，保留精子的生存能力，等到以后需要精子的时候再进行解冻，恢复精子的活力。

采精后经过处理的精液与精子冷冻保护剂混匀后，分装入塑料吸管、玻璃安瓿或者塑料冷冻管中，利用–78℃干冰（固态二氧化碳）或–100℃液态氮冷冻，冷冻后再贮于–196℃的液氮罐中，可长年保存和远距离输送。经冷冻后有部分精子会死亡。

精子冷冻保存是一种比较成熟的技术，临床应用广泛。一般情况下，男性是不需要冷冻精子的，常在出现以下情况下才需要进行冷冻精子：严重的男性不育症患者，为避免因取精失败而导致试管婴儿周期被迫取消，可提前取好精子冷冻保存；有生育要求的肿瘤患者，可在放化疗之前进行精液冻存，供以后生育使用；精子库中对供精者精液的保存，依赖于精子冷冻技术。

精子库（sperm bank），又称为精子银行，是指利用精子冷冻技术贮存人类精子的设备和场所。精子可以来自丈夫或供精者，通过ART技术获得妊娠。世界上最早建成的两个精子库是在美国爱荷华市和日本东京（1964年）。1981年湖南医科大学建立了我国第一个人类冷冻精子库。

人类精子库是以治疗不育症、预防遗传病和提供生殖保险等为目的，同时也用于ABO溶血、Rh血型不合等不宜生育者。

我国精子库的供精者必须原籍为中国公民，并严格采取保密措施，捐精者、受孕者和用精单位三方彼此都不知道。为了避免近亲结婚的发生，供精者只能在一家人类精子库捐精，而且一名供精者的精子最多供给五名妇女受孕，一旦满足了五名，这份精子就将被销毁。

15.4.2　体外受精－胚胎移植

如果丈夫的生殖能力正常，但妻子因为输卵管阻塞等原因不能正常受孕，则可以采取体外受精-胚胎移植技术。体外受精-胚胎移植（IVF-ET）技术是通过人工的方法让精子和卵子在体外培养系统中受精并发育成早期胚胎，再将优质胚胎移植入母体子宫内，使其继续着床发育、生长成为胎儿的过程。所用的精子、卵子或两者均可用夫妇双方或者是他人提供的。通过IVF-ET技术妊娠出生的婴儿称为“试管婴儿”。

人类历史上第一个试管婴儿路易斯·布朗在1978年7月25日出生在英国，1988年3月北京大学第三医院率先在国内报道了试管婴儿的诞生。

（1）IVF-ET技术适应证与禁忌证

IVF-ET技术在最开始诞生的时候，是为了解决女性双侧输卵管梗阻，精子和卵子在女性的体内无法正常受精结合而研制出来的新技术。随着技术的进步，产生了第一代试管婴儿、第二代试管婴儿、第三代试管婴儿和第四代试管婴儿，它的适应证也相应发生了一些变化。

IVF-ET技术的适应证女方因素有输卵管严重堵塞、排卵障碍、严重子宫内膜异位症和子宫腺肌病，卵巢功能衰竭或无子宫的患者可通过供卵或代孕母亲助孕。适应证男方因素主要为精液异常，如少精症、弱精症、精子活力差。适应证男女双方因素有男方和/或女方含抗精子抗体，以及不明原因不孕患者经治疗无效。

有下列情况之一者，不得实施体外受精-胚胎移植及其衍生技术，如男女任何一方患有严重的精神疾患、泌尿生殖系统急性感染、性传播疾病；患有法律规定的不宜生育的、目前无法进行胚胎植入前遗传学诊断的遗传性疾病；任何一方具有吸毒等严重不良嗜好；任何一方接触致畸量的射线、毒物、药品并处于作用期；女方子宫不具备妊娠功能或严重躯体疾病不能承受妊娠。

（2）IVF-ET技术的操作过程

① 药物诱导多卵泡发育：自然周期法获得卵子由于一个周期只有一个卵子可供采用，且只有一个卵子供受精，所以成功率很低。为了能预测排卵时间，适时取卵，现在世界上大多数IVF-ET技术普遍采用药物激发排卵，常用克罗米芬（CC）或人类绝经期促性腺激素（HMG）。或CC和HMG合用，以激发卵泡生长，然后注射人类绒毛膜促性腺激素（HCG）促卵泡成熟。药物诱导卵泡发育时需B超监测卵泡发育情况。

② B超介导下取卵：在局部麻醉下，经阴道超声引导，将取卵针穿过阴道穹窿直达卵巢吸取卵子，并立即在显微镜下将卵子移到含胚胎培养液的培养皿中，置培养箱中培养，等待授精。

③ 体外受精和胚胎培养：一般取卵后4～6小时左右，将经处理的精子和卵子一起培养。精子将依靠自身的运动进入到卵细胞中，形成受精卵。一般授精后12～18小时，就可看到受精卵形成。若无法自然受精，可通过显微注射法受精。受精卵体外培养3天，可发育至约8细胞胚胎。

④ 胚胎移植：将胚胎（约4～16细胞阶段）经移植管送入宫腔中，多余胚胎可冷冻保存。

⑤ 移植后处理：一般移植3个胚胎。移植后休息6～24小时，用黄体酮支持黄体，移植14天后检验晨尿中HCG，确定是否妊娠。如果怀孕，继续黄体支持，至妊娠三个月。

（3）IVF-ET技术的并发症

IVF-ET技术经过多年的发展，一般来说并发症比较少，但还是存在的。最常见的并发症是多胎妊娠和卵巢过度刺激综合征。

多胎就是怀孕双胞胎、三胞胎甚至四胞胎的可能。由于移植多个胚胎到子宫，因此IVF-ET技术导致的多胎妊娠率显著高于自然妊娠，约为25%～30%

。多胎妊娠晚期流产和早产的风险显著高于单胎妊娠，母亲患妊娠糖尿病、妊娠高血压、发生难产和产后出血的风险显著增加。因此，许多IVF-ET中心移植不超过3个胚胎，且必要时可实行减胎术。

卵巢过度刺激综合征主要由于促的卵泡过多，导致胸水、腹水、凝血功能异常，临床表现为胃肠道不适，腹胀，呼吸困难，严重者心、肺功能受损，静脉血栓形成。多数人症状较轻，可不予处理，少数严重者需入院治疗。

（4）IVF-ET技术的发展

随着科技的不断进步，IVF-ET技术也逐步发展，历经四代，挑战了一个又一个技术难度。

① 第一代试管婴儿技术：即常规的体外受精-胚胎移植（IVF-ET）技术。试管婴儿发展初期采用自然周期取卵进行，现多采用控制性超排卵技术获得更多的卵子。借助超声，从女性卵巢中取出成熟卵子，并与精子在试管或培养皿中一起培养以生成受精卵，受精卵进一步发育成胚胎后，再将胚胎移植到母亲的子宫内，使胚胎在母体子宫内继续发育直至成为胎儿。胚胎移植回子宫着床后的发育过程就和正常受孕没有区别了。

第一代试管婴儿技术主要适用于因为女性因素而导致的不孕症，如输卵管梗阻、排卵障碍、子宫内膜异位症等。此项技术于1976年创立于英国，世界和中国的第一例试管婴儿分别于1978年和1988年诞生。

② 第二代试管婴儿技术：即单精子卵细胞浆内显微注射授精技术（intracytoplasmic sperm injection，ICSI）。它是依靠显微注射系统，选择吸取单个活精子，直接注入卵母细胞内完成受精。

第二代试管婴儿技术主要适用于因为男性因素而导致的不孕症，如少精、弱精、顶体酶异常等。第一代试管婴儿对男性提供的精子数量和质量都有很高的要求，如果男性精子受精存在功能问题，那么第一代试管婴儿技术就无能为力了。第二代试管婴儿技术的出现打破了这一限制，理论上只要取到一个精子，就可以使卵子受精。此项技术于1992年创立于比利时，世界和中国的第一例第二代试管婴儿分别于1992年和1996年诞生。它对家畜的育种和珍稀动物的拯救也具有重要的应用价值。

③ 第三代试管婴儿技术：即胚胎移植前的遗传学诊断技术（preimplantation genetic diagnosis，PGD）。它是指在胚胎的卵裂期或囊胚期，通过机械、化学

或激光的方法打开透明带，取出一个或多个细胞，之后依靠聚合酶链式反应（PCR）相关技术或荧光标记原位杂交技术（FISH），来诊断一些单基因遗传病和染色体异常的胚胎。对植入前的胚胎进行筛选，选择健康、正常、无遗传性疾病的胚胎植入子宫内。

第三代试管婴儿技术主要适用于想要繁衍后代而本身却患有高遗传风险疾病的患者，如21三体综合征、地中海贫血症等。世界和中国的第一例第三代试管婴儿分别于1990和1999年诞生。

④ 第四代试管婴儿技术：即卵胞浆置换技术（germinal vesicle transfer，GVT）、卵细胞核移植技术或三人试管婴儿技术。决定人类遗传性的物质存在于精、卵细胞核的染色体上，它决定了所生育后代的遗传特性，而围绕细胞核的细胞质，则发挥着营养细胞核、维持细胞生命的作用。第四代试管婴儿技术就是针对虽有排卵功能，但因为身体条件不好，或者年龄偏大，致使卵子质量不高、活力差的女性。具体方法是将她的卵细胞的细胞核取出，移植到一位年轻、身体健康的女性卵子的细胞浆中，形成一个新的、优质卵细胞，再把这个卵子和其丈夫的精子体外结合成受精卵，胚胎重新植入前一位子宫内，这样就生下一个健康孩子。

由于细胞线粒体中也存在遗传物质，所以胚胎的DNA来自三个人，精子来自父亲，卵核细胞来自母亲，卵细胞线粒体来自捐赠卵子的健康女性，因此也称为“三亲婴儿”。

（5）IVF-ET基础上的衍生技术

① 配子输卵管内移植技术（gamete intrafallopian transfer，GIFT）：分别采集精子和卵子，经适当的体外处理后，直接将配子移植入输卵管，使其在输卵管内完成受精和早期胚胎发育，然后再进入子宫内着床和进一步发育的技术。

配子输卵管内移植技术与体外受精-胚胎移植技术的最大差别是不必进行体外受精及胚胎早期培养，而是将获能的精子与卵子直接放入输卵管壶腹部。优点在于不需复杂的体外培养条件，受精及发育过程更接近生理，但女方至少要有一侧输卵管通畅。

② 胚胎及卵母细胞的冷冻保存：采取特殊的保护措施和降温程序，使卵母细胞或胚胎在–196℃条件下停止代谢，使细胞新陈代谢和分裂速度停止，即使其发育基本处于暂时停顿状态，升温后又恢复代谢能力的一种长期保存胚胎和卵

母细胞的技术。

女性一生约有400～500个卵泡发育成熟并排卵。随着女性年龄增加，卵子质量降低，超过35岁，卵巢储备功能迅速下降，生育能力明显减弱。因此，暂时不希望生子的女性可冷冻年轻状态的卵子，保证未来拥有健康的后代。

在体外受精-胚胎移植技术中，多余的优质胚胎可以通过胚胎冷冻技术得以保存。胚胎冷冻技术可以合理限制移植胚胎数，降低多胎妊娠率；为胚胎移植失败或流产患者提供再次移植机会；在促超排卵周期出现卵巢过度刺激综合征迹象时，取消胚胎移植，将胚胎进行冷冻保存，在其后的非刺激周期进行胚胎移植。

③ 胚胎和卵母细胞捐赠：卵子捐赠技术是一项常规的辅助生殖技术，对于那些无法使用自己卵子怀孕的夫妇，可以通过接受供卵者的卵子（卵母细胞），和自己丈夫的精子体外受精，形成胚胎进行宫腔移植。少数不育不孕夫妇缺乏卵子又无精子，只能移植第三者提供的胚胎解决生育问题。

④ 代理妊娠（代孕）：代理妊娠是指有生育能力的女性借助现代医疗技术，为他人妊娠、分娩的行为，可分为完全代孕和部分代孕。代理妊娠在我国不被允许，我国《人类辅助生殖技术管理办法》（2001）和《人类辅助生殖技术规范》（2004）均明确规定禁止相关医疗机构和技术人员提供代理妊娠相关服务。

完全代孕，又称妊娠型代孕或宿主型代孕，是将一名自己不能妊娠的妇女所提供的卵子在体外受精，然后移植到一名健康的，有正常生育能力的妇女子宫内，胎儿将在该妇女子宫内发育至分娩，然后将新生儿归还给供卵子的夫妇。代孕子女与代孕母亲无基因关联。代孕母亲仅以自身子宫作为载体，植入胚胎进行妊娠和分娩。植入的胚胎可分为三类：委托方夫妻双方生殖细胞结合形成的胚胎；委托方夫妇中一方提供的生殖细胞与捐献的生殖细胞结合形成的胚胎；捐献的胚胎（即与委托方夫妻无基因关联）。

部分代孕，又称基因代孕，代孕母亲提供卵细胞，精子可以来源于委托方丈夫或捐赠者，代孕子女与代孕母亲有基因关联。这种情况一般为妻子丧失生育能力，不能提供卵子，卵子由代妊娠者提供。相对于完全代孕，部分代孕更容易引起伦理与法律争议。

⑤ 胚囊培养及移植：卵子与精子在输卵管里受精结合，形成受精卵，然后不断进行细胞分裂的同时逐渐向宫腔方向移动。一般在受精后第5天，受精卵进入子宫腔，此时正好是囊胚期。受精后7～8天左右，胚胎与母体子宫壁结合，称为着床。

受精卵体外培养时，一般第3天发育到4～8细胞阶段，第5到第6天胚胎内部开始出现含有液体的囊胚腔，这个时期的胚胎就称为囊胚。我们所说的囊胚移植就是指移植该阶段的胚胎。移植囊胚到子宫腔内，可使胚胎发育与子宫内膜种植窗同步，使囊胚快速着床，提高胚胎种植率。

同时，囊胚培养可以初步筛选胚胎，淘汰具有遗传缺陷、无发育潜能的胚胎，选择最好的胚胎移植。如果移植卵裂期胚胎，我们将无法得知胚胎移植后是否能够继续发育到囊胚阶段并着床。囊胚培养与移植还可以降低多胎妊娠的概率，通过选择优质囊胚，移植单个囊胚，既可保证移植成功率，又可以降低因多胎所致的妊娠后流产、卵巢过度刺激、高血压、糖尿病等各种妊娠并发症发生的风险。

⑥ 胚胎辅助孵化技术（assisted hatching，AH）：是利用物理和化学的方法，人为地在体外培养的胚胎的透明带上制造一处缺损或裂隙，或促使透明带消失，有助于胚胎从透明带破出，以达到帮助胚胎孵化，促进胚胎植入的目的，从而提高胚胎着床率，增加“试管婴儿”成功率的一项技术。

人类的胚胎发育需要一个过程，只有胚胎发育到一定阶段，冲破透明带才能和子宫内膜接触，并种植在子宫内膜上，以达到怀孕的目的。胚胎体外培养和胚胎冷冻复苏过程中，有部分透明带会发生一定变化，比如失去弹性变硬；或移植后基于母体自身原因，如年龄较大身体机能退化，导致胚胎的透明带较厚，胚胎不能成功从透明带中破出，无法在子宫内膜着床，导致怀孕失败。通过胚胎辅助孵化技术，帮助胚胎从透明带中破出，有助于胚胎着床，增加怀孕的概率。

⑦ 未成熟卵细胞体外成熟培养（in vitro fertilization and embryo transfer，IVM）：针对卵子成熟障碍的不孕患者，或者顽固的多囊卵巢综合征、卵泡发育迟缓的患者，将未成熟的卵母细胞取出，放在模拟体内卵泡微环境的培养液中进行体外培养到成熟阶段，排出第一极体，再进行体外受精，然后将胚胎移植到母亲子宫腔内生长。

⑧ 多胎妊娠减胎术：采用人为方法减灭一个或多个胚胎，从而改善多胎妊娠结果的方法。多胎妊娠常有较多的并发症，比如有可能早产、胎盘早剥、胎儿发育迟缓等，所以多胎妊娠的孕妇需要进行减胎。

减胎的方法分为选择性减胎术和多胎妊娠减胎术。选择性减胎术指在多胎妊娠中正常与异常胎儿同时存在的情况下，采用一定介入手段减灭异常胎儿，从而改善正常胎儿发育的手术。多胎妊娠减胎术是为了改善多胎妊娠后果，人为地减少胎囊，在临床上最为常用。

多胎妊娠减胎术从较早的经腹部减胎发展为经阴道减胎，技术已经非常成熟。手术操作方式如同取卵术，时间为6～14周，多选择6～8周。

⑨ 诱发排卵技术：诱发排卵技术是IVF-ET的前提，是指采用药物或手术的方法诱导卵巢的排卵功能，以获得较多的卵子。目前一般使用药物来诱发排卵。

正常的排卵有赖于完整的下丘脑-垂体-卵巢轴的调节功能及卵巢的旁/自分泌功能。临床上常使用的诱发排卵的药物：口服的克罗米芬（CC）、来曲唑等主要通过促进内源性FSH分泌来诱发排卵，而注射的尿促性素、尿促卵泡素、重组FSH等，则是通过外源性的FSH来促进卵泡发育。促性腺激素（Gn）是诱发排卵的关键，而人类绒毛膜促性腺激素（HCG）化学结构、生物活性与LH类似，常用来激发LH峰，促使卵泡成熟和排卵。促性腺激素释放激素（GnRH）可改善诱发排卵质量，现在已在许多IVF-ET中心使用。

参考文献

白志杰，张国辉，2016. 男性不育的相关病因小结[J]. 中国性科学，25（3）：12-13.

曹云霞，唐志霞，2009. 输卵管性因素不孕的诊断和治疗策略[J]. 中华临床医师杂志，（11）：28-32.

范医东，刘照旭，杨忠广，2000. 男性不育症的诊断与治疗[M]. 济南：山东科技出版社.

费黎明，2022. 5种血清免疫性不孕抗体检测在女性不孕诊断中的价值分析[J]. 检验检疫学刊，32（2）：94-96.

黄国宁，孙海翔，2012. 体外受精-胚胎移植实验室技术[M]. 北京：人民卫生出版社.

惠爱玲，2008. 女性不孕的原因及预防[J]. 中国误诊学杂志，8（33）：8120-8121.

计垣，2013. 从不同角度探讨男性不育的原因[J]. 中国优生与遗传杂志，21（10）：136-139.

季常新，马永臻，2021. 人体解剖生理学[M]. 4版. 北京：科学出版社.

李美霖，2018. 哺乳动物克隆技术的研究进展及应用前景[J]. 畜牧兽医科技信息，（10）：4-5.

李玉亭，2019. 体外受精-胚胎移植技术的研究进展[J]. 全科护理，17（22）：2736-2738.

李兆全，武健，张英霞，2020. 女性不孕症诊断中性激素六项检查的应用效果[J]. 临床检验杂志（电子版），9（3）：477.

刘长金，余承高，2009. 医学生理学[M]. 武汉：华中科技大学出版社.

卢惠霖，2001. 人类生殖与生殖工程[M]. 郑州：河南科学技术出版社.

路兴军，李晓东，孙立宁，等，2018. 男性不育症病因研究进展[J]. 中国生育健康杂志，29（4）：399-400.

马志杰，李远森，2003. 哺乳动物体细胞克隆技术研究现状及其存在的问题[J]. 西南民族大学学报（自然科学版），（6）：11-16.

门鸿芹，范莹露，腊晓琳，2015. 克罗米芬在体外受精-胚胎移植方案中的应用[J]. 生殖与避孕，35（7）：504-508.

乔杰，2010. 生殖工程学[M]. 北京：人民卫生出版社.

尚欣妹，李志平，2009. 体外受精-胚胎移植技术的建立及其衍生技术的发展[J]. 中华医史杂志，39（2）：93-99.

王维，2010. 供体细胞与哺乳动物体细胞核移植[J]. 生命科学，（9）：837-845.

温华惠，2010. 引起女性不孕症的相关因素的概况[J]. 医学信息，23（8）：2942-2943.

文娅，张清学，2017. 体外受精-胚胎移植技术及其衍生技术的子代健康研究现状[J]. 实用妇产科杂志，33（5）：332-334.

晓义，2010. 女性不孕原因[J]. 农家之友，（10）：40-42.

徐步芳，2018. 女性不孕症的病因及治疗[J]. 性教育与生殖健康，（4）：5-9.

杨凯云，2009. 两镜联合检查在女性不孕症诊断中的应用价值[J]. 中国内镜杂志，（6）：610-612.

赵魁珍，周宇航，2016. 体外受精-胚胎移植后发生重度卵巢过度刺激综合征并发胸腹腔积液的治疗方法[J]. 检验医学与临床，13（1）：90-92.

庄广伦，2005. 现代辅助生育技术[M]. 北京：人民卫生出版社.

Anusha S，常兰，文兰英，2017. 女性不孕的因素及治疗[J]. 饮食保健，（2）：229-230.

James W，Channa N J.，2022. 男性不育的诊断[J]. 苏浩，李宏军，译；董强，校. 英国医学杂志中文版，（7）：403-405.

Ken A著，2020. 人体大百科：结构与功能图谱[M]. 马超，主译. 南京：江苏凤凰科学技术出版社.

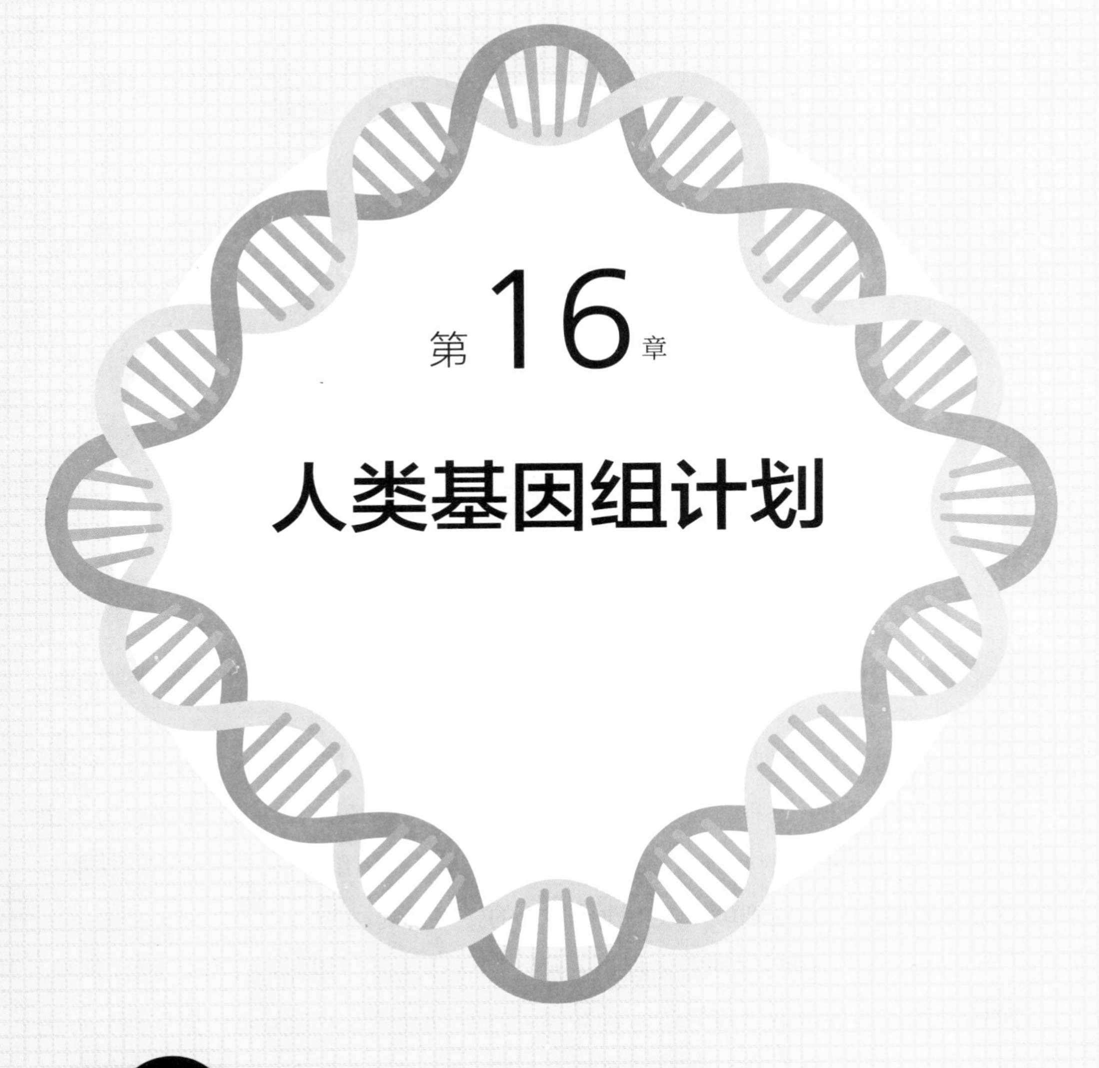

第16章

人类基因组计划

本章知识点

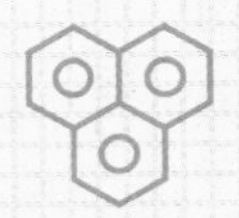

★ 人类基因组计划概述

★ 人类基因组计划的主要任务

★ 人类基因组计划带来的影响

★ 人类染色体奇妙物语

自人类文明诞生以来，人类对自身以及生命奥秘的探索就从未停止过。DNA是人类遗传信息的携带者，生命的奥秘就隐藏在其由A、T、C、G四种碱基排列组成的“四字天书”之中。要发现和揭开人类的生命现象以及它们的变化、内在规律和相互关系，就需要从基因组整体层面上研究其中所包含的基因，基因的结构与功能，基因之间、基因和非编码区乃至基因组之间的关系等问题。实现这一切的基础就是全基因组序列的测定。

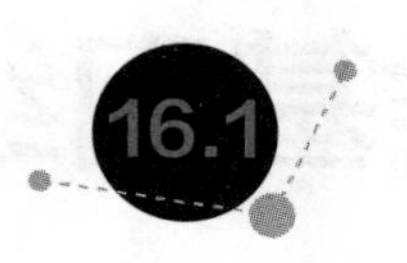

16.1 人类基因组计划概述

人类基因组计划（human genome project，HGP）是一项规模宏大、跨国、跨学科的科学探索工程。其宗旨在于测定人类染色体（指单倍体）中所包含的由30亿个碱基对组成的核苷酸序列，从而绘制人类基因组图谱，并且辨识其载有的基因及其序列，达到破译人类遗传信息的最终目的。

1985年，美国科学家首先提出开展国际合作的基因组测序工作；1987年初，美国能源部和国家健康研究院为HGP下拨了启动经费550万美元，全年共1.66亿美元；1988年2月，美国国家科学研究委员会的专家成立了“国家人类基因组研究中心”，沃森（J. D. Watson）任第一任主任；1990年，美国政府投入30亿美元正式启动HGP；1999年，中国加入HGP，负责测定人类基因组全部序列1%的工作，即承担人类第3号染色体短臂上3000万个碱基测序；2001年2月，六国科学家（美国、英国、法国、德国、日本、中国）公布人类基因组工作草图的序列、拼接和分析；2003年4月25日，距离发现DNA双螺旋结构半个世纪后，历时13年，耗资近30亿美元的“人类基因组计划”宣告完成。

人类基因组计划的主要任务

基因组（genome）是一个物种遗传信息的总和，是某种生物的单倍体细胞（精子、卵子）中所含的全部遗传信息，它是维持细胞生存所需要的最低限量的遗传信息。人类基因组有两层意义：一是代表全人类整体上生生不息，又各有差异的所有遗传信息；二是存在于人体的所有细胞中的DNA分子，它们都近乎相同。

人类基因组计划的主要任务是对人类的DNA进行测序，完成人类基因组的结构图，即遗传图谱、物理图谱、序列图谱和转录图谱（图16.1），这4张图谱被誉为“基因解剖图”。

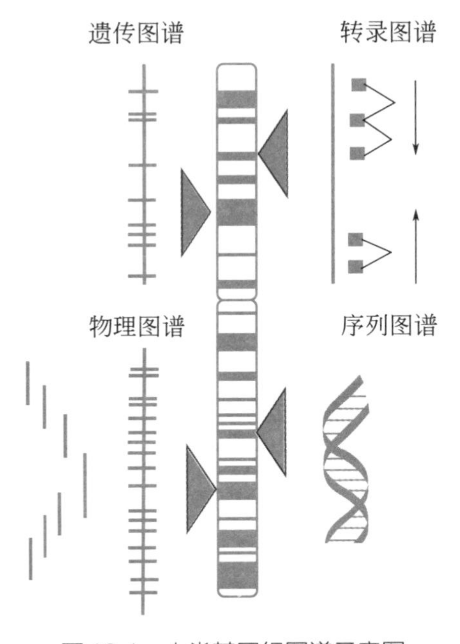

图16.1　人类基因组图谱示意图

16.2.1 遗传图谱

遗传图谱（genetic map），又称连锁图谱（linkage map），是根据基因或遗传标记之间的交换（重组）值来确定基因在染色体上的相对距离、位置的图谱。距离单位是里摩（cM），以此纪念现代遗传学奠基人摩尔根（Morgan）。1cM相当于1%的交换值，大约相当于1000kb。

构建遗传图谱的基本原理是：真核生物遗传过程中发生减数分裂，在此过程中染色体进行重组和交换，重组和交换的概率会随着染色体上任意两点间相对距离的远近而发生相应的变化。根据概率大小，就可以推断出同一条染色体上两点间的相对距离和位置关系。这张图谱只能显示标记之间的相对距离，称这一距离为遗传距离（cM），由此构建的图谱就是遗传图谱。遗传图谱的建立为基因识别和进行基因定位创造了条件。

16.2.2 物理图谱

物理图谱（physical map）是指利用限制性内切酶将染色体切成片段，再根据重叠序列确定片段间连接顺序，以及遗传标志间物理距离（以碱基对bp、千碱基kb或兆碱基Mb为单位）的图谱。绘制物理图谱的目的是将基因的遗传信息及其在每条染色体上的相对位置线性而系统地排列出来。

在DNA序列分析、基因组的功能图谱绘制、DNA的无性繁殖、基因文库的构建等工作中，建立物理图谱都是不可缺少的环节。近年来发展起来的限制性片段长度多态性（restriction fragment length polymorphism，RFLP）技术更是建立在它的基础上。

16.2.3 序列图谱

序列图谱（sequence map）指基因组DNA碱基的排列顺序图谱。人类基因组计划中最实质的内容，就是绘制人类基因组的DNA序列图。随着遗传图谱和物理图谱的完成，最终通过测序得到基因组的序列图谱。

16.2.4 转录图谱

转录图谱（transcriptional map）又称基因图谱（gene map），是在识别基因组所包含的蛋白质编码序列的基础上绘制的结合有关基因序列、位置及表达模式等信息的图谱。最主要的方法是通过基因的表达产物mRNA反追到染色体的位置。

转录图谱的意义在于它能有效地反映在正常或受控条件中表达的全基因的时空图。通过这张图可以了解某一基因在不同时间、不同组织的表达水平；也可以了解一种组织中不同时间、不同基因的表达水平；还可以了解某一特定时间、不同组织中的不同基因的表达水平。

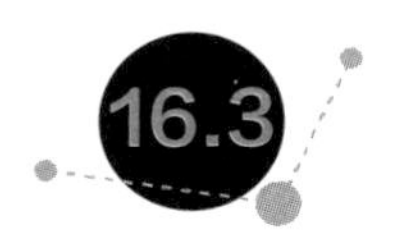

人类基因组计划带来的影响

随着人类基因组的破解，人们对自身的理解将迈上新的台阶。人类基因组研究的目的，并不是为了单纯的数据积累，而是要揭示大量数据中所蕴藏的内在规律，从而更好地认识和保护人类。

16.3.1 人类基因组计划对人类疾病研究的影响

人类疾病相关的基因是人类基因组中结构和功能完整性至关重要的信息，人类健康相关研究是HGP的重要组成部分。

对于单基因病，采用“定位克隆”和“定位候选克隆”的全新思路，导致了亨廷顿舞蹈症、遗传性结肠癌和乳腺癌等一大批单基因遗传病致病基因的发现，为这些疾病的基因诊断和基因治疗奠定基础。

对于心血管疾病、肿瘤、糖尿病、神经精神类疾病（如老年性痴呆、精神分裂症）、自身免疫性疾病等多基因疾病是目前疾病基因研究的重点。

16.3.2 人类基因组计划对人类医学的影响

HGP为个性化医学打下基础。通过分析患者的基因组信息，医生可以更好地预测患者对特定药物的反应，并提供个性化的治疗方案。这将有助于减少治疗过程中的副作用，提高治疗效果。

HGP推动了基因诊断和治疗的发展。许多遗传疾病与一些特定基因的突变有关。通过对这些基因进行测序，可以更准确地诊断患者是否患有某种遗传疾病。人类基因组计划还为基因治疗提供了可能性，利用基因工程技术来修复或替换有缺陷的基因，以治疗一些遗传性疾病。

HGP为疾病预防和早期诊断提供了新的途径。通过基因检测，人们可以了解自身的基因组信息，包括其携带的基因变异和潜在的健康风险。这有助于人们采取预防措施，降低患病风险。同时，早期诊断是治疗疾病的关键。通过对基因组信息的分析，医生可以更早地发现患者可能存在的健康问题，从而采取更早的干预和治疗措施。

16.3.3 人类基因组计划对生物技术的影响

HGP为医药生物技术开拓了一个新的领域。目前已经在细胞因子类药物、重组溶血栓药物、基因工程疫苗等领域实现技术性革新突破，多肽激素、生长因子、趋化因子、凝血和抗凝血因子等分泌蛋白也已实现了基因工程化生产。

HGP有效推动了细胞工程、胚胎工程和组织工程的发展，胚胎和成年期干细胞、克隆技术和器官再造技术将更好地造福人类。

基因和抗体试剂盒、诊断和研究用生物芯片、疾病和药物筛选模型等诊断和研究试剂产业也发展迅速，为人类疾病防控和诊断带来新措施的同时，也带来了巨大的经济效益。

16.3.4 人类基因组计划对社会经济的影响

生物产业与信息产业是一个国家的两大经济支柱。根据巴特尔技术合作调研公司的研究报告，1988—2010年期间，美国联邦基因组研究投资产生了高达7960亿美元的经济效益，1990—2003年期间人类基因组计划支出总额为38亿美元，投资回报率为141∶1，即美国政府每投资1美元，就创造了141美元的经济效益。

随着时间的推移，投资于HGP计划产生的科学效益和经济效益还将持续增长。除与基因组学相关的生物信息学（自定义计算机编程服务）、相关测试（医学实验室和诊断实验室）、生物制剂和诊断物质（生物制剂和诊断物质行业）、研究工具与设备（分析实验室仪器制造业）、基因组研发/基因组生物技术（科学研发服务行业）、药物和医药品（药物和医药品制造业）等六大与基因组计划最为相关的领域外，对于医学、农业、能源和环境领域的影响也日益凸显，未来前景广阔。

16.3.5 人类基因组计划带来的负面影响

虽然HGP在人类基因研究、疾病治疗和生物医药等方面有着巨大的推动作用，但不可否认其带来的负面影响。

人类基因图谱的绘制，使人类基因彻底暴露在世人面前，毫无隐私可言。基因论、种族歧视等会因为基因不同而加剧，甚至于婚姻、就业、信贷等都会受到影响。

利用人类基因研究成果制造基因武器，即根据某一民族的基因特征，研制出针对性的转基因生物武器，其威胁可能超过核武器，造成种族选择性灭绝。如果有不法分子利用人类基因的相似性发动基因战争，人类的生存和发展将面临严峻的挑战。

人类对自然的改造已经导致生态平衡破坏、环境危机，如果通过基因技术实现对人类基因的干预，后果不堪设想。人类基因的多样性是千万年来生物进化的结果，代表着对未来的储备，而且基因的功能是多维度、多层面的，其复杂性远非我们能够想象的。如果通过基因技术删除人类“坏基因”，创造出“十全十美”的人类，将会使人类基因库狭小，减少人类未来的进化选择空间，阻碍人类的进化。

基因专利战和基因资源掠夺战将加剧。目前，全球激烈争夺的约三万九千多个基因专利中，美国已获得其中的百分之五十九，其他国家今后要开发基因药物，需要花巨资向美国购买。人类有限的基因资源争夺战也将愈演愈烈，获取基因效率最高和数量最多的国家和企业，将垄断未来生物和制药工业市场。

快速发展的基因编辑技术，如CRISPR/Cas9，可能很快进入临床。虽然这种技术功能强大，并有可能拯救生命，但它有可能被用来对不同的生物体进行可遗传的基因改变。这些改变有可能影响身体特征、疾病风险和生存，产生许多伦理、社会和法律问题。

人类染色体奇妙物语

人类有23对染色体，每条染色体都是遗传信息的载体，都具有其独特的功能。随着人类染色体计划的完成，染色体上的遗传信息都得到注释。

1号染色体是人类基因组计划中最后一条测序完成的染色体。1号染色体是人类染色体中块头最大、基因数目最多的一个，包含的遗传信息占到所有信息的8%，共有超过2.23亿个DNA碱基对，大约有3141个基因。在1号染色体上发现至少1000种新基因，其中超过350种疾病被认为与该染色体有关，包括癌症、帕金森症、阿尔茨海默病、高胆固醇、孤独症和智障等。

2号染色体拥有2.37亿个DNA碱基对，占细胞中DNA总数的8%，目前遗传学研究估计大约有1888个基因，重要的人类发育调控基因之一的HOXD homeobox基因丛集就在其中。大家都知道人类和黑猩猩有共同的祖先，但人类却比黑猩猩等灵长类少了一对染色体，这是因为古猿的2a和2b两条染色体头接头融合成了人类的2号染色体。

3号染色体占整个人类基因组的十五分之一，共有1.99亿个核苷酸，我国承担并完成了短臂上约3000万个碱基对的测序任务。染色体上包含约1080个编码基因，携有高密度的与癌症相关的基因。

4号染色体拥有大约1.91亿个DNA碱基对，约占所有人类基因组中碱基总数的6%到6.5%，包含与亨廷顿舞蹈症、多囊肾、肌肉萎缩症等罕见疾病相关的基因。科研人员在4号染色体上发现目前最大的“基因沙漠”，也就是不编码任何蛋白质的大片DNA序列。科学家猜测，这些不产生蛋白质的DNA序列可能对人类生理有重要作用。

5号染色体含有大约1.81亿个DNA碱基对，占细胞总DNA的近6%。当它的短臂缺失，会导致“猫叫综合征”，婴儿发出猫叫样的啼哭声，两眼距宽，生长发育迟缓，存在严重的智力障碍。若它的长臂缺失，会导致骨髓增生综合征（MDS），而在其他一些血液恶性肿瘤中也常发现5号染色体的长臂缺失。5号染色体还隐藏着人类与黑猩猩分叉后进化的线索，人类和黑猩猩这个染色体的相似程度超过99%，并且因突变导致疾病的基因也极其相似。另外，极易发展为结直肠癌的“家族性腺瘤性息肉病”也与5号染色体密切相关。

6号染色体含有约1.71亿个DNA碱基对，约占人类基因总数的6%，大概有130个可导致人类某些疾病的基因，包括导致遗传性血色素沉着病、帕金森病、癫痫等疾病的基因。这一染色体上基因的异常也是造成精神分裂症、心脏病等多种疾病的原因。编码主要组织相容性抗原的基因群（MHC）分布在6号染色体短臂上，这些基因不仅在机体对外界细菌和病毒入侵进行防御反应方面有重要作用，在器官移植配型方面也有十分重要的意义；它们还与自体免疫疾病相关，因此被称为“免疫学中的圣杯”。

7号染色体含有大约1.58亿个DNA碱基对，占细胞内所有DNA的5%到5.5%，约1000个基因。染色体长臂端的片段缺失会导致“威廉姆斯综合征”，表现为轻度智力障碍、先天性心脏病与“小精灵样”面容异常，并呈现过度攀谈的性格特征。此外，染色体上含有与手和面部发育的基因，以及腓骨肌萎缩症、囊性纤维化、耳聋、淋巴瘤以及其它癌症有关的基因。

8号染色体约有1.46亿个DNA碱基对，占细胞总DNA的4.5%至5%。短臂存在一个约1500万碱基对的大片段区域，与大猩猩基因组相比该区域的高突变率对人类脑部进化有重要贡献。长臂上有一段区域编码基因较少，被称为“基因沙漠”，但它的异常却与前列腺癌、乳腺癌、卵巢癌、结肠癌和胰腺癌等多种癌症相关。

9号染色体约有1.45亿个DNA碱基对，占细胞所有DNA的4%到4.5%。1924年德国学者伯恩斯坦（F. Bernstein）证明9号染色体上的ABO基因，决定了人类的ABO血型，为临床输血和器官移植配对奠定了理论基础。另外，9号染色体上的抑癌基因*CDKN2A*失活会导致家族性黑色素瘤等多种常见肿瘤的发生。其他异常还与半乳糖血症、结节性硬化等疾病密切相关。

10号染色体约有1.35亿个DNA碱基对，占细胞总DNA的4%至4.5%。当染色体上的*CYP17*基因变异会导致性激素水平下降并引起性发育障碍，令男性长得很像女性。染色体异常还与多发性内分泌肿瘤、甲状腺髓样癌、前列腺癌、脑癌、乳腺癌等多种肿瘤密切相关。还有一些基因与复杂的代谢疾病和精神疾病如1型糖尿病、精神分裂症和阿尔茨海默病等有关。

11号染色体约有1.35亿个DNA碱基对，超过40%的人类嗅觉受体基因位于这条染色体上。同时，它是所有染色体中包含与疾病相关基因最多的一条，如伯-韦综合征（最常见的巨大儿疾病）、壮年急性心脏病、糖尿病、复合内分泌瘤、白化病、膀胱癌、乳腺癌、多发性骨软骨瘤、自闭症（ASD）、抑郁症等。

12号染色体约有1.33亿个DNA碱基对，有一个目前在人类基因组上发现的最大的连锁不平衡。染色体上*ATXN2*基因中“CAG”序列重复的次数超过32次会导致“企鹅病”（即脊髓小脑性共济失调2型），患者表现为眼球震颤，且走路像企鹅一样摇摇晃晃，无法保持平衡。另外，其中*PAH*基因突变可引起一种常染色体隐性遗传病-苯丙酮尿症，导致人体苯丙氨酸堆积造成儿童智力损害。

13号染色体约有1.15亿个DNA碱基对，是最大的近端着丝粒染色体，也是基因密度最低的染色体。人体中该染色体多了一条会引起13三体综合征，新生儿出现脑部和心脏等全身多发的严重畸形、智力低下及特殊面容等症状，80%患儿在出生一年内死亡，目前尚无有效的治疗方法。染色体上还发现与遗传性乳腺癌相关的*BRCA2*基因、视网膜母细胞瘤、威尔森病（肝脏及神经系统疾病）、非综合征耳聋、肝豆状核变性、瓦登伯格综合征等疾病相关的基因。

14号染色体约有1.07亿个DNA碱基对，有大约60多个与遗传疾病密切相关的基因。位于染色体两头的端粒可防止染色体末端的遗传信息发生丢失，但端粒的长度随细胞分裂而不断缩短。位于14号染色体的*TEP1*基因，它的产物“端粒酶”则可修复被损坏的端粒，因此常被称为“细胞长生不老药”。染色体上包括一个此前已被发现与老年痴呆症有联系的基因，表现为记忆力逐渐消失。还有2个对人体免疫系统具有重要意义基因以及一些与其它病症有关的基因。

15号染色体约有1.02亿个DNA碱基对，是目前已知的7个大片段扩增的人类染色体之一。由于15号染色体某段特定区域在进入胎儿时，来自父亲和来自母亲的染色体会分别打上不同的甲基化标记，如果来自父亲的这段染色体片段发生缺失或者变异就是小胖威利综合征（PWS），表现为低肌张力、智力障碍、短小身材、长期强烈饥饿感及过度摄食，并引起威胁生命的肥胖；如果来自母亲的这段染色体片段发生缺失或者变异就是天使综合征（AS），表现为特殊笑容、智力障碍、癫痫发作及异常脑电波等。

16号染色体约有0.9亿个DNA碱基对，是DNA修复基因所在之处。该染色体多了一条是孕早期流产最常见的原因，约6%的早期流产因此发生。短臂上的*CREBBP*基因在人类学习和记忆中发挥重要作用。科学家还在上面发现了与乳腺癌、前列腺癌、多囊肾病（肾脏出现大量囊肿）、肠功能失调、家族性地中海热（FMF）、地中海贫血及自闭症（ASD）等疾病相关的基因。16号染色体分析的结果对重金属的解毒和运输也有重要意义。

17号染色体约有0.81亿个DNA碱基对，在所有染色体中基因密度最大。染色体上有被称为“基因组守护者”的抑癌基因*TP53*，体型庞大的大象寿命长、不易患癌是因为其体内有更多的*TP53*基因副本。此外，乳腺癌则是主要由17号染色体上的抑癌基因*BRCA1*突变导致的。

18号染色体约有0.78亿个DNA碱基对，是人类所有染色体中“基因沙漠”区域覆盖度最高的染色体。包含了24个“基因沙漠”，占据染色体总长度的38%。人体多出一条18号染色体（18三体综合征），会导致患儿罹患爱德华氏综合征，发病率仅次于唐氏综合征（21三体综合征）。患儿存活率低，寿命很短，伴有严重的智力障碍。18号染色体上发现了45个与遗传疾病有关的基因，例如尼曼匹克病（鞘磷脂沉积病、贫血、肝脾淋巴肿大、消化不良）、神经性缺陷、胰脏癌、高铁血红蛋白症、红细胞生成性原卟啉病、遗传性出血性毛细血管扩张症等。

19号染色体约有0.59亿个DNA碱基对，包括与遗传性高胆固醇和抗胰岛素糖尿病相关的基因。人体遭到辐射或其他环境污染时，控制DNA修复的基因也位于该染色体上。阿尔茨海默病是遗传因素和环境因素共同作用的复杂疾病，染色体上与阿尔茨海默病强相关的*APOEε4*基因变异会增加3～15倍致病风险。

20号染色体约有0.63亿个DNA碱基对，是被破译的第一对具有典型长短臂结构的人类染色体，为糖尿病、肥胖症、小儿湿疹等疾病的治疗找到了新方法。20号染色体上还发现了与重度联合免疫缺陷症、Alagille综合征、乳腺癌和前列腺癌等疾病相关的基因。

21号染色体约有0.48亿个DNA碱基对，是人类最短的染色体。许多与疾病相关的基因分布在这一染色体上，特别是先天愚型、早老性痴呆、癫痫等一些神经系统的疾病。人类最常见的染色体疾病唐氏综合征就是由21号染色体异常导致的，发病率约1/800～1/600，风险随着孕妇年龄的增长而增加，通常伴有身体发育迟缓、典型的面部特征和轻度至中度智力障碍。

22号染色体约有0.51亿个DNA碱基对，是破译的第一条染色体。染色体长臂近着丝粒端属于染色体重排的热点区域，特定区域的缺失变异会导致宝宝罹患DiGeorge综合征或腭心面综合征，这是两种在病理变化和表型上均不同的常见的染色体缺失综合征，发病率为活产新生儿的1/4000～1/3000，预后差且很多病例属于新发突变。22号染色体上还发现与先天性心脏病（CHD）、肌萎缩侧索硬化、免疫功能低下、慢性巨大型白血病（CML骨髓被恶性白细胞取代而得慢性骨髓细胞瘤）、2型神经纤维瘤病、精神分裂症、智力低下、出生缺陷（BD）、乳腺癌及许多恶性肿瘤如白血病等有关的基因。

X染色体约有1.55亿个DNA碱基对，有许多与智力缺陷、免疫调控和抑癌相关的基因以及人类基因组中称为DMD的最大基因。X染色体上还有许多与遗传性疾病高度相关的基因，如红绿色盲、血友病、杜氏肌营养不良症、脆性X综合征、抗维生素D佝偻病等。

Y染色体约有0.59亿个DNA碱基对，男性特有的染色体，长度只有性染色体X的38%。研究表明Y染色体在逐渐缩小，但其独特的一些“回文结构”能在一定程度上自我修复。Y染色体上有决定男性性状的*SRY*基因和多个与男性不育相关的基因，主要调控睾丸发育和精子发生过程。

参考文献

丹尼斯C，加拉格尔R，2003. 人类基因组：我们的DNA[M]. 北京：科学出版社.

刘洪珍，2009. 人类遗传学[M]. 北京：高等教育出版社.

美科学家破译人类第2、4号染色体[J]，2005. 世界科技研究与发展，（3）：108.

杨焕明，2019. DNA&HGP对人类未来的影响[J]. 海南医学（增刊）：22-28.

Chad N，Michael C Z，Mark L B，et al.，2005. DNA sequence and analysis of human chromosome 18[J]. Nature，437：551-555.

Chad N，Tarjei S M，Michael C Z，et al.，2006. DNA sequence and analysis of human chromosome 8[J]. Nature，439：331-335.

Deloukas P，Earthrowl M E，Grafham D V，et al.，2004. The DNA sequence and comparative analysis of human chromosome 10[J]. Nature，429：375-381.

Deloukas P，Matthews L H，Ashurst J，et al.，2001. The DNA sequence and comparative analysis of human chromosome 20[J]. Nature，414：865-871.

Donna M. Muzny，Steven E. Scherer，Richard A. Gibbs，et al.，2006. The DNA sequence，annotation and analysis of human chromosome 3[J]. Nature，440：1194-1198.

Dunham A，Matthews L H，Burton J，et al.，2004. The DNA sequence and analysis of human chromosome 13[J]. Nature，428：522-528.

Dunham I，Shimizu N，Roe B A，et al.，1999. The DNA sequence of human chromosome 22[J]. Nature，402：489-495.

Gregory S G，Barlow K F，McLay K E，et al.，2006. The DNA sequence and biological annotation of human chromosome 1[J]. Nature，441：315-321.

Hattori M，Fujiyama A，Taylor T D，et al.，2000. The DNA sequence of human chromosome 21[J]. Nature，405：311-319.

Humphray S J，Oliver K，Hunt A R，et al.，2004. DNA sequence and analysis of human chromosome 9[J]. Nature，429：369-374.

Jane G，Laurie A G，Anne O，et al.，2004. The DNA sequence and biology of human chromosome 19[J]. Nature，428：529-535.

Jeremy Schmutz，Joel Martin，Astrid Terry，et al.，2004. The DNA sequence and comparative analysis of human chromosome 5[J]. Nature，431：268-274.

Joel M，Cliff H，Laurie A. G，et al.，2004. The sequence and analysis of duplication-rich human chromosome 16[J]. Nature，432：988-994.

John M，Fumihiko M，Richard W，et al.，2003. The DNA sequence and analysis of human chromosome 14[J]. Nature，421：601-607.

LaDeana W H，Robert S F，Lucinda A F，et al.，2003. The DNA sequence of human chromosome 7[J]. Nature，424：157-164.

Mark A J，Chris T-S，2017. Human Y-chromosome variation in the genome-sequencing era [J]. Nature Reviews Genetics，18：485-497.

Mark T R，Darren V G，Alison J C，et al.，2005. The DNA sequence of the human X chromosome[J]. Nature，434：325-337.

Michael C Z，Manuel G，David J A，et al.，2006. DNA sequence of human chromosome 17 and analysis of rearrangement in the human lineage[J]. Nature，440：1045-1049.

Michael C Z，Manuel G，Ted S，et al.，2006. Analysis of the DNA sequence and duplication history of human chromosome 15[J]. Nature，440：671-675.

Mungall A J，Palmer S A，Sims S K，et al.，2003. The DNA sequence and analysis of human chromosome 6[J]. Nature，425：805-811.

Steven E. S，Donna M M，Christian J B，et al.，2006. The finished DNA sequence of human chromosome 12[J]. Nature，440：346-351.

Todd D T，Hideki N，Yasushi T，et al.，2006. Human chromosome 11 DNA sequence and analysis including novel gene identification[J]. Nature，440：497-500.

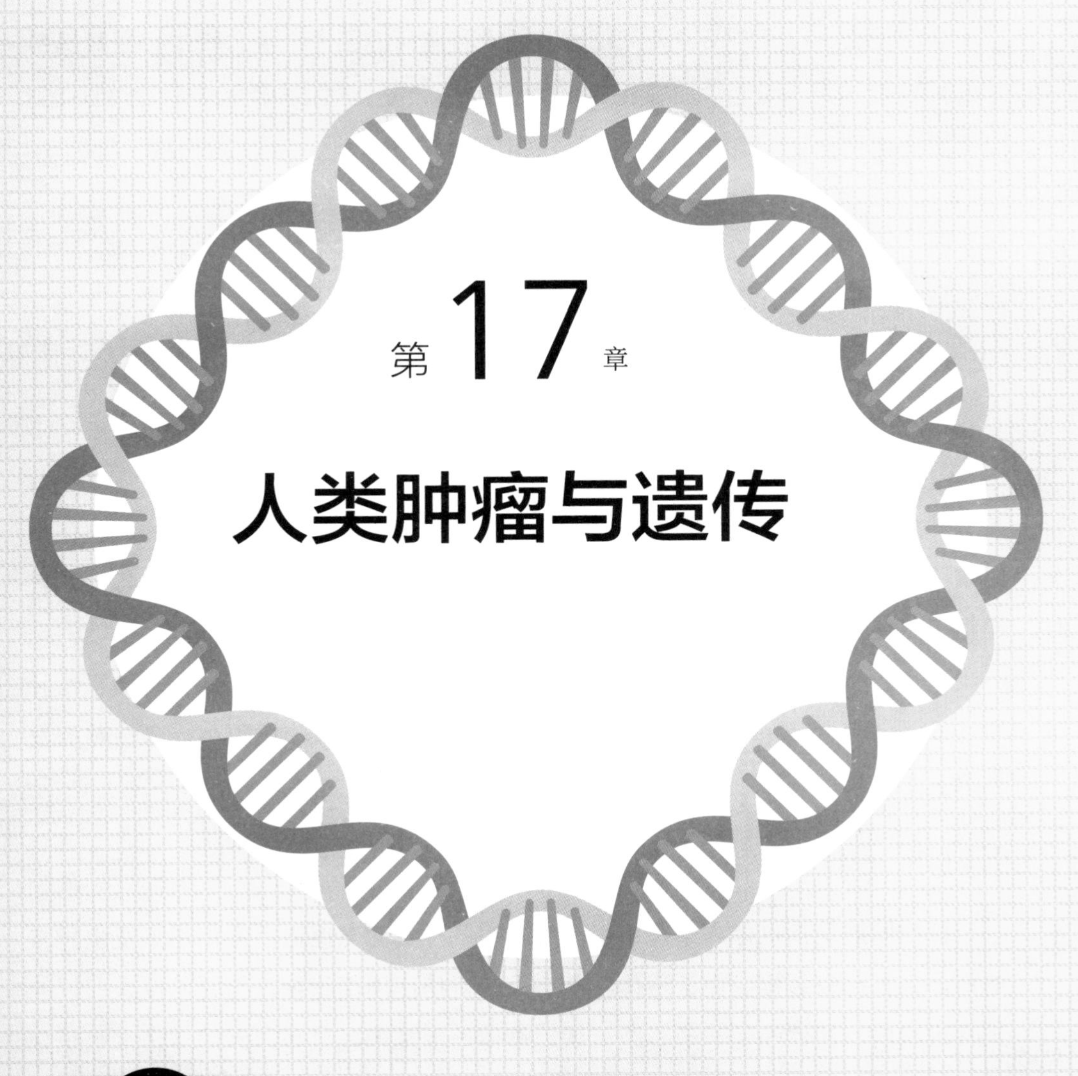

第17章 人类肿瘤与遗传

本章知识点

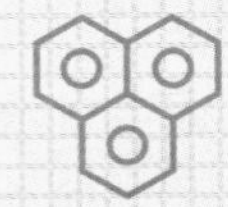

★ 什么是肿瘤

★ 肿瘤的诱发因素

★ 肿瘤发生的遗传现象

★ 遗传性肿瘤

★ 染色体畸变与肿瘤

★ 肿瘤发生的遗传理论

★ 肿瘤的预防与治疗

心血管病、癌症、艾滋病和糖尿病是人类健康的四大杀手，其中心血管病引起的死亡位居第一位，而癌症造成的死亡排第二位。2020年全球人口约80亿，癌症发病达到2000万人，死亡达到1200万人，对人类生存构成严重的威胁。

什么是肿瘤

肿瘤（tumor），也称赘生物，是机体在某些因素作用下，人体内的细胞在基因水平上失去了对其生长和分裂繁殖的调控，导致细胞的异常增生并在各种器官和组织中成团生长。肿瘤是体细胞遗传物质突变所致。

肿瘤可以说是一类疾病的总称，可分为良性肿瘤（benign tumor）和恶性肿瘤（malignant tumor）两大类。良性肿瘤生长缓慢，对人体危害小；恶性肿瘤发展快，个体死亡率高。

17.1.1 良性肿瘤

良性肿瘤是指机体内某些组织的细胞在各种始动与促进因素作用下发生异常增殖，生长比较缓慢。由于瘤体不断增大，可挤压周围组织，但并不侵入邻近的正常组织内，瘤体多呈球形、结节状。瘤体周围常形成包膜，因此与正常组织分界明显，用手推之可移动，手术时容易切除干净，摘除不转移，很少有复发。

良性肿瘤绝大多数不会恶变，对机体影响较小。但这并不是说，良性肿瘤没有危险。相反，有些良性肿瘤对人体危害很大，必须密切关注。当良性肿瘤生长在身体要害部位，且这些部位空间又相当有限时，可造成致命的后果，如头颅内、甲状腺上及纵膈的巨大良性肿瘤等。另外，胃肠壁或肠腔内的良性肿瘤会因为瘤体增大引起梗阻、出血、穿孔、黄疸等急症，延误治疗可导致死亡。有些良性肿瘤会发生恶变，一旦变成恶性，其后果与恶性肿瘤相同，如甲状腺腺瘤、乳腺纤维瘤、子宫瘤、胃肠道的平滑肌瘤、软组织的纤维瘤、滑膜瘤、韧带纤维瘤等。有些非肿瘤病的良性病变同样与恶性肿瘤有关，如乳腺的囊性小叶增生症、黑痣、肺组织或其它部位的疤痕性病变，长期不愈的慢性溃疡、肝硬化等均有可能与恶性肿瘤的发生相关。因此，如发现良性肿瘤有迅速增大，出现出血、剧痛等情况时，应马上去医院检查。必要时，及时进行手术切除。

17.1.2 恶性肿瘤

恶性肿瘤可分为癌和肉瘤，癌是包括上皮组织、腺体、造血细胞的恶性肿瘤（如胃癌、乳腺癌）；肉瘤包括结缔组织、脂肪、肌肉、脉管、骨、神经组织和软骨组织等的恶性肿瘤（如白血病、骨肉瘤、淋巴肉瘤、神经肉瘤）。肉瘤的恶性程度比癌大，死亡率更高，但癌的发病率比肉瘤高9倍。在日常生活中，一般把恶性肿瘤统称为癌症（cancer）。

癌是一群不随生理反应需要反常生长的一些不成熟的细胞集团，它消耗大量的人体营养，破坏人体正常组织，严重危害机体，并随血液、淋巴循环扩散转移。正是由于广泛的扩散性，使其成为难以治愈的疾病。癌细胞是产生癌症的病源。癌细胞是一类变异的细胞，但是其在形态、代谢和功能上与正常细胞都不相同，主要有以下几大特点：① 无限制增殖性。正常细胞都具有寿命，生长至一定阶段会出现衰老和死亡，而癌细胞在适宜的条件下，会无限增殖。② 转移性。由于癌细胞细胞膜上的糖蛋白等物质减少，使得细胞彼此间黏着性显著降低，可通过血液循环或者淋巴循环转移到远处器官，并在那里生长、繁殖，形成新的转移灶。如从肺转移到脑，形成肿瘤。③ 侵袭性。癌细胞在原发部位和转移部位都呈侵袭性生长，能够破坏相应的器官和组织的功能，引起器官功能障碍，这也是癌细胞导致死亡的主要原因之一。④ 机能不全性。白血病患者血液中的白细胞由正常的每毫升几千上升到几万，十几万，但90%以上为幼稚细胞，没有成熟白细胞吞噬病菌的防御功能，使患者极易感染，高烧不退。⑤ 接触性抑制丧失。正常细胞在体外培养时表现出贴壁生长和汇合成单层后停止生长的特点，即接触抑制现象（contact inhibition）；而癌细胞即使堆积成群，仍然在不停地分裂生长。⑥ 形态结构改变。癌细胞的形态结构会发生显著变化，例如癌细胞核大，可比正常细胞大1～5倍，且同一部位癌细胞的核大小相差悬殊，核畸形，核膜增厚；具有丰富的游离核糖体等。

肿瘤的诱发因素

肿瘤特别是癌的发生与外部因素（如化学、物理和生物）和机体内部因素（如遗传、免疫等）有关。因此，肿瘤是多种因素综合作用的结果。

17.2.1　化学因素

化学因素主要有亚硝胺类、霉菌毒素、多环芳烃类、芳香胺和偶氮染料类及其他化学致癌物。

（1）亚硝胺类

亚硝胺类是一类致癌性较强、能引起人体多种癌症的化学致癌物质，主要通过烷化DNA 诱发突变，也能通过活化原癌基因而导致癌变。亚硝胺类主要存在于熏制肉类、油炸食品、腌菜、酸菜等中，能引起消化系统、肾脏等多种器官的肿瘤。环境中也存在很多可合成亚硝胺类的前体物质（如亚硝酸盐、硝酸盐和胺类），在人体内可以合成大量的亚硝胺，是消化系统癌症的重要致癌物质。

（2）多环芳香烃类

多环芳香烃类是一类分子中含有两个或两个以上苯环结构的碳氢化合物，一般有较强的致癌作用。多环芳香烃类广泛存在于外环境中，如工业废气、家庭烟道排放气体、汽车废气、沥青等。此外，烟草燃烧的烟雾中、烤制和熏制的鱼肉中也存在。这类致癌物以苯并芘为代表，将其涂抹在动物皮肤上，可引起皮肤癌，皮下注射则可诱发肉瘤。

（3）芳香胺类

芳香胺类主要与染料和农药的合成有关，如苯胺、联苯胺、4-氨基联苯等，可诱发泌尿系统的癌症。

（4）烷化剂类

烷化剂常用作有机溶剂、中间体原料、医药杀菌剂等，如氮芥、硫芥、β-丙内酯等。烷化剂能使细胞内大分子物质包括蛋白质、核酸等烷基化，引起白血病、肺癌、乳腺癌等。

（5）氨基偶氮染料类

氨基偶氮染料类分子中含有偶氮基（—N═N—），如邻苯甲胺、奶油黄（对1，2-甲基氨基偶氮苯，可将人工奶油染成黄色的染料）等均具有致癌作用。

（6）天然化学致癌物

一些霉菌毒素，如黄曲霉素B_1、杂色曲霉素等；植物毒素如苏铁素、黄樟素等。霉菌毒素主要存在于发霉食品中，如在高温、高湿地方存放过久的花生、瓜子、玉米、大米、小麦、豆类等。

（7）某些重金属及其化合物

镍、六价铬、砷和镉等可诱发人和实验动物肿瘤。

17.2.2 物理因素

物理因素包括长期的慢性刺激、紫外线照射、各种辐射、机械刺激、创伤等，可分为电离辐射和非电离辐射两大类。

电离辐射是指波长短、频率高、能量高的射线，如α射线、β射线、中子、X射线、γ射线等，常见于医用仪器如CT、PET、X线、放射性核素检查等，装修瓷砖和大理石，日常生活中的手机、微波炉、电视、电脑等。电离辐射可导致皮肤癌、白血病、甲状腺癌、肺癌等。

非电离辐射主要是紫外线。紫外线直接照射皮肤，除有杀菌作用外，还具有调整和改善神经、内分泌、消化、循环、呼吸、血液、免疫系统以及促进维生素D生成的功能。但过量的紫外线可引起皮肤癌和黑色素瘤。

17.2.3 生物因素

生物因素如病毒、细菌等与癌症发生也有关系。1911年美国人弗朗西斯·佩顿·劳斯（Francis Peyton Rous）首次提出病毒可导致肿瘤的观点，并在1966年获得诺贝尔奖。致癌病毒也称为肿瘤病毒，是指能引起机体发生肿瘤或使细胞恶性转化的一类病毒，分为DNA病毒和RNA病毒。DNA肿瘤病毒，如人乳头瘤病毒（HPV病毒）可引起宫颈癌，乙型肝炎病毒可诱发肝癌，EB病毒可导致鼻咽癌和B淋巴细胞癌。RNA肿瘤病毒，如人Ⅰ型T细胞白血病病毒（HTLV-I病毒）

可诱发成人T细胞白血病。

近十余年来还发现人群中感染率很高的幽门螺杆菌和胃癌的发生有密切关系，也就是说由幽门螺杆菌引起的胃病，可能形成胃癌。

17.2.4 免疫因素

肿瘤可产生肿瘤特异性抗原，引起宿主一系列免疫反应，主要是细胞免疫。T淋巴细胞、K细胞、NK细胞及巨噬细胞在肿瘤免疫中起攻击杀伤肿瘤细胞的作用。

儿童期免疫系统不成熟，老年人免疫功能减退，这两个年龄段的人群肿瘤发病率均高于其他年龄段。胸腺摘除动物和胸腺先天发育不良患者，由于细胞免疫缺陷，恶性肿瘤发病率升高。

17.2.5 激素因素

一些类固醇激素，如黄体激素、卵巢滤泡激素等天然激素和人工合成的二乙基己烯雌酚（DES）等可引起乳腺癌、子宫癌和白血病等。切除卵巢或用雄激素治疗，可使乳腺癌体积缩小。

17.2.6 性别年龄因素

生殖系统、乳腺、甲状腺、胆囊的癌瘤多见于女性；食管癌、肺癌、胃癌、肝癌、鼻咽癌则多见于男性。癌症多见于40岁以上的人，肉瘤多见于青年，而视网膜母细胞瘤、肾母细胞瘤、神经母细胞瘤则多见于幼儿。

肿瘤发生的遗传现象

肿瘤的病因是复杂的。许多环境因素可以致癌，环境是肿瘤发生的重要因素。但是尽管人们都接触各种致癌因子，却不是都发生肿瘤。流行病学、肿瘤病因学等方面的研究表明，肿瘤的发生与遗传因素密切相关。

17.3.1 肿瘤的家族聚集现象

资料调查显示，有些肿瘤具有家族聚集现象。癌家族和家族性癌是恶性肿瘤家族聚集现象的不同表现。

癌家族（cancer family）是指一个家系在几代中有多个成员发生同一器官或不同器官的恶性肿瘤，即一个家族有较多成员患一种或几种解剖部位类似的癌。

在癌家族中恶性肿瘤的发病率高，患者的发病年龄较早，肿瘤的发生部位不局限于同一组织或器官，肿瘤在家族中呈常染色体显性遗传。

有人跟踪了一个家族70多年（1895年开始），经过5次调查发现，家族的10个支系中有842名后代，共有95名癌症患者，其中结肠癌48人，子宫内膜癌18人，这两种癌症占多数。在95名患者中，有13人肿瘤为多发性，19人发生于40岁之前，72人为双亲之一患癌，男性患者为47人，女患者为48人，男女比例接近1：1，符合常染色体显性遗传特点。

家族性癌（familial carcinoma）是指一个家族内多个成员患有同一种类型的肿瘤。例如结肠癌患者12%～25%有结肠癌家族史。许多常见的肿瘤（如乳腺癌、结肠癌、胃癌）通常是散发性的，但一部分患者有明显的家族史。家族性癌大多不表现孟德尔遗传，但患者的一级亲属的发病风险高于普通人群的3～5倍。

17.3.2 肿瘤发生率的种族差异

不同种族的人遗传素质不同，在不同种族、不同民族中，各种肿瘤的发病率可有显著的差异。

同一肿瘤在不同人种发病率不同。中国人鼻咽癌是印度人的30倍，比日本人高60倍，而且这种高发病率并不随中国人移居他国而明显降低。欧美人乳腺癌发病率较高，日本人发病率比欧美人低。日本人松果体瘤比其他民族高11～12倍。

不同人种也有各自不同的高发肿瘤。中国人鼻咽癌的发病率位居世界各国之首，而广东籍居民发生鼻咽癌又是其它省籍居民的2～3倍。

遗传性肿瘤

一些肿瘤是按照孟德尔式遗传的，且常按常染色体显性遗传方式遗传。遗传性肿瘤虽然少见，但在肿瘤病因学研究上有重要意义。

17.4.1 遗传性癌前病变

一些单基因遗传的疾病和综合征中，有不同程度的恶性肿瘤倾向，称为癌前病变（precancerous lesion）。其遗传方式大部分为常染色体显性。

癌症在发生发展过程中包括癌前病变、原位癌及浸润癌三个阶段。癌前病变并不是癌，是指继续发展下去具有癌变可能的某些病变。大多数不会演变成癌。

家族性结肠息肉综合征（familial polyposis coli，FPC），青少年时结肠和直肠有许多息肉，早期症状不明显，偶有腹泻、肠道出血、梗阻或肠套叠等，常误诊为肠炎。35岁前后，息肉可恶变成结肠癌。*APC*基因是一种抑癌基因，位于5q21-q22，FPC患者实际上是具有缺陷的*APC*基因。

神经纤维瘤（neurofibromatosis，NF），患者皮肤有咖啡牛奶斑和纤维瘤样皮肤瘤，如有6个以上直径超过1.5 cm的咖啡牛奶斑即可确诊。在儿童期，皮肤中即可出现神经纤维瘤，主要分布在躯干，3%～15%可恶变为纤维肉瘤、鳞癌和神经纤维瘤。致病基因*NF*位于11q11.2，是一种抑癌基因，其产物有特异的抑制*RAS*癌基因的作用。*NF*基因缺失导致发病。

基底细胞痣综合征（basal cell nevus syndrome，BCNS），患者面部、手臂和躯干有多数基底细胞痣，青春期增多，青年期即可发生恶变。40岁时，90%恶变为基底细胞癌。致病基因*BCNS*位于9q22.3-q31，是一种抑癌基因，其缺失导致发病。

17.4.2 单基因遗传肿瘤

一些主要由遗传决定的肿瘤，可能是由一个基因突变引起的。人类单基因遗传的肿瘤种类不少，但在全部人类肿瘤中所占的比例不大。常染色体显性遗传的有视网膜母细胞瘤、直肠多息肉症、腺癌等；常染色体隐性遗传的有共济失调-毛细血管扩张症、Bloom综合征等；伴X遗传的有多细胞基细胞癌、某种多发性脂瘤等。

视网膜母细胞瘤（retinoblastoma，RB）是一种儿童期发病的眼科恶性肿瘤，大部分患者（70%）2岁前发病。临床表现为：早期眼底有灰白色肿块，以后肿瘤长入玻璃体，瞳孔扩大，可见黄白色反光，常称为“猫眼”，肿瘤继续生长可穿角膜向眼外生长。肿瘤的恶变程度很高，可随血循环转移，也能直接侵入颅内。肿瘤*Rb1*基因定位在13q14。遗传型约占40%，多为双侧，是由父母患病或携带突变基因所致，常染色体显性遗传，1.5岁前发病，恶性程度高。散发型约占60%，多为单侧，2岁以后发病，是患者本人*Rb1*基因两次体细胞突变的结果。

肾母细胞瘤（Wilms tumor，Wilms瘤）是一种婴幼儿恶性胚胎肿瘤。患者腹部有症状肿块，致病基因定位在11q13。遗传型约占38%，多为双侧，常染色体显性遗传，发病早。散发型约占62%，多为单侧，发病迟。

神经母细胞瘤（neuroblastoma，NB）是儿童最常见的颅外肿瘤，也是婴幼儿最常见的肿瘤，起源于神经嵴。有时还并发神经纤维瘤、神经节瘤、嗜铬细胞瘤等。遗传型约占20%，早发多发，常染色体显性遗传。散发型约占80%，单发晚发。NB基因定位于1p36.2-36.1。

17.4.3 多基因遗传肿瘤

多基因遗传的肿瘤大多是一些常见的恶性肿瘤，是遗传因素和环境因素共同作用的结果。例如乳腺癌、胃癌、肺癌、前列腺癌、子宫颈癌等，患者以及亲属的患病率都显著高于群体患病率。

乳腺癌（mammary cancer）是由乳腺管上皮细胞恶变产生的女性最常见的恶性肿瘤之一，很容易转移到周围的淋巴系统中。据2018年国际癌症研究机构（IARC）调查的最新数据显示，乳腺癌在全球女性癌症中的发病率为24.2%，位居女性癌症的首位。乳腺癌可分为遗传型和分散型两类。遗传型多为闭经前型，患者常有良性乳腺病、甲状腺病和卵巢雌激素过多。一级亲属（如父母、子女以及兄弟姐妹）中有乳腺癌病史者，发病风险是普通人群的2 ～ 3倍。

肺癌（lung cancer）是起源于肺部支气管黏膜或腺体的恶性肿瘤。男性肺癌发病率和死亡率均占所有恶性肿瘤的第一位，在女性发病率也迅速增高。肺癌与多种环境因子和遗传因子的作用有着密切的关系。长期吸烟、职业接触致癌因素、空气污染、肺部慢性疾病等是肺癌的主要诱发因素。家族、遗传和先天性因素以及免疫功能降低、代谢功能失调和内分泌功能失调等也是肺癌的高危因素。

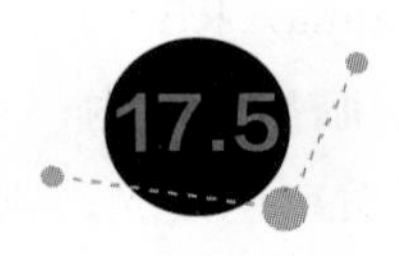

染色体畸变与肿瘤

几乎所有肿瘤细胞都有染色体畸变，染色体异常通常被认为是癌细胞的特征。染色体畸变既可能是肿瘤发生的原因，也可能是肿瘤发生的表现。1914年，细胞生物学家西奥多·勃法瑞（Theodor Boveri）指出：染色体异常是癌细胞遗传学的基本特征；细胞内染色体的不稳定是产生肿瘤的根本原因。

17.5.1 染色体数目异常与肿瘤

染色体数目异常一般表现为非整倍体，但肿瘤细胞染色体的增多、减少并不是随机的，许多肿瘤比较常见的是8、9、12和21号染色体的增多，7、22和Y染色体的减少。

染色体数成倍增加（3倍、4倍）称为高异倍性，但通常不是完整的倍数，故称为高异倍性（hyperaneuploid）。许多实体瘤染色体数或者在二倍体数上下，或在3～4倍数之间，而癌性胸腹水的染色体数变化更大。数目变化并不等于恶性程度。

一个肿瘤的细胞往往由一个细胞突变增殖而来（肿瘤发生单克隆学说），同一肿瘤细胞染色体常有许多共同的异常。但是癌细胞群体又受内外环境的影响而处于异变之中，因此这些细胞的核型常常不完全相同，而且在同一肿瘤的发展过程中，核型也可以演变。恶性肿瘤生长到一定阶段会产生一个或几个较突出的细胞系，每一个细胞系内所有细胞的染色体数目和形态都基本相同。细胞系通过淘汰和生长优势，会逐渐形成占主导地位的细胞群体，称为干系（stem line）。干系染色体的数目称为众数（model number），在整个肿瘤细胞中所占的比例最大。干系以外的非主导细胞系，称为旁系（side line）。由于条件改变，旁系可以发展为干系。有的肿瘤没有明显的干系，有的则可以有两个或两个以上的干系。

17.5.2 染色体结构异常与肿瘤

在肿瘤细胞内常见到结构异常的染色体，异常的类型有断裂、缺失、易位、环状染色体等多种类型。染色体结构异常（易位、缺失），引起癌基因的激活和抑癌基因的失活，这是癌症发生的重要分子基础。如果某种结构异常的染色体常出现在某一种肿瘤细胞中，且此类特殊的结构染色体能稳定遗传，称之为标记染色体（marker chromosome）。在肿瘤的一个干系内往往具有相同的标记染色体。标记染色体分为特异性标记染色体（specificity marker chromosome）和非特异性标记染色体（nonspecific marker chromosome ）两种类型。

（1）特异性标记染色体

特异性标记染色体经常出现在某一类肿瘤，对该肿瘤具有代表性。主要有以下几种：

① Ph染色体：1960年首先在美国费城的慢性粒细胞性白血病（chronic myeloid leukemia，CML）患者骨髓和外周血淋巴细胞中，发现一个很小的近端着丝粒染色体，被称为Ph染色体（Philadelphia chromosome）。95%慢性粒细胞性白血病细胞中存在Ph染色体（费城染色体），为9号染色体与22号染色体易位后形成的重组22号染色体（图17.1）。

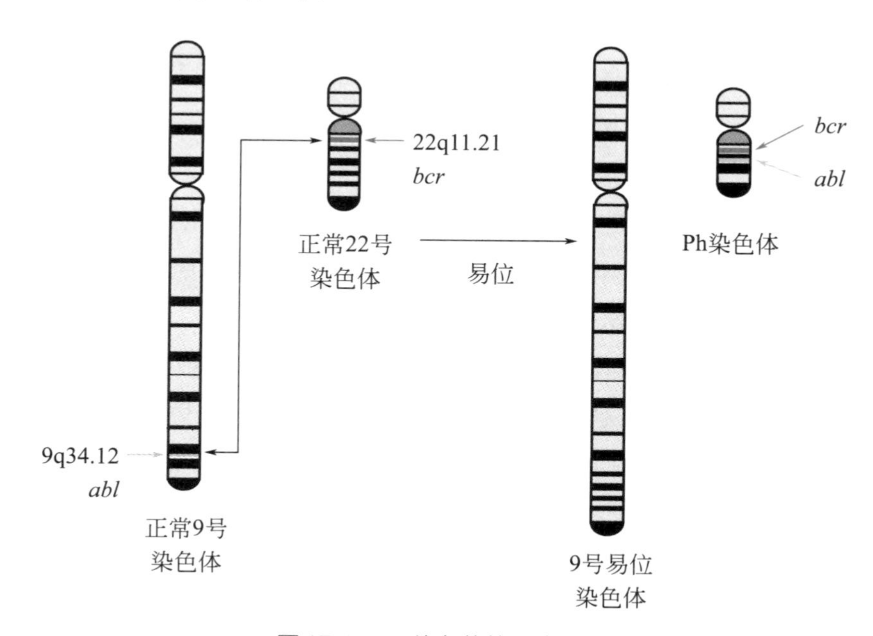

图17.1 Ph染色体的形成过程

易位使9号染色体长臂（9q34.12）上的原癌基因*abl*和22号染色体长臂（22q11.21）上的*bcr*基因重新组合成融合基因*bcr-abl*。*bcr-abl*融合基因是一种抗细胞凋亡的基因，编码的蛋白质具有高度酪氨酸激酶活性，改变了细胞多种蛋白质酪氨酸磷酸化水平和细胞微丝机动蛋白的功能，从而扰乱了细胞内正常的信号传导途径，使细胞失去了对周围环境的反应性，从而导致CML的发生。

约95%的CML病例中存在Ph染色体，临床上可用作CML的诊断依据；Ph染色体可在发病前5年就出现在患者的骨髓细胞中，可用于临床早期诊断；Ph染色体的出现率随病情的转变而变化，病情严重时出现率高，病情好转时出现率低甚至消失，可用于预后诊断。

② $14q^+$染色体：Burkitt淋巴瘤是一种常见于非洲儿童的恶性淋巴瘤，$14q^+$染色体是患者的特异性标记染色体，在90%的患者中存在。$14q^+$染色体是8号染色体长臂末端的一段（8q24）易位到了14号长臂末端（14q32），形成了$8q^-$和$14q^+$两个异常染色体。8号染色体上的*myc*基因易位到14号染色体的免疫球蛋白重链基因*lgH*附近，置于*lgH*基因的启动子控制之下，从而使*myc*基因的转录活性明显增加。增多的myc蛋白使一些控制生长的基因活化，最终导致细胞恶变。

（2）非特异性标记染色体

非特异性标记染色体指可以出现在多种肿瘤细胞中的标记染色体，并不为某种肿瘤所特有。常见的有：双微体（double minute，DM）、巨大近端着丝粒标记染色体（large acrocentric marker，LAM）、巨大亚中着丝粒标记染色体（巨A染色体）等。

① 双微体：双微体是肿瘤细胞中染色体外成对出现的无着丝粒的DNA分子。多见于神经源性肿瘤和少儿肿瘤中，如神经母细胞瘤、神经胶质瘤、胚胎性肉瘤等。在一个细胞中DM的数目1对到50对不等。

② 巨大近端着丝粒标记染色体：已在胃癌、鼻咽癌、肺癌、喉癌等多种肿瘤细胞中发现，比正常细胞中最大的近端着丝粒染色体（13号染色体）还要大。

③ 巨大亚中着丝粒标记染色体：已在乳腺癌、鼻咽癌、精原细胞瘤等肿瘤细胞中发现，是1号染色体的长臂和3号染色体的短臂易位而成。

17.5.3 脆性位点与肿瘤的发生

染色体上的脆性部位（fragile site，fra）是指染色体上的某一点，在一定条件下，易于发生变化而形成裂隙或断裂。20世纪80年代以来，对脆性部位与癌基因以及肿瘤发生的关系做了大量的研究工作。现在有些学者认为，脆性部位为染色体重排提供了条件，而染色体重排引起癌基因位置的改变，导致了位置效应，或基因重组，或基因活性增强等，为细胞的癌变提供了激发条件。如Burkitt淋巴瘤的原癌基因*myc*位于8q24部位，这也是一个脆性部位；肾母细胞瘤11号染色体短臂缺失与脆性部位11p13表达有关。

肿瘤发生的遗传理论

近年来随着分子遗传学研究的重大突破，越来越多的研究者认为，虽然不同的肿瘤的发生机理可能有所不同，但机体内在的遗传物质DNA的变化则是一切肿瘤发生的基础，此基础既可能是环境因素作用的结果，也可能是由遗传而来，或者兼而有之。关于肿瘤发生的机理，目前主要有以下几个主要的学说。

17.6.1 单克隆起源假说（体细胞突变说）

体细胞学说认为，肿瘤的发生是在环境中的各种致癌致突变物质的作用下，使体细胞发生突变后并大量增殖的结果。按照这个观点，肿瘤细胞是由单个突变体细胞增殖而成的，也就是说肿瘤是突变细胞的单克隆增殖细胞群。肿瘤细胞学研究发现的同一肿瘤中所有肿瘤细胞都具有相同的标记染色体，证实了恶性细胞的单克隆起源学说。

在自然界中，基因突变是经常发生的，突变如发生在与细胞增殖有关的基因，可使细胞摆脱正常的生长控制，表现为大量增殖而产生肿瘤。

致癌因子大多数都能引起DNA的损伤，在多数情况下，DNA损伤可以得以修复；如果DNA损伤不能修复将导致细胞死亡；如果DNA的修复不正常，细胞虽可继续存活，但这种突变细胞却成了潜在的癌细胞，一旦获得选择优势而大量繁殖，就会产生肿瘤。

17.6.2 二次突变学说

二次突变学说是1971年由Knudson在研究视网膜母细胞瘤发生过程后提出的，它认为恶性肿瘤的发生必须经过二次或二次以上的突变。

对遗传型肿瘤来说，第一次突变发生于生殖细胞或从父母遗传而来，为合子前突变，所以个体所有体细胞都含有潜在的前癌细胞，任何体细胞如果再发生第二次突变就会转化为癌细胞。对于非遗传型肿瘤，则两次突变都发生在体细胞中。

二次突变学说为遗传性肿瘤如视网膜母细胞瘤的发生做出了合理的解释。遗传性视网膜母细胞瘤是由于患儿出生时全身所有细胞已有一次突变，只需在出生后某个视网膜细胞再发生一次突变（第二次突变），就会转变为肿瘤细胞，故较易表现为双侧性和多发性，且发病年龄早。非遗传性的视网膜母细胞瘤的发生则需要同一个视网膜母细胞在出生后积累两次突变，而且两次突变都发生在同一座位，因而概率很小，故发病年龄晚，并多为单侧性。

17.6.3 基因外调节学说

一些学者认为，当基因以外的物质如蛋白质、RNA、生物膜等发生了改变（不一定是基因突变），这些改变也能使与生长、分化有关的基因异常启动或关闭，此时也能使正常细胞转化为癌细胞。近年来对遗传印迹的研究表明，基因的高度甲基化使其不表达或表达程度降低也能影响肿瘤有关基因的表达，从而促进细胞的转化。

17.6.4 多步骤遗传损伤学说

肿瘤发生的多步骤损伤学说认为：肿瘤的发生是一个复杂的过程。一个正常细胞要经过多次遗传损伤打击后才能转变成恶性细胞。这种打击可以是原癌基因的激活，或是肿瘤抑制基因的失活，以及环境因素促发某种遗传损伤等。

一种肿瘤会有多种基因的变化，每一个基因的改变只完成其中的一个步骤，细胞癌变往往需要多个肿瘤相关基因的协同作用，要经过多阶段的演变，其中不同阶段涉及不同的肿瘤相关基因的激活与失活，肿瘤表型的最终形成是这些被激活与失活的相关基因共同作用的结果（图17.2）。此外，在恶性肿瘤的转移过程中，还存在着促进转移基因和抑制转移的转移抑制基因。

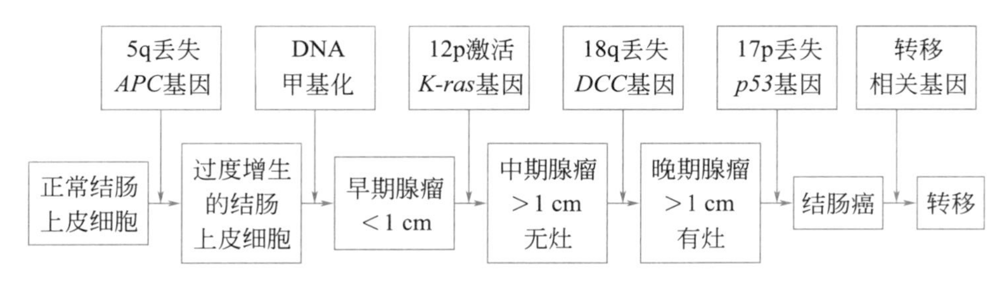

图17.2　结肠癌发生的各个阶段及相关基因的异常

17.6.5　癌基因与抑癌基因学说

细胞癌基因的发现是近年来医学和生物学的一个重大进展，是肿瘤研究的一个重大突破。现已证实，在机体中存在着与肿瘤发生密切相关的两类基因，一类为癌基因（oncogene），另一类称为肿瘤抑制基因（tumor-suppressor gene）或抑癌基因。若癌基因异常可增强细胞的生长，若肿瘤抑制基因异常则会解除对正常细胞的生长抑制。癌基因的激活和肿瘤抑制基因的失活在肿瘤形成中都具有普遍的作用。

（1）癌基因

能促进细胞的生长和增殖，使细胞恶性转化的核酸片段，称为癌基因。癌基因在进化上具有高度保守性，从酵母菌到人类的正常细胞，几乎都有与之类似的片段。

① 癌基因的分类：癌基因分为病毒癌基因（viral oncogene，*v-onc*）和细胞癌基因（cellular oncogene，*c-onc*）两类。

病毒癌基因是存在于病毒基因组中的癌基因，如Rous肉瘤病毒的*v-src*基因、猴肉瘤病毒的*v-sis*基因等。细胞癌基因存在于脊椎动物和人类的正常细胞基因组内的癌基因，又称为原癌基因。细胞癌基因在进化过程中，基因序列高度保守，作用通过其表达产物蛋白质来体现；存在于正常细胞，对维持正常生理功能、调控细胞生长和分化起着重要作用，是细胞发育、组织再生、创伤愈合等所必需的；在某些因素作用下，一旦被激活，就会转变成癌性的基因。

病毒癌基因和细胞癌基因在序列上高度同源，在结构上前者无内含子而后者有内含子。病毒癌基因有致癌能力，而细胞癌基因虽然没有致癌能力，但突变后可能致癌。

② 细胞癌基因的激活：不同细胞癌基因的激活机制和途径不同，一般分为突变激活、基因插入、染色体易位和基因扩增4类（图17.3）。

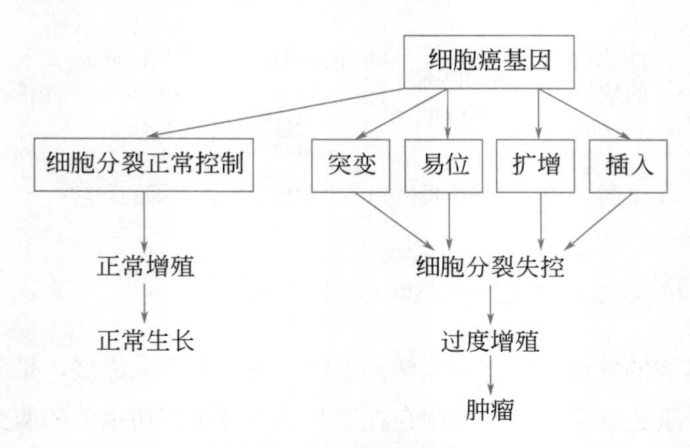

图17.3　细胞癌基因的激活途径

突变激活：点突变可将一个无害的原癌基因转变成激活的癌基因。例如人膀胱癌的原癌基因（*ras*基因）的第35个碱基是G，如突变成T，即DNA上密码子由GGC变成GTC，导致相应蛋白质中的第12个氨基酸由甘氨酸变成缬氨酸，结果导致细胞癌变，患者出现膀胱癌。在随后的结肠癌、肺癌等许多肿瘤发现了*ras*基因，*ras*基因编码P21蛋白，为一种膜蛋白。在这一发现的基础上，提出了原癌基因由突变激活的质变模型（qnalitative model）。

基因插入：原癌基因附近插入了病毒或其它强大的启动子而被激活，进行不适当的过量表达。激活的癌基因虽无质的变化，但由于产生过量的与肿瘤形成有关的蛋白质可导致细胞的恶性转化，这种激活方式称为量变模型（quantitative model），也称为“启动子插入模式”。例如将鸟类白细胞增生病毒接种到鸡体内，虽然这种病毒本身不含基因，但具有一个长末端重复序列，是一个很强的启动子，可激活体内的原癌基因，导致B细胞淋巴瘤。

染色体易位：由于染色体断裂与重排导致细胞癌基因在染色体上的位置发生改变，使原来无活性或低活性表达的癌基因易位至一个强大的启动子、增强子或转录元件附近（转录激活），或由于易位而改变了基因的结构并与其他高表达的基因形成所谓的融合基因，进而控制癌基因的正常调控机制的作用减弱，并使其激活及具有恶性转化的功能。如Burkitt淋巴瘤的*myc*基因由8号染色体易位到14号的*lgH*重链基因附近，使*myc*置于免疫球蛋白*lgH*重链基因的启动子控制之下，由于*lgH*基因是一个十分活跃的基因，其启动子特别活跃，因而易位的*myc*基因转录活性明显增高，增多的*myc*蛋白质使一些控制生长的基因活化，导致细胞恶化。如CML的9号和22号染色体易位，形成了一种结构和功能异常的*bcr-abl*融合基因，结果无害的原癌基因就会被激活而成为癌基因，其编码的蛋白质能促成细胞的恶性转化。

基因扩增：大多数正常细胞中的原癌基因只有1～2个拷贝，基因扩增将原癌基因扩增几十倍甚至几百倍，基因的扩增无疑会产生一种量变结果。在肿瘤细胞中有时会见到中期染色体的匀染区（homogeneous strain region，HSR）和非常小的成双的无着丝粒的双微体，这是扩增的基因在细胞水平上的表现。例如在某些肿瘤细胞中*myc*癌基因可扩增数百至数千倍。

（2）肿瘤抑制基因

肿瘤抑制基因又称为抑癌基因（tumor suppressor gene）、抗癌基因（anti-oncogene）或隐性癌基因（recessive oncogene），指正常细胞基因组内存在的抑制肿瘤发生的基因。它的正常功能是抑制细胞生长和分化。当肿瘤抑制基因的两个等位基因都因突变或缺失而失活时，细胞对细胞分裂的正常抑制解除而导致肿瘤的发生。

原癌基因是显性基因，一个等位基因突变即可显示致癌效应。肿瘤抑制基因的突变则是隐性的。一个肿瘤抑制等位基因发生突变，不会发生致癌效应。只有当一对等位基因拷贝失活、丧失功能后，形成隐性状态才失去抑制肿瘤发生的作用。

① 视网膜母细胞瘤*Rb1*基因：*Rb1*基因是第1个发现的肿瘤抑制基因，通过视网膜母细胞瘤的研究发现的。*Rb1*基因的缺失或功能丧失不仅见于视网膜母细胞瘤，而且还见于骨肉瘤、小细胞肺癌、乳腺癌等肿瘤中。

*Rb1*基因位于13q14，全长约200kb，有27个外显子，编码928个氨基酸的核蛋白（Rb蛋白），分子质量为110kDa，调控细胞的分裂与增殖。

在临床上视网膜母细胞瘤分为遗传型和分散型两种类型，Knudson提出的二次突变学说对两种类型的表现差异进行解释。正常人是Rb1Rb1纯合子，遗传型的个体出生时就携带来自生殖细胞的突变基因*rb1*，是Rb1rb1杂合子，因为rb1为隐性，所以杂合子Rb1rb1仍具有抑癌功能，为携带者，但是出生时全身所有细胞已有一次基因突变，若受到某些因素的影响，某个视网膜母细胞再发生一次突变，形成rb1rb1，就转变成肿瘤细胞。因此，遗传型视网膜母细胞瘤发病早，多为双侧发病和多发性。非遗传型的个体肿瘤的发生需要在一个细胞发生两次突变，且两次突变要发生在同一个座位，这种情况发生率很低。因此，非遗传型发病晚，且多为单侧发病。

② *p53*基因：*p53*基因定位在17p13，含有11个外显子，全长20kb，编码53kDa蛋白，393个氨基酸。在约50%的肿瘤细胞中，可以检测到*p53*基因的突变。与*Rb1*相似，也为隐性纯合性致癌。

*p53*基因的突变或缺失将使细胞在受到辐射损伤或致癌物刺激时无法阻断细胞周期，细胞失去了对G_1期的监控功能，使细胞带着受损伤的DNA继续分裂（$G_1 \rightarrow S$），加速了基因组的不稳定性，导致了一系列突变的积累，最终转化成逃避监控的恶性肿瘤细胞。

17.7 肿瘤的预防与治疗

无论是发达国家还是发展中国家，肿瘤的危害不容忽视。人口老龄化、环境污染加剧等原因使肿瘤发生率呈增长趋势，肿瘤的预防与治疗已经成为世界各国无法回避的问题。国际抗癌联盟认为1/3的恶性肿瘤是可以预防的，1/3的恶性肿瘤如能早期诊断是可以治愈的，另外1/3的恶性肿瘤经过合理治疗，可以延长生存时间和提高生活质量。

17.7.1 肿瘤的预防

遗传因素和环境因素的相互作用最终决定了肿瘤的发生，但以何种因素为主，取决于肿瘤类型和患者的遗传背景。应根据不同情况建立肿瘤的预防对策。

（1）一级预防

一级预防即无病防病，消除或避免危险因素、干预致癌物质的代谢或抑制致癌物质与细胞DNA结合，以及通过治疗癌前病变而抑制癌症的发生。

养成良好的生活习惯，不吸烟，不酗酒，注意锻炼身体，保持心情舒畅；摄入的营养平衡，少食脂肪、食盐、熏烤煎炸膨化类食品，多食新鲜蔬菜、水果、豆类和谷类；限制接触致癌的化学、物理和生物因素；石棉、铝业、橡胶制造等职业做好个人防护。此外，保护环境，治理污染等也是肿瘤预防的积极有效措施。

对于家族性结肠息肉、视网膜母细胞瘤等遗传易患肿瘤患者的亲属，应加强自我保健、产前诊断、高风险个体监测、限制接触已知致癌剂和诱变剂等。

（2）二级预防

二级预防即早发现、早诊断、早治疗，预防肿瘤的临床发作。

对于易患人群或者已经接触致癌和致诱变剂的人群应经常性的自查、定期检查，注意发现癌前的病理学改变和分子生物学的前兆性改变。

正常人群若发现下列症状需要及时就医，如皮肤、乳腺、舌部或者身体任何部位发现可以触及的、不消退的且有逐渐长大趋势的肿块；疣或者痣发生明显的颜色加深、迅速增大、瘙痒、脱毛、渗液、溃烂、出血；持续性消化异常，或食后上腹饱胀感；吞咽食物时胸骨后不适感乃至哽咽感；耳鸣，听力减退，鼻或鼻咽分泌物带血；月经期不正常的大出血，月经期外或绝经后的阴道出血，接触性出血；持续性嘶哑、干咳、痰中带血；原因不明的大便带血及黏液或腹泻、便秘交替，原因不明的血尿；久治不愈的伤口、溃疡；原因不明的体重减轻等。

（3）三级预防

三级预防即康复性预防，防止病情恶化，尽早治愈，恢复功能，促进康复，提高生活质量。

家属及医生给予心理上的疏导，必要时可辅以药物治疗；多进食优质蛋白丰富的食品和新鲜蔬菜及水果，保证足够热量的摄入；术后功能康复，如乳腺癌术后上臂的运动功能、鼻咽癌放疗后唾液腺分泌功能等；积极面对生活，鼓励患者回归生活、回归社会。

17.7.2 肿瘤的治疗

肿瘤的治疗目标是尽可能彻底清除肿瘤细胞，延长患者生存时间，降低复发风险。肿瘤的治疗方法有多种，而具体的治疗方法要根据患者自身病情选择，常见的有手术治疗、放射治疗、化学药物治疗、分子靶向治疗等。

（1）手术治疗

良性肿瘤，通常做肿瘤根治性切除术后就可以恢复正常，一般较少会出现复发和转移的现象。恶性肿瘤，也需要及时做肿瘤根治性切除术，部分患者还可能需要做肿瘤扩大根治术、淋巴结清扫术等手术治疗。

（2）放射治疗

恶性肿瘤，需要选择放射治疗。放射治疗是利用高能量的放射线直接作用于肿瘤细胞，能够起到杀灭肿瘤细胞的作用，对于延长生存时间有一定的帮助，还可以控制病情的发展，为临床常用的一种肿瘤治疗方法。

（3）化学药物治疗

化学药物治疗是利用化学药物作用于肿瘤细胞，能够抑制肿瘤细胞的扩散以及增殖，对于延长生存时间有很大帮助，临床常配合放射治疗一同用于治疗肿瘤。常用的药物有顺铂注射液、紫杉醇注射液等。

（4）分子靶向治疗

在细胞分子水平上，针对已经明确的致癌位点（该位点可以是肿瘤细胞内部的一个蛋白质分子，也可以是一个基因片段），来设计相应的治疗药物，药物进入体内会特异地选择致癌位点相结合发生作用，使肿瘤细胞特异性死亡，而不会波及肿瘤周围的正常组织细胞。

（5）免疫治疗

免疫治疗是通过激活人体免疫系统的方法来抑制肿瘤细胞的生长，是一种常用的肿瘤治疗方法。药物一般有注射用重组改构人肿瘤坏死因子、信迪利单抗注射液等。

（6）介入治疗

介入治疗属于一种微创治疗方法，比如动脉灌注化疗、射频消融以及经皮乙醇注射等，对于身体的伤害比较小，并且治疗速度较快，一般不会出现严重的并发症。

（7）姑息治疗

如果患者的病情特别严重，通过以上治疗后都没有办法完全控制病情，还需要选择姑息治疗，如提供身体、心理、精神等方面的照料和人文关怀等服务，控制痛苦和不适症状，提高生命质量。

随着现代生物技术的飞速发展以及人类基因组计划的顺利完成，肿瘤治疗的方法取得了一定的进展，如基因治疗（gene therapy）、反义技术治疗（antisense approach therapy）等。

（8）基因治疗

用基因工程技术来修复和纠正肿瘤基因的结构和功能缺陷，或通过增强宿主对肿瘤杀伤能力和机体防卫机制来治疗肿瘤。

（9）反义技术治疗

通过阻抑从DNA至mRNA的转录过程或从mRNA到蛋白质的翻译过程，从而阻断细胞中的蛋白质合成。导入细胞的反义分子充当了“分子解剖刀”的作用，可以去除细胞中某些特定的蛋白质或明显抑制其合成。

2021年嵌合抗原受体T细胞免疫疗法（chimeric antigen receptor T-cell immunotherapy），即CAR-T疗法，是结合细胞疗法、基因疗法和免疫疗法为一体的新技术，通过对患者的免疫细胞进行改造，导入能编码识别肿瘤特异性抗原的受体基因和帮助T细胞激活的各基因片段，形成CAR-T细胞，这些细胞既携带了识别肿瘤的“导航头”，又增强了自己杀伤肿瘤的能力；改造后的T细胞经体外扩增培养后，被回输到患者体内，一旦遇见表达对应抗原的肿瘤细胞，便会被激活并再扩增，发挥其极大的特异杀伤力，使肿瘤细胞死亡。

相信随着医学、分子生物学和生物工程技术的发展，肿瘤的治疗在新机制、新药物、新技术方面将继续取得新突破，给临床医生和患者带来新的选择和希望。

参考文献

程罗根，2015. 人类遗传学导论[M]. 北京：科学出版社.

刘洪珍，2009. 人类遗传学[M]. 北京：高等教育出版社.

王文萍，2007. 癌症的预防与诊疗[M]. 北京：中国中医药出版社.

王正询，2003. 简明人类遗传学[M]. 北京：高等教育出版社.

徐晋麟，徐沁，陈淳，2005. 现代遗传学原理[M]. 2版. 北京：科学出版社.

徐维衡，2002. 医学遗传学基础[M]. 北京：北京大学出版社.

余其兴，赵刚，2008. 人类遗传学导论[M]. 北京：高等教育出版社.

赵寿元，1996. 人类遗传学概论[M]. 上海：复旦大学出版社.

左朝晖，2016. 常见肿瘤预防和治疗知识问答[M]. 长沙：湖南科学技术出版社.

Andrew C，Karlo P，Christopher A K，et al.，2022. Clinical implications of T cell exhaustion for cancer immunotherapy[J]. Nature Reviews Clinical Oncology，19：775-790.

Liu X J，Zhang Y P，Cheng C，et al.，2017. CRISPR-Cas9-mediated multiplex gene editing in CAR-T cells[J]. Cell Research，27（1）：154-157.

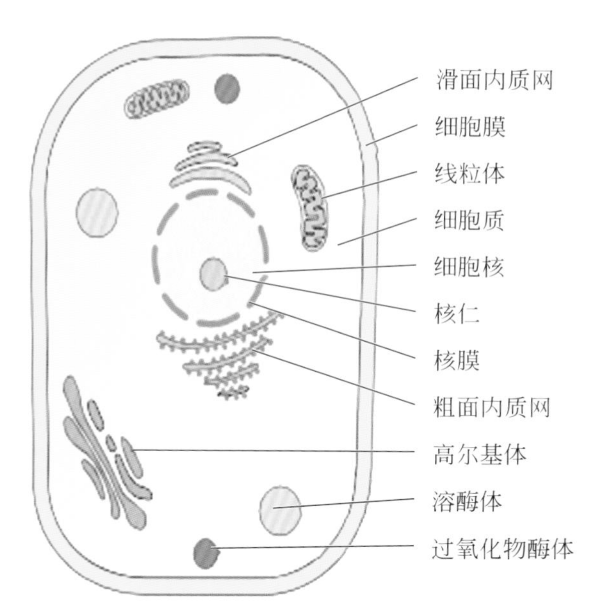

图2.1 人类细胞结构示意图

（图片引自 Eberhard，2018）

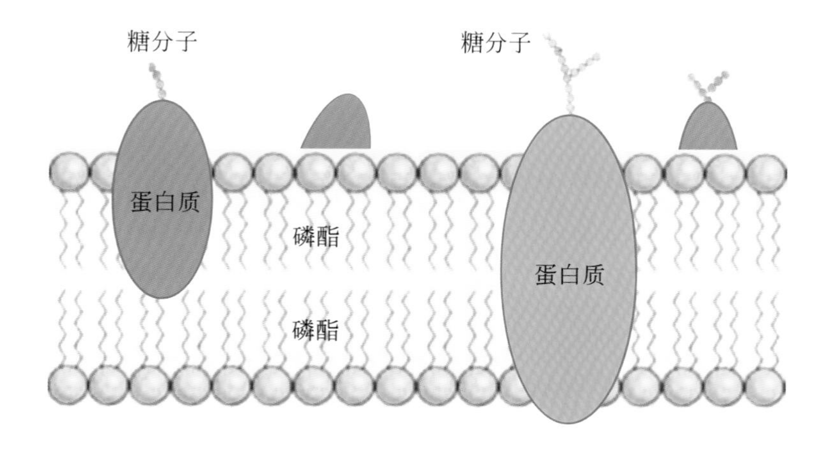

图2.2 细胞膜结构示意图

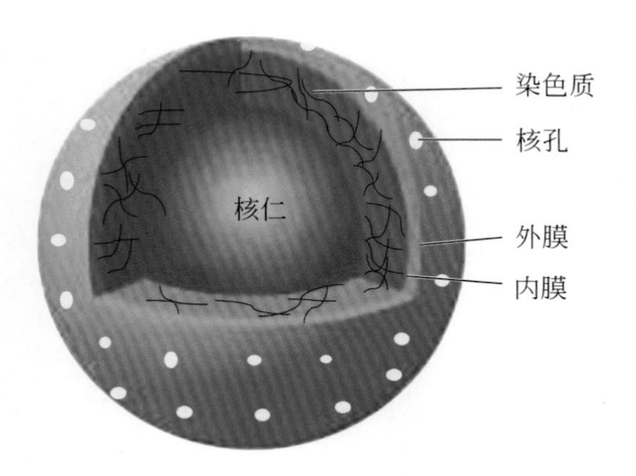

图2.3　细胞核结构示意图

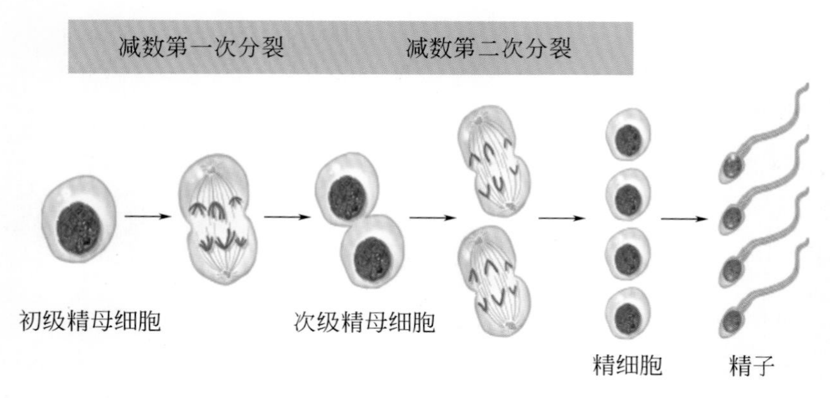

图2.8　人类精子形成过程示意图

（图片修改自Robert，2019）

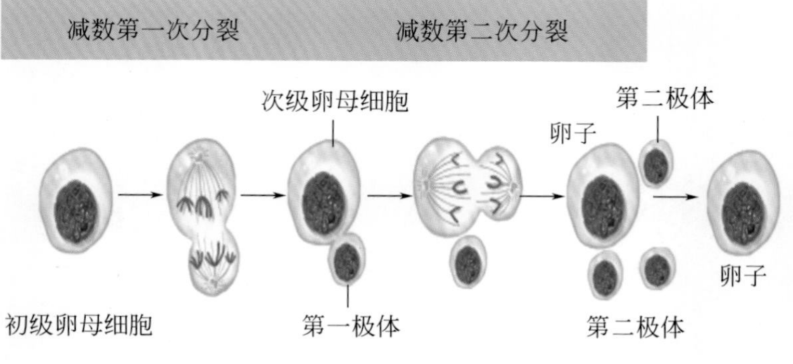

图2.9　人类卵子形成过程示意图

（图片修改自Robert，2019）

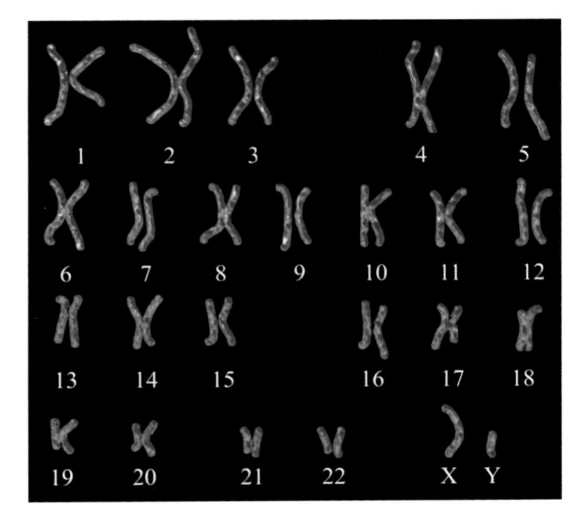

图4.4　人类男性染色体核型及Q带
（图片引自Robert，2019）

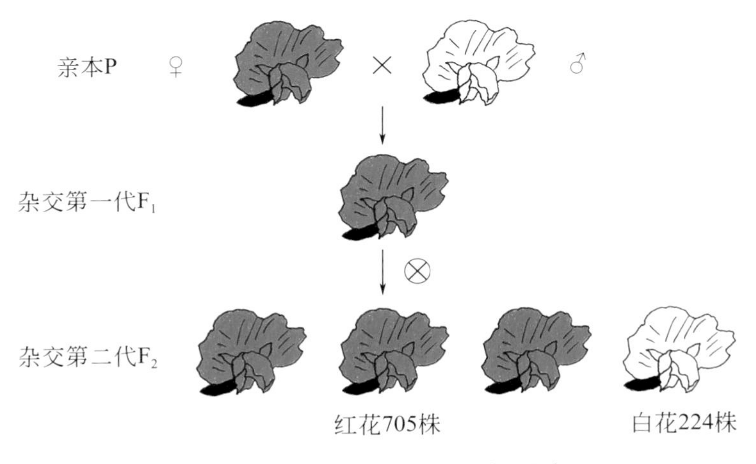

图5.1　豌豆花色杂交实验（正交）

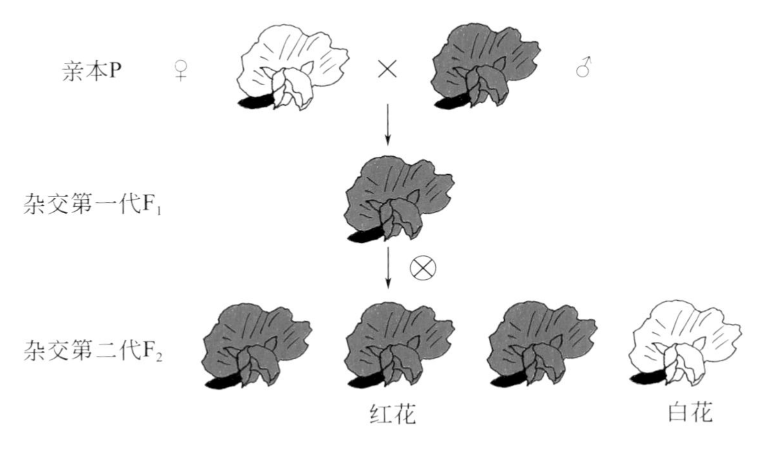

图5.2　豌豆花色杂交实验（反交）

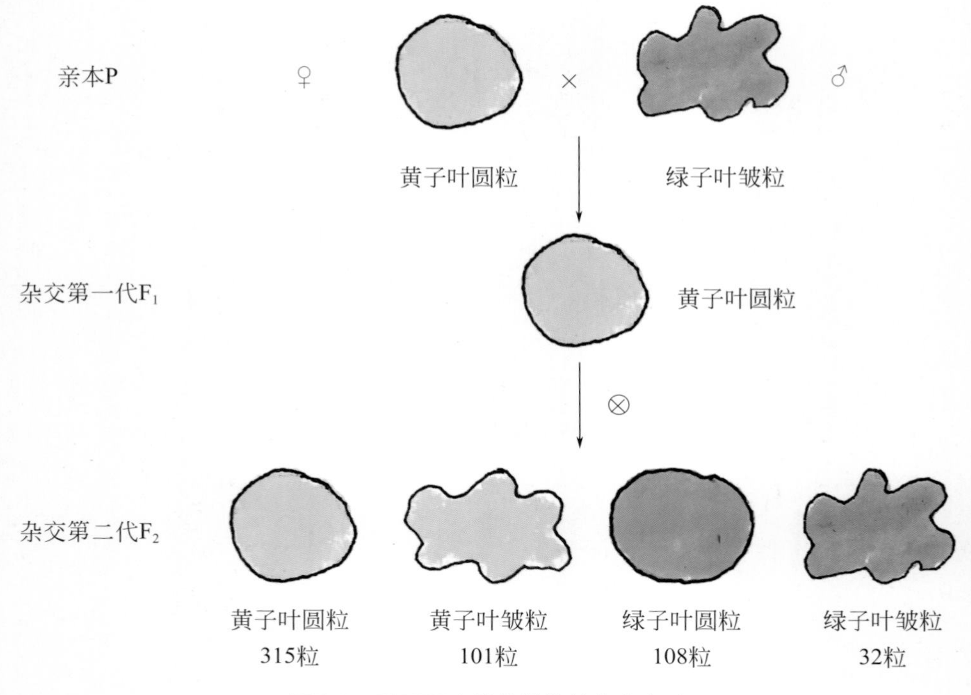

图5.5　豌豆两个单位性状的杂交实验

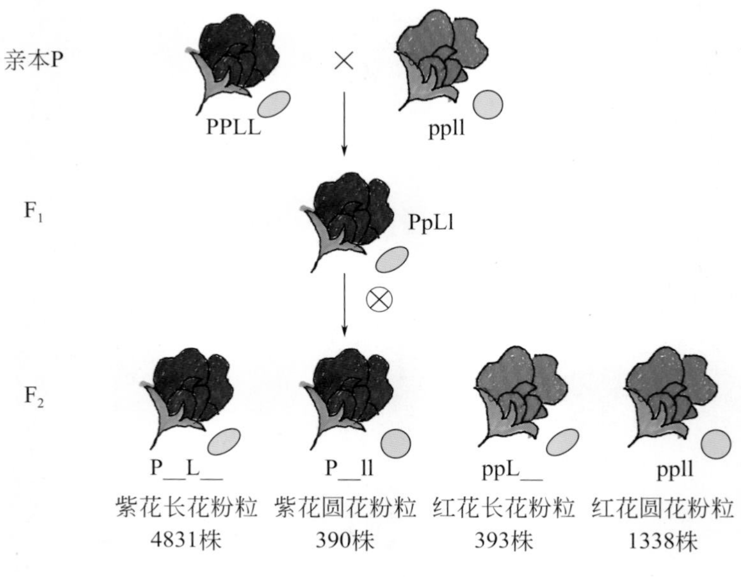

图5.8　香豌豆花颜色和花粉粒形状的遗传

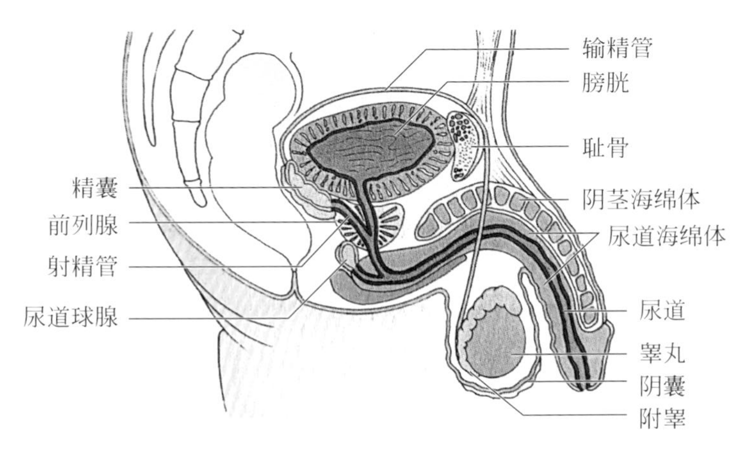

图6.1　男性生殖系统示意图

（图片引自徐晨，2009）

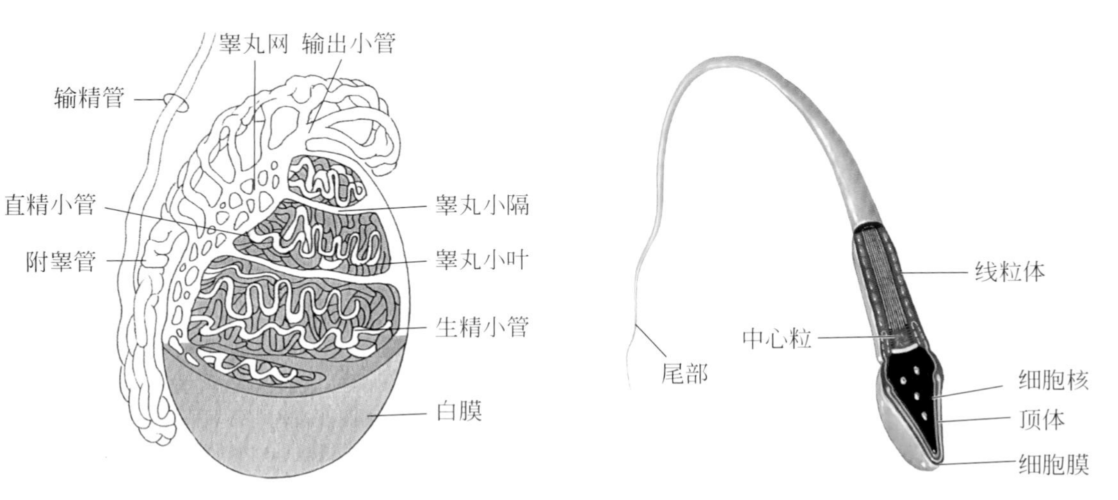

图6.2　睾丸和附睾结构示意图

（图片引自徐晨，2009）

图6.4　成熟精子结构示意图

（图片引自Ken，2020）

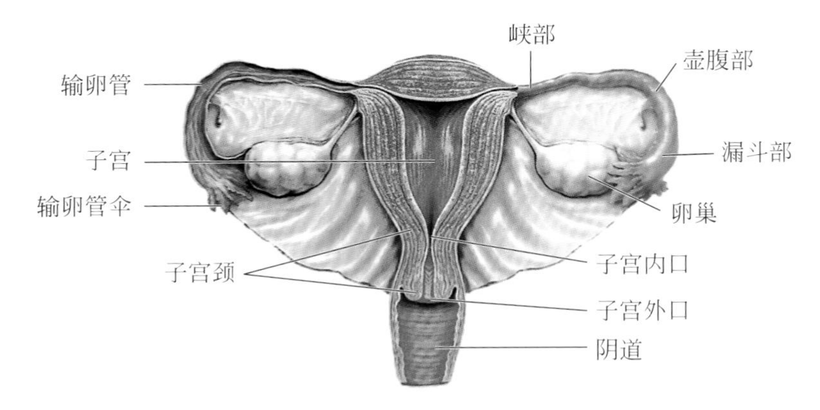

图6.5　女性内生殖器示意图

（图片引自Ken，2020）

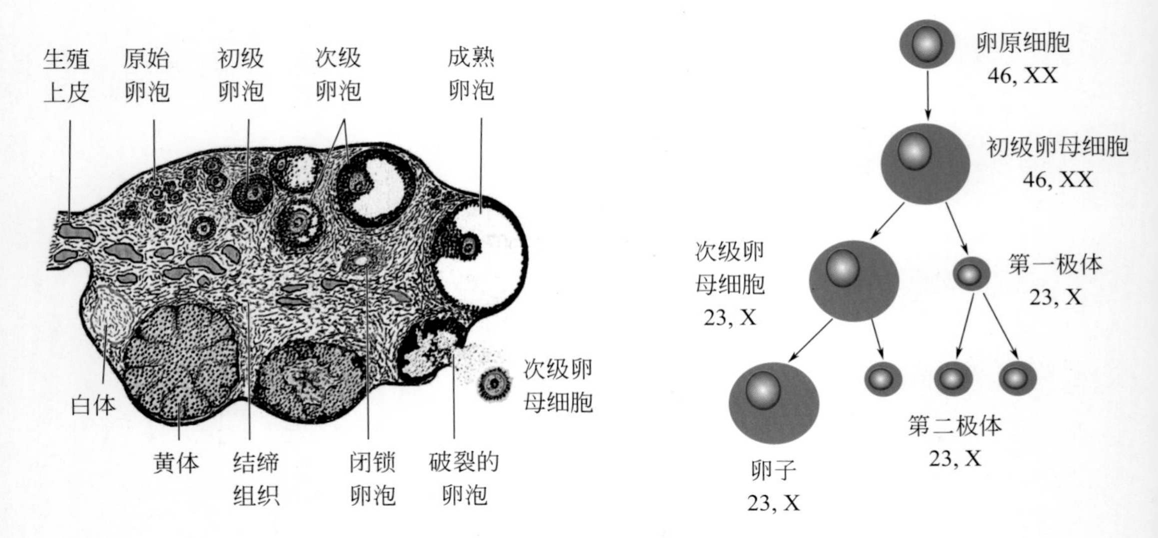

图6.6　卵子的发生和成熟过程示意图

（图片引自徐晨，2009）

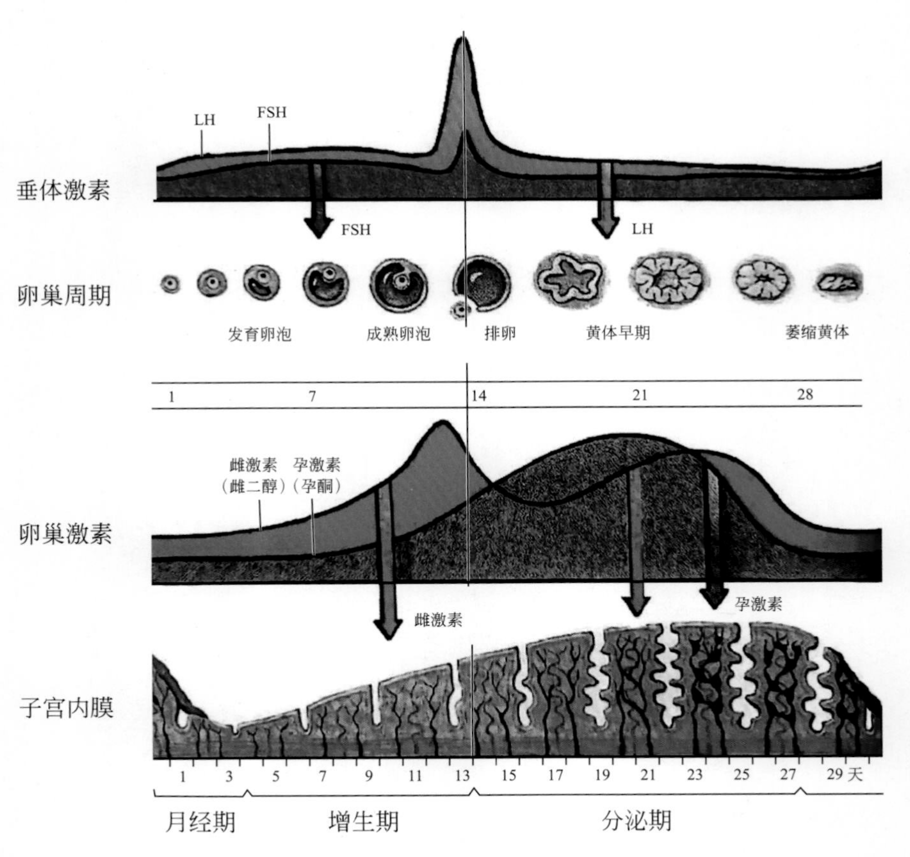

图6.8　月经周期中激素、卵泡和子宫内膜的变化示意图

（图片引自楚德昌等，2019）

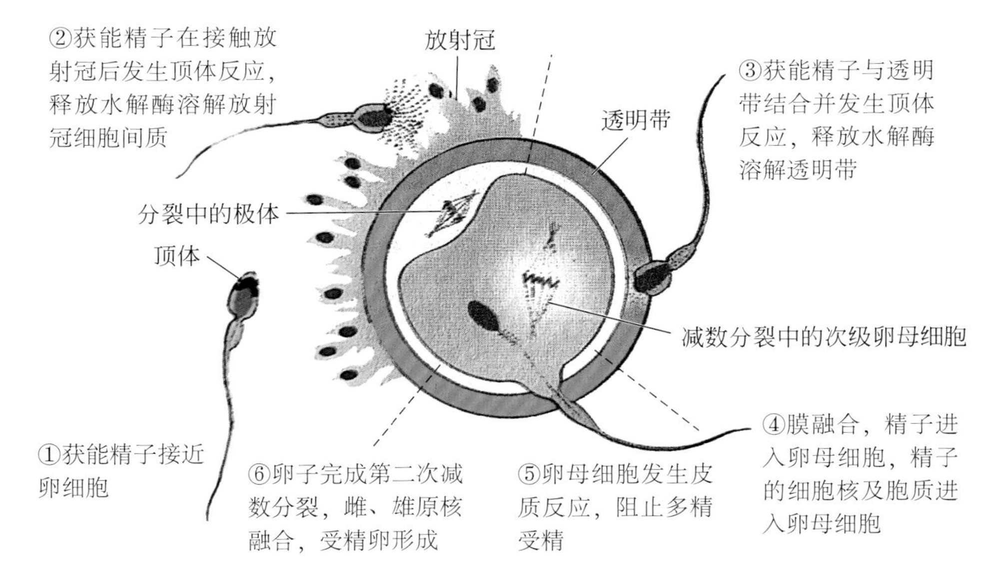

图6.9 受精过程示意图

（图片引自徐晨，2009）

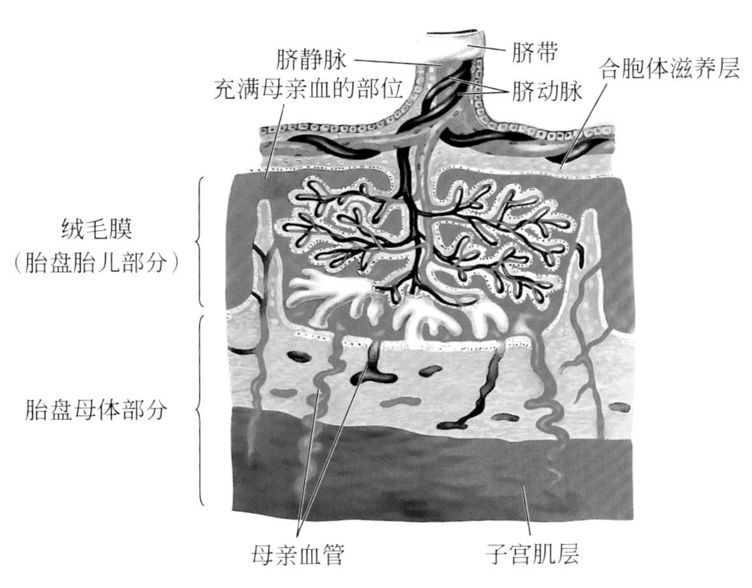

图6.11 胎儿与母体在胎盘的结构示意图

（图片引自Ken，2020）

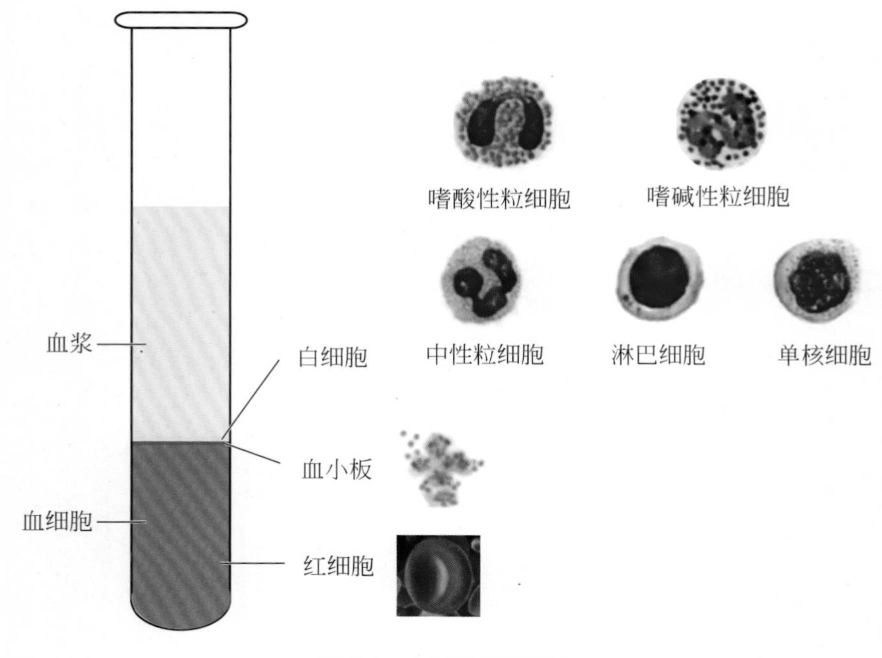

图8.1　人类的血液组成

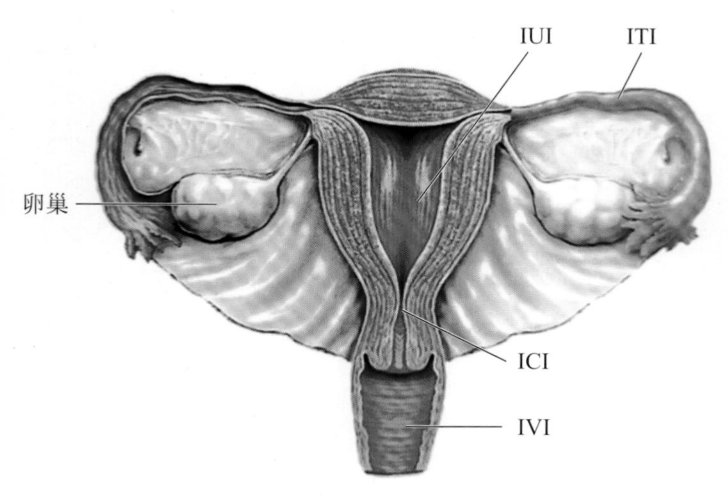

图15.1　人工授精的方式

（图片引自 Ken Ashwell，2020）